C#代码整洁之道

代码重构与性能提升

[英] 詹森·奥尔斯 (Jason Alls) 著

刘夏 译

Clean Code in C#

机械工业出版社

China Machine Press

图书在版编目（CIP）数据

C# 代码整洁之道：代码重构与性能提升 /（英）詹森·奥尔斯（Jason Alls）著；刘夏译 . -- 北京：机械工业出版社，2022.4

（华章程序员书库）

书名原文：Clean Code in C#

ISBN 978-7-111-70362-4

I. ① C… II. ① 詹… ② 刘… III. ① C 语言 - 程序设计 IV. ① TP312.8

中国版本图书馆 CIP 数据核字（2022）第 041831 号

北京市版权局著作权合同登记　图字：01-2020-7589 号。

Jason Alls: *Clean Code in C#* (ISBN: 978-1-83898-297-3).

Copyright © 2020 Packt Publishing. First published in the English language under the title " Clean Code in C#" .

C# 代码整洁之道：代码重构与性能提升

出版发行：机械工业出版社（北京市西城区百万庄大街 22 号　邮政编码：100037）

责任编辑：冯润峰		责任校对：殷　虹	
印　　刷：北京联兴盛业印刷股份有限公司		版　　次：2022 年 4 月第 1 版第 1 次印刷	
开　　本：186mm×240mm　1/16		印　　张：22	
书　　号：ISBN 978-7-111-70362-4		定　　价：119.00 元	

客服电话：(010) 88361066　88379833　68326294　　　投稿热线：(010) 88379604

华章网站：www.hzbook.com　　　　　　　　　　　　　读者信箱：hzjsj@hzbook.com

版权所有·侵权必究

封底无防伪标均为盗版

欢迎阅读本书。在本书中，你将学习如何识别那些可以编译，但可读性、可维护性与可扩展性均不尽如人意的代码。当然，你也将学到如何使用各种工具、模式和方法将上述问题代码重构为整洁的代码。

本书的读者

本书适合具备良好的 C# 语言编程知识，同时希望提升自己发现问题代码的能力并编写整洁代码的开发人员阅读。

本书的内容

第 1 章通过优秀代码和劣质代码的对比来说明编码的标准、原则、方法和约定的必要性。本章还将介绍模块化的设计思路以及 KISS、YAGNI、DRY、SOLID 和奥卡姆剃刀法则等设计规范。

第 2 章将详细讨论代码评审的过程并说明其重要性，具体包括如何准备代码以供审阅、如何引导代码评审、应当评审哪些内容、何时进行代码评审以及如何进行代码评审的反馈。

第 3 章涵盖类的组织、文档注释、内聚性、耦合、迪米特法则和不可更改的对象与数据结构等一系列主题。在本章学习结束之后，你将可以编写结构良好、符合单一职责原则、具备相应文档并且可扩展性良好的代码。

第 4 章将介绍函数式编程的相关知识，并探讨如何令函数保持短小精悍的状态，避免出现重复代码与过多的参数。在本章学习结束之后，你将能够描述函数式编程的知识、编写函数式代码、避免编写带有过多（两个以上）参数的函数、创建不可更改的数据对象或结构、保持方法短小并符合单一职责原则。

第 5 章将介绍检查型异常和非检查型异常，NullPointerException，如何规避和处理这些异常，业务规则异常，如何在异常中提供有意义的信息以及如何创建自定义异常。

第 6 章将结合 SpecFlow 介绍**行为驱动开发**（Behavior-Driven Development，BDD）方法，同时也将结合 MSTest 和 NUnit 工具介绍**测试驱动开发**（Test-Driven Development，TDD）方法。你将学到如何使用 Moq 编写测试替身、如何用 TDD 的方式令测试失败，或（实现功能）令测试通过，以及之后重构代码并确保测试通过。

第 7 章将使用范例工程演示如何进行手动的端到端测试，具体包括执行**端到端**测试、工厂的编码和测试、依赖注入的编码和测试，以及模块化系统测试。本章还会介绍如何针对模块化系统设计来执行端到端测试。

第 8 章将着眼于讲解以下内容：线程的生命周期、向线程传递参数、使用 Thread-Pool、互斥量、线程间同步、使用信号量处理并行线程、限制 ThreadPool 中的线程数目和处理器用量、防止死锁和竞态条件、静态方法和静态构造器、可变性与不可变性以及线程安全。

第 9 章将向你解释 API 的定义、API 代理、API 的设计规范、使用 RAML 描述 API 的设计以及 Swagger API 开发。本章将使用 RAML 设计和语言无关的 API，使用 C# 进行 API 的开发，并使用 Swagger 编写 API 的文档。

第 10 章将展示如何获取第三方 API 密钥，将密钥存储在 Azure Key Vault 中，并使用在 Azure 上开发、部署的 API 获得该密钥，最后实现 API 的密钥认证与鉴权功能来确保自身 API 的安全。

第 11 章将使用 PostSharp，使用面向方面开发（aspect-oriented development）中的方面（aspect）和特性（attribute）这两个基本元素来处理切面关注点。本章还将介绍代理对象和装饰器的使用方法。

第 12 章将介绍一系列工具来提升代码编写质量并提高现有代码的质量，包括如何进行代码度量、代码分析，并进行快速操作。其中涉及被称为 dotTrace Profiler 和 ReSharper 的 JetBrains 工具，以及 Telerik JustDecompile 工具。

第 13 章和第 14 章会介绍不同类型的问题代码，以及将这些代码修改为易读、易维护和易扩展的整洁代码的方法。各类代码问题将列在每一小节中，其中会涉及例如类的依赖，无法修改的代码、集合，以及组合爆炸等问题。

第 14 章还会介绍创建型和结构型的各类设计模式的实现方式，并简要介绍行为型设计模式。在本章最后我们将对整洁代码及重构进行总结。

充分利用本书

本书大部分章节可以按任意顺序独立阅读。但是为了发挥本书的效果，我建议按章节的先后顺序阅读本书。在阅读过程中请遵照书中的说明，并完成书中提到的任务。在每一章结束时，请回答问题并阅读相关推荐材料来巩固所学的知识。此外，为了在阅读过程中最大限度地发挥本书的效果，请务必满足如下环境要求：

书中提到的软 / 硬件	要求
Visual Studio 2019	Windows 10, macOS
Atom	Windows 10, macOS, Linux：https://atom.io/
Azure 资源	Azure 订阅：https://azure.microsoft.com/en-gb/
Azure Key Vault	Azure 订阅：https://azure.microsoft.com/en-gb/
Morningstar API	请从 https://rapidapi.com/integraatio/api/morningstar1 获取属于你的 API 密钥
Postman	Windows 10, macOS, Linux：https://www.postman.com/

你应当掌握 Visual Studio 2019 Community Edition 或更高版本的基本使用方法并具备 C# 编程的基本技能，例如创建控制台应用程序——书中的大部分范例是 C# 控制台应用程序。主程序将使用 ASP.NET 进行编写。如果你能够使用框架和核心编写 ASP.NET 网络程序，则对学习也很有帮助，如若不然也不必担心，本书将一步一步引领你完成相关的过程。

下载示例代码及彩色图像

本书的示例代码及所有截图和样图，可以从 http://www.packtput.com 通过个人账号下载，也可以访问华章图书官网 http://www.hzbook.com，通过注册并登录个人账号下载。

本书的代码也托管在 GitHub 上，地址是 https://github.com/PacktPublishing/Clean-Code-in-C-。该仓库中的代码将与本书的范例代码进行同步更新。

如需要本书中所有的截图或图表的彩色图片的 PDF 文档，也可从如下地址下载：https://static.packt-cdn.com/downloads/9781838982973_ColorImages.pdf。

本书约定

本书采用以下的排版约定。

CodeInText：文本中的内嵌代码、数据库表名、文件夹名称、文件名称、文件扩展名、路径名称、伪 URL 地址、用户输入或 Twitter 的账号名称。例如："InMemoryRepository 类实现了 IRepository 接口的 GetApiKey() 方法。该方法将返回包含 API 密钥的字典。这些密钥将存储在字典类型的 _apiKeys 成员变量中。"

代码块将采用以下方式展示：

```
using CH10_DividendCalendar.Security.Authentication;
using System.Threading.Tasks;

namespace CH10_DividendCalendar.Repository
{
    public interface IRepository
    {
        Task<ApiKey> GetApiKey(string providedApiKey);
    }
}
```

命令行的输入输出将采用以下形式进行展示：

az group create --name "<YourResourceGroupName>" --location "East US"

黑体：新的术语、重要的词汇或屏幕上出现的词汇，如在菜单或者对话框中显示的文字。

例如："如需创建应用服务，请右击新创建的项目，并在菜单中选择 Publish（发布）选项。"

 代表警告或者重要信息。

 代表提示和技巧。

About the Author 关于作者

Jason Alls 拥有超过 21 年的 Microsoft 技术编程工作经验，曾就职于一家澳大利亚公司。他最初负责呼叫中心管理报告软件的开发，该软件服务于全球客户，包括电信供应商、银行、航空公司和警察机构。后续开发过 GIS 市场营销应用程序，在银行部门负责 Oracle 和 SQL Server 间的数据迁移。从 2005 年获得 C# MCAD 认证以来，他一直在参与各种桌面、Web 和移动应用程序的开发。

他目前任职于全球知名的英国教育公司 GL Education，使用 ASP.NET、Angular 和 C# 进行阅读障碍测试，评估软件的开发与支持工作。

感谢我的父母，感谢他们一直以来的陪伴和对我生活与事业的支持。在职业发展方面，我想感谢所有对我的职业发展提供帮助的人，尤其是那些雇用我、培训我的领导以及所有和我一起工作的同事。是他们帮助我获得了今天的成就。

特别感谢 Packt Publishing 的所有工作人员。他们为我提供了编写本书的机会，并帮助我改进了书中的内容。这真是一次令我大开眼界的愉快经历。正是他们的辛勤工作和对图书出版的执着投入才让我这样的计算机程序员成为书籍的作者。没有他们的宝贵意见，本书就无法顺利出版。

关于审校者 *About the Reviewer*

Omprakash Pandey 是一位 Microsoft 365 顾问。他在过去 20 年中一直与各类行业专家合作，了解各类项目的需求并进行项目实施。他培训过超过 5 万名身怀抱负的开发人员，协助开发过 50 多个企业应用程序，并提供 .NET 开发、Microsoft Azure 和其他相关技术的创新解决方案。他服务的客户来自不同企业，包括 Hexaware、埃森哲、Infosys 等。他获得 Microsoft Certified Trainer 资格已经超过 5 年。

我要感谢我的父母，我的同事 Ashish 和 Francy。感谢他们的支持和帮助。

Contents 目　　录

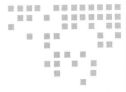

第 1 章 *Chapter 1*

C# 的编码标准和原则

C# 的编码标准和原则的主要目的是提高程序员的编码能力，即编写更加高效、更易维护的代码。在本章中，我们将对比良好代码和劣质代码的范例，从而说明制定编码标准、原则和方法的必要性。之后我们还会讨论命名、注释和格式化代码（包括类、方法和变量）的规则。

冗长的程序是难以理解和维护的。对于初级程序员，理解这样的代码及其功能的过程令人望而生畏；团队也难以在这种项目上顺畅地合作；而从测试的角度而言，这会使事情变得更加困难。因此，我们会讨论如何用模块化的方法将程序分割为更小的模块。这些模块一同工作来生成一个功能完整的解决方案。这种解决方案不仅可以进行完全的测试，多个团队可以同时开发，而且更加易于阅读、理解和记录。

本章的末尾将介绍一些编程设计规范。它们是：KISS、YAGNI、DRY、SOLID 和奥卡姆剃刀法则。

本章涵盖如下主题：

❑ 编码标准、原则和方法的必要性
❑ 命名规则和方法
❑ 注释和格式化
❑ 模块化
❑ KISS
❑ YAGNI
❑ DRY
❑ SOLID

❏ 奥卡姆剃刀法则

学习目标：

❏ 理解为何质量低劣的代码会给项目带来负面影响。

❏ 理解良好的代码是如何为项目带来积极的影响的。

❏ 理解编码标准如何改善代码，以及如何实施。

❏ 理解编码原则如何提升软件质量。

❏ 理解编码方法如何辅助我们编写整洁的代码。

❏ 实现编码标准。

❏ 选择假设最少的解决方案。

❏ 减少重复代码，编写符合 SOLID 原则的代码。

1.1　技术要求

为了使用本章的代码，请下载并安装 Visual Studio 2019 Community Edition 或更高版本。该 IDE 可以从 https://visualstudio.microsoft.com/ 下载。

本书的代码可以从 https://github.com/PacktPublishing/Clean-Code-in-C- 得到。我将这些代码放在了同一个解决方案中，而每一章内容都是一个解决方案文件夹。请在相应的文件夹下找到相应章节的内容。如需执行特定的工程，请先将其设置为启动工程。

1.2　良好的代码与劣质的代码

首先，良好的代码和劣质的代码都是可以编译的代码。其次，不论良好的代码还是劣质的代码都有其成因。表 1-1 中分别列举了一些成因及其对比。

表 1-1　良好的代码与劣质的代码

良好的代码	劣质的代码
合理的缩进	混乱的缩进
有意义的注释	解释显而易见的代码
API 文档注释	解释低质量的代码 将代码注释掉
使用命名空间合理组织代码	命名空间组织混乱
合理的命名规则	混乱的命名规则
一个类执行一种任务	一个类执行多种任务
一个方法做一件事情	一个方法做多件事情
方法的代码少于 10 行，通常小于 4 行	方法的代码大于 10 行
方法的参数不多于两个	方法的参数大于两个
合理使用异常	使用异常控制程序的执行流程

（续）

良好的代码	劣质的代码
代码可读性强	代码可读性弱
代码耦合程度低	代码耦合紧密
高内聚的代码	低内聚的代码
对象会被恰当销毁	遗留对象
避免使用 Finalize() 方法	使用 Finalize() 方法
合理地进行抽象	代码过度设计
在大型类中使用 #region 进行区域划分	大型类中缺少区域划分
封装并隐藏信息	直接暴露信息
面向对象的代码	面条式的代码
设计模式	设计反模式

这可真是一份详细的清单。在以下小节中，我们将讨论良好和劣质代码的特性与差异，以及它们将对代码产生何种影响。

1.2.1　劣质的代码

在本节中，我们将简要介绍上述每一种错误的编码实践，并详细说明这些实践如何对代码造成影响。

1. 混乱的缩进

混乱的缩进会令代码难以阅读，在方法过长时尤为如此。为了提高代码的可读性，需要进行合理的缩进。混乱的缩进会令人难以区分代码块之间的归属。

Visual Studio 2019 默认会在括号或花括号闭合时正确地格式化并缩进代码。但是这种格式化功能在代码包含异常情况时并非总是正确的，因此不正确的格式化往往能够引起你的注意。但是如果使用普通的文本编辑器，你就只能手动格式化代码了。

修正错误的缩进是一个费时的操作，花费大量编程时间来弥补这种易于避免的错误往往令人沮丧。请看如下代码：

```
public void DoSomething()
{
for (var i = 0; i < 1000; i++)
{
var productCode = $"PRC000{i}";
//...implementation
}
}
```

上述代码虽然格式不佳但终究还是能够阅读的。但是随着代码行数的增加，可读性也会随之下降。

当缩进不佳时很容易发生遗漏闭合括号的情况。由于不容易分辨到底是哪个代码块遗漏了括号，因此要找到遗漏括号所在的位置就变得更难了。

2. 解释显而易见的代码

我经常见到程序员对着一些显而易见的注释一筹莫展，也不止一次地在编程讨论中听程序员宣称他们如何讨厌代码注释。他们认为，代码本身就应该有自解释能力。

我非常理解他们的感受。如果能像读一本书那样读一段没有注释的代码，那么这段代码一定非常优秀。而在字符串类型的变量声明后加上 // string 注释就显得很多余了。请看以下范例：

```
public int _value; // This is used for storing integer values.
```

由于变量的类型为 int，因此其值必然为整数。在这种地方继续用注释进行说明是没有必要的。它不但会浪费时间和精力，还会把代码弄得一团糟。

3. 解释低质量的代码

即便是工期紧张也不要做这种注释：// I know this code sucks but hey at least it works!（我知道这段代码不怎么样但是至少它可以工作）。这不但缺乏专业精神也会令其他程序员不满。

如果你真的需要尽快做出成果，那么可以创建一个重构标记，并将这个标记作为 TODO 注释的一部分。例如：// TODO: PBI23154 Refactor Code to meet company coding practices。之后不论是你还是其他处理技术债的同事就可以从**产品待办项**（Product Backlog Item，PBI）中挑选这项任务并完成代码重构。

请看另一个例子：

```
...
int value = GetDataValue(); // This sometimes causes a divide by zero
error. Don't know why!
...
```

上述例子则更加恶劣。虽然可以从注释中得到此处可能发生除数为零的错误，但是有没有创建缺陷标记，或者有没有分析问题的根源并修正错误就完全不得而知了。如果项目上一起工作的同事没人接触这部分代码，那么也就没人知道此处存在含有缺陷的代码了。

至少，应当在相应位置保留一个 // TODO: 注释。这样，注释内容就会显示在**任务列表**中，提醒大家解决其中的问题。

4. 将代码注释掉

在尝试过程中将代码注释掉无可厚非，但是如果决定保留其他代码而放弃注释掉的代码，则最好在检入代码之前删除注释掉的代码。有一两条注释掉的代码可能还不会太糟。但是如果注释掉的代码过多，不但会分散注意力，使代码更难维护，甚至还会造成混淆。

```
/* No longer used as has been replaced by DoSomethinElse().
public void DoSomething()
{
    // ...implementation...
}
*/
```

保留这段注释是没有必要的。如果它已经被其他代码替代了，那么请删除它。如果使用了版本控制系统，则可以浏览这个文件的历史并在需要时将方法找回。

5. 命名空间组织混乱

当使用命名空间组织代码时，务必避免将无关的代码放置在命名空间中。这将会令人难以找到甚至无法找到所需的代码，在规模庞大的代码库中尤为如此。例如：

```
namespace MyProject.TextFileMonitor
{
    + public class Program { ... }
    + public class DateTime { ... }
    + public class FileMonitorService { ... }
    + public class Cryptography { ... }
}
```

上例所有的类位于同一个命名空间下，而将其划分在如下三个命名空间会更加合理：

❑ `MyProject.TextFileMonitor.Core`：该命名空间存放核心类。其中的成员会被普遍使用，例如 `DateTime` 类。

❑ `MyProject.TextFileMonitor.Services`：该命名空间存放所有可以作为服务的类。例如 `FileMonitorService`。

❑ `MyProject.TextFileMonitor.Security`：该命名空间存放与安全相关的类。例如范例中的 `Cryptography` 类。

6. 混乱的命名规则

在使用 VisualBasic 6 编程的那个年代通常使用匈牙利命名法。而 Visual Basic.NET 中却无须再使用匈牙利命名法了。相反，匈牙利命名法会令代码变得丑陋。因此不要再使用 `lblName`、`txtName` 和 `btnSave` 这种命名方式了，请使用 `NameLabel`、`NameTextBox` 和 `SaveButton` 这种现代命名方式吧。

使用晦涩难懂与言不由衷的命名会令代码阅读变得异常艰难。ihridx 原来是 Human Resources Index（人力资源索引），而且它还是一个整数类型，这你肯定想不到吧。同时，请避免使用诸如 `mystring`、`myint` 和 `mymethod` 这类命名，因为这些命名无法表达实际含义。

不要在单词之间加入下划线，例如 `Bad_Programmer`。它会给开发人员带来视觉压力并使代码更难阅读。移除下划线就好了。

不要在类级别和方法级别的变量命名上使用相同的命名规则，否则将难以区分变量的作用域。推荐使用驼峰命名法为变量命名，例如 `alienSpawn`；使用 Pascal 命名法为方法、类、结构体和接口命名，例如 `EnemySpawnGenerator`。

在成员变量（在类的构造器和方法之外定义的变量）的名称前添加下划线前缀可以使我们轻易地区分局部变量（在构造器或方法中的变量）和成员变量。我在工作中就会使用这种规则，它效果良好而且为程序员所接受。

7. 一个类执行多种任务

一个定义良好的类应当仅执行一种任务。如果一个类有如下功能：连接到数据库、获得数据、处理数据、加载报告、将数据添加到报告中、显示报告、保存报告、打印报告与导出报告，就显得职责过多了。应当将其重构为一系列更小的、组织良好的类。这种包罗万象的类阅读起来是令人痛苦的。我本人对这种类心存畏惧。当遇到这种类时，可以先将其中的函数划分为若干区域，而后将每一个区域的代码移动到新的类中，令其只执行一种任务。

以下范例中的类就执行了多种任务：

```
public class DbAndFileManager
{
 #region Database Operations
 public void OpenDatabaseConnection() { throw new
 NotImplementedException(); }
 public void CloseDatabaseConnection() { throw new
 NotImplementedException(); }
 public int ExecuteSql(string sql) { throw new
 NotImplementedException(); }
 public SqlDataReader SelectSql(string sql) { throw new
 NotImplementedException(); }
 public int UpdateSql(string sql) { throw new
 NotImplementedException(); }
 public int DeleteSql(string sql) { throw new
 NotImplementedException(); }
 public int InsertSql(string sql) { throw new
 NotImplementedException(); }

 #endregion

 #region File Operations

 public string ReadText(string filename) { throw new
 NotImplementedException(); }
 public void WriteText(string filename, string text) { throw new
 NotImplementedException(); }
 public byte[] ReadFile(string filename) { throw new
 NotImplementedException(); }
 public void WriteFile(string filename, byte[] binaryData) { throw new
 NotImplementedException(); }

 #endregion
}
```

上述代码中的类有两个主要功能：执行数据库操作与执行文件操作。其代码从逻辑上整齐地划分到了两个恰当命名的区域中。但该类依然破坏了**单一职责原则**（Single Responsibility Principle，SRP）。我们可以先将这段代码中的数据库操作重构到一个独立的类中，例如 DatabaseManager。

之后从 DbAndFileManager 类中移除数据库操作，只保留文件操作，并将该类重命名为 FileManager。同时我们也需要考虑各个文件所在的命名空间是否合适。例如，是否应当将 DatabaseManager 放到 Data 命名空间中，而将 FileManager 放到 FileSystem 命名空间或者程序中的其他此类命名空间中。

以下范例展示了将数据库代码从 DbAndFileManager 类提取到自己的类中，并在正确的命名空间中的结果：

```csharp
using System;
using System.Data.SqlClient;

namespace CH01_CodingStandardsAndPrinciples.GoodCode.Data
{
    public class DatabaseManager
    {
        #region Database Operations

        public void OpenDatabaseConnection() { throw new
         NotImplementedException(); }
        public void CloseDatabaseConnection() { throw new
         NotImplementedException(); }
        public int ExecuteSql(string sql) { throw new
         NotImplementedException(); }
        public SqlDataReader SelectSql(string sql) { throw new
         NotImplementedException(); }
        public int UpdateSql(string sql) { throw new
         NotImplementedException(); }
        public int DeleteSql(string sql) { throw new
         NotImplementedException(); }
        public int InsertSql(string sql) { throw new
         NotImplementedException(); }

        #endregion
    }
}
```

以下范例展示了抽取出的 FileManager 类及 FileSystem 命名空间：

```csharp
using System;

namespace CH01_CodingStandardsAndPrinciples.GoodCode.FileSystem
{
    public class FileManager
    {
        #region File Operations

        public string ReadText(string filename) { throw new
         NotImplementedException(); }
        public void WriteText(string filename, string text) { throw new
         NotImplementedException(); }
        public byte[] ReadFile(string filename) { throw new
         NotImplementedException(); }
        public void WriteFile(string filename, byte[] binaryData) { throw
         new NotImplementedException(); }

        #endregion
    }
}
```

以上我们阐述了如何发现职责过多的类，以及如何将其重构为职责单一的类。接下来我们将在职责过多的方法上重复上述过程。

8. 一个方法做多件事情

我曾经在工作中迷失在拥有太多层缩进、做了太多事情的方法中，其中的逻辑排列令人难以驾驭。我想重构这些代码来降低维护的难度，但是我的上级制止了我。我确定如果能够将其划分为不同的方法，就可以明显缩减原有方法的大小。

以下例子中的方法接收一个字符串，并将其加密和解密。这个方法很长，这样就更容易说明为何方法要保持短小：

```csharp
public string security(string plainText)
{
    try
    {
        byte[] encrypted;
        using (AesManaged aes = new AesManaged())
        {
            ICryptoTransform encryptor = aes.CreateEncryptor(Key, IV);
            using (MemoryStream ms = new MemoryStream())
                using (CryptoStream cs = new CryptoStream(ms, encryptor,
                 CryptoStreamMode.Write))
                {
                    using (StreamWriter sw = new StreamWriter(cs))
                        sw.Write(plainText);
                    encrypted = ms.ToArray();
                }
        }
        Console.WriteLine($"Encrypted data:
         {System.Text.Encoding.UTF8.GetString(encrypted)}");
        using (AesManaged aesm = new AesManaged())
        {
            ICryptoTransform decryptor = aesm.CreateDecryptor(Key, IV);
            using (MemoryStream ms = new MemoryStream(encrypted))
            {
                using (CryptoStream cs = new CryptoStream(ms, decryptor,
                 CryptoStreamMode.Read))
                {
                    using (StreamReader reader = new StreamReader(cs))
                        plainText = reader.ReadToEnd();
                }
            }
        }
        Console.WriteLine($"Decrypted data: {plainText}");
    }
    catch (Exception exp)
    {
        Console.WriteLine(exp.Message);
    }
    Console.ReadKey();
    return plainText;
}
```

上述方法包含超过 10 行代码，难以阅读。此外，该方法有多于一种职责。我们可以将上述代码分割为两个方法，每一个执行一种任务。一个可以进行字符串加密操作，而另外一个进行字符串的解密操作。本例很好地说明了为何一个方法最好不要超过10行。

9. 方法的代码大于 10 行

过长的方法不易阅读与理解，并可能产生不易觉察的缺陷。过长的方法的另一个问题是容易偏离方法原本的目标。如果方法代码还被注释或区域分割为若干部分，这些弊端就更为显著。

如果必须上下滚动才能够浏览方法的全貌，则这个方法应该是过长了。这会给程序员阅读代码造成压力并产生误解，进而在修改该方法时可能破坏原有代码或曲解代码意图。方法应当尽可能短小，但这需要加以练习，否则可能会将一个小方法过分细分。保持平衡的关键在于确保方法的意图明确，实现整洁。

上一小节的代码展示了为何需要保持方法短小。短小的方法易于阅读和理解。一般来说，如果代码超过 10 行，那么方法通常做了比原始意图要多的事情。请确保方法名称直接反映其意图，例如，OpenDatabaseConnection() 和 CloseDatabaseConnection()。这有助于坚持且不偏离原意。

接下来将讨论方法的参数。

10. 方法的参数大于两个

若方法参数很多则会稍显笨重，这不但不利于阅读，而且容易搞错参数的值从而破坏类型安全性。

方法的参数越多则参数的排列方式就越多，因而测试起来也越复杂，更容易丢失测试用例并造成产品的缺陷。

11. 使用异常控制程序的执行流程

使用异常来控制程序流程容易隐藏代码的意图，导致意料之外的结果。事实上，如果在编写代码的时候就预期代码会抛出一种或多种异常很有可能意味着设计上的问题。我们会在第 5 章中介绍更多的细节。

使用**业务规则异常**（Business Rule Exception，BRE）来控制程序流程就是一个典型情况。例如，方法在某些异常发生时会执行特定动作，即程序的流程会由于是否存在异常而确定。而更好的方式是使用语言本身提供的结构来验证布尔值。

以下代码展示了使用 BRE 控制程序流程的做法：

```
public void BreFlowControlExample(BusinessRuleException bre)
{
    switch (bre.Message)
    {
        case "OutOfAcceptableRange":
            DoOutOfAcceptableRangeWork();
            break;
        default:
            DoInAcceptableRangeWork();
            break;
    }
}
```

BreFlowControlExample() 方法接收 BusinessRuleException 类的参数，并根据异常中消息的内容来决定应该调用 DoOutOfAcceptableRangeWork() 还是 DoInAcceptableRangeWork() 方法。

更好的做法是使用布尔逻辑来控制流程。例如下面的 BetterFlowControlExample() 方法：

```
public void BetterFlowControlExample(bool isInAcceptableRange)
{
    if (isInAcceptableRange)
        DoInAcceptableRangeWork();
    else
        DoOutOfAcceptableRangeWork();
}
```

以上方法接收一个布尔值，并使用该布尔值判断采取哪一条执行路径。如果 isInAcceptableRange 满足判断条件，则调用 DoInAcceptableRangeWork() 方法；反之，将调用 DoOutOfAcceptableRangeWork() 方法。

下一节将介绍代码可读性弱的问题。

12. 代码可读性弱

类似千层面或者意大利面的代码是难以阅读与理解的。命名不当的方法可以掩盖其原意，也同样令人烦恼。加之如果方法还很长，且关联方法被多个不相关的方法分隔就更难以理解了。

千层面代码，指一般所说的间接的、引用抽象层级的代码。这种引用指名称的引用而非动作的引用。在面向对象编程（Object-Oriented Programming，OOP）中，层的使用很常见，并通常都有好的效果。但是，间接引用越多，代码就越复杂。此类代码会令项目上新程序员了解代码的过程越发艰难。因此，维持间接性和易理解性之间的平衡就显得尤为重要。

而意大利面代码，指那些杂乱无章的低内聚紧耦合的代码。这样的代码难以维护、重构、扩展和重新设计。从积极的方面说，由于这种程序往往更加过程化，因此也许更易于阅读和模仿。我曾经作为初级程序员在一个 VB6 地理信息系统项目上工作（这个项目主要销售给其他公司用于市场营销）。该项目的技术负责人和高级程序员曾经尝试去重新设计这套系统，但均失败了。此后，他们将重新设计程序的重担交给了我。由于我当时也并不擅长软件分析与设计，因此不出意外也遭遇了失败。

这个项目的代码太过复杂、难以理解并难以分类整理为相关的部分，同时它也太大了。现在想来，我当时应当整理出程序所做的所有事项，并按照功能对列表分组，而后整理出需求列表。在进行这些事项的过程中甚至无须查看代码。

因此我的经验是，在重新设计软件时不要一头扎入代码中。写出程序的所有功能，以及它应当包含的新功能。将这个列表整理为一系列的软件需求，包括相关的任务、测试和验收标准，然后按照规范进行开发。

13. 代码耦合紧密

耦合紧密的代码难以测试、扩展和修改。同时依赖系统其他代码的代码也不易复用。

代码在参数中引用具体类的类型而非接口就是代码紧耦合的一个范例。当引用具体类时，任何对具体类的修改都会直接影响引用它的类。因此如果客户端起初连接的是 SQL Server 数据库，而对另一个用户连接的是 Oracle 数据库，那么程序就需要针对特定用户将所依赖的具体类修改为 Oracle 数据库相关的类型。这就会产生两个版本的代码。

因此不同用户越多，所需的代码版本越多。这会令程序很快变得羸弱不堪并成为维护人员的噩梦。假设该数据库连接类拥有 100 000 个不同的客户端，每一个客户端会使用该类的 30 个变体之一。当发现这些变体均含有同种缺陷时，那么这 30 个变体类就都需要进行相同的修正、测试、打包和部署。这样不但维护工作量巨大而且价格昂贵。

以上这种特定的场景可以通过引用接口类型并使用数据库工厂创建所需的数据库连接对象来解决。数据库的连接字符串可以由用户设置在配置文件中并传递给工厂，而工厂则生成一个具体的连接类，该连接类为连接字符串中指定类型的数据库实现了连接接口。

以下是一个紧耦合代码的负面范例：

```
public class Database
{
    private SqlServerConnection _databaseConnection;

    public Database(SqlServerConnection databaseConnection)
    {
        _databaseConnection = databaseConnection;
    }
}
```

从上述代码中可以看出，该数据库类和 SQL Server 紧绑定在一起。如果想要更改数据库类则需要进行硬编码修改。本书将在后续章节中用具体代码来说明重构此类代码的方法。

14. 低内聚的代码

低内聚的代码指将执行不同功能的不相干代码聚合在一起的代码形式。例如工具类（utility class）中包含多种处理日期、文本、数字，进行文件读写、数据验证、加密解密等功能的方法。

15. 遗留对象

当对象遗留在内存中时，它们可能导致内存泄漏。

静态变量可以通过几种形式造成内存泄漏。使用 DependencyObject、INotifyPropertyChanged 或者直接订阅事件都有可能造成内存泄漏。例如，在通过 PropertyDescriptor 的 AddValueChanged 方法使用 ValueChanged 事件时，**公共语言运行时**（Common Language Runtime，CLR）将创建一个强引用，令 PropertyDescriptor 的内部存储引用其绑定的对象。

除非之后将事件解绑，否则将造成内存泄漏。除此之外，使用静态变量引用的对象时，若后续不进行释放，也会造成内存泄漏。由于静态变量引用的对象属于**垃圾回收器**（Garbage Collection，GC）的根对象，而根对象会被垃圾回收器标记为不可回收，因此任何被静态变量引用的对象都会被垃圾回收器标记为不可回收。

使用匿名方法捕获类的成员时，相应类的实例也会被引用。只要匿名方法仍然存活，则该类的实例也会继续存活。

使用**非托管代码**（或 COM）时，如不能释放相应的托管和非托管对象并显式释放内存，就会造成内存泄漏。

在无特定存储期限的缓存中不使用弱引用、不清理未使用的缓存或未限制缓存的大小都将令内存最终耗尽。

在不会终止的线程中创建对象引用也会导致内存泄漏。

非匿名引用类的事件订阅也可能造成内存泄漏。只要这些事件仍然被订阅，则相应的对象就依然会保留在内存中。除非在不再需要进行时间订阅时解绑，否则就非常可能造成内存泄漏。

16. 使用 Finalize() 方法

终结器虽可用于释放没有被正确销毁的对象中的资源并避免内存泄漏，但是它仍然有很多缺点。

首先，终结器的调用时机是不确定的。其次，垃圾收集器在回收之前，会将含有终结器的对象及其对象图中所有依赖的对象提升到下一代内存中，直至垃圾回收器将其回收。这意味着这些对象将在内存中停留较长时间。因此，在使用终结器的情况下，如果创建对象的速度比垃圾回收的速度快，则会发生内存用尽异常。

17. 代码过度设计

过度设计可能会成为十足的麻烦。对任何人来说，在一个庞大的系统中跋涉，去理解它、使用它以及找到功能的位置都是耗时耗力的。更麻烦的是，当没有文档时，你对系统很陌生，甚至对系统熟悉的人也无法解决你的问题。

在上述系统中，开发人员如需在规定的期限内完成工作将会面临巨大的压力。

令代码整洁易懂

这个例子发生在我之前工作的单位。我当时需要为一个网络应用程序编写一个测试。该应用程序从一个服务获取 JSON 数据，使用一个子程序进行一些测试并将测试结果发送到另一个服务。我起初并没有按照公司的规定使用 OOP、SOLID 或是 DRY 原则，而是使用 KISS 原则并使用过程式编程和事件处理在很短的时间内完成了功能。但我因此而受到了警告，我必须使用他们自研的测试执行器重写这个功能。

于是我开始学习如何使用这种测试执行器。它不但没有文档，而且没有遵守 DRY 原则，真正理解其用法的人少之又少。我之前完成这些功能仅仅用了几天时间，但是使用自研工具的新版本程序足足花了几周，这是因为其系统中根本没有我需要的功能。我不得不等待其他人先将这些功能开发完成，而这拖慢了进度。

　　我的第一个方案完全能够满足业务需求，该方案是一段和系统其他部分无关的独立代码。而第二个方案满足了开发团队的技术要求。这个项目最终超过了预定的交付期限。任何超过预定交付期限的项目都会给企业带来超出计划的成本。

　　我特别想指出的一点是与使用"通用"的测试执行器重写的系统相比，第一个受到团队警告的系统实际上更简单也更容易理解。

　　我们并不需要非得遵循 OOP、SOLID 和 DRY。有时不这样做也是有意义的。毕竟，虽然我们可以编写漂亮的符合 OOP 的系统，但是最终生成的代码仍会是更容易被计算机系统理解的过程式代码。

18. 大型类中缺少区域划分

　　若一个大型类中拥有太多的区域，并且方法并没有归并分类，其代码就难以阅读和理解。区域可以将相似的成员聚拢在一起。因此请尽量使用这一功能。

19. 失去焦点的代码

　　当一个类做的事情太多时，就往往会忘记其原始意图。在处理输入输出的命名空间的文件类中找到了处理日期的方法，这是否合理呢？显然是不合理的。若开发人员并不清楚代码的结构，那么他们将难以找到相应的方法。请看以下代码：

```
public class MyClass
{
    public void MyMethod()
    {
        // ...implementation...
    }

    public DateTime AddDates(DateTime date1, DateTime date2)
    {
        //...implementation...
    }

    public Product GetData(int id)
    {
        //...implementation...
    }
}
```

　　你能想到这个类最初的职责吗？它的名字没有给我们任何提示。其中的 MyMethod 又是做什么用的呢？看上去这个类还在处理日期数据以及查询产品数据。显然，AddDates 方法应当位于一个仅用来处理日期的类中，而 GetData 方法则应当位于产品的视图模型中。

20. 直接暴露信息

　　在类中直接暴露信息是错误的。除去造成紧密的耦合并容易导致缺陷之外，如需更改相应信息的类型则必须更改任何使用该信息的代码。另外，如果想在赋值之前进行正确性验证又该怎么办呢？请看以下范例：

```
public class Product
{
    public int Id;
    public int Name;
    public int Description;
    public string ProductCode;
    public decimal Price;
    public long UnitsInStock
}
```

在上述代码中，如果将 UnitsInStock 的类型从 long 更改为 int，则需要更改所有引用该字段的代码。而对于 ProductCode 字段也一样。如果新的产品编号必须严格满足格式要求，那么将字符串直接赋值给相应类的字段的做法将无法达到数据验证的目的。

1.2.2 良好的代码

介绍完错误的实践后，是时候来看一看良好的代码实践了。良好的代码实践有助于编写赏心悦目且高效执行的代码。

1. 合理的缩进

使用合理缩进的代码更加易读。从代码的缩进上很容易辨识代码块的起始和结束位置，以及代码和代码块的归属关系：

```
public void DoSomething()
{
    for (var i = 0; i < 1000; i++)
    {
        var productCode = $"PRC000{i}";
        //...implementation
    }
}
```

上述范例虽然简单，但也能够展现出清晰易读的特点。各个代码块的起始与终止位置均清晰可见。

2. 有意义的注释

有意义的注释是能够表达程序本意的注释。有时虽然代码是正确的，但其含义并不容易被新接触这段代码的开发人员理解，甚至即使作者本身事隔几周之后也不易回想其含义。此时这类注释就会带来很大的帮助。

3. API 文档注释

良好的 API 应当拥有记录详细、易于理解的文档。API 注释是一种可以生成 HTML 文档的 XML 注释。HTML 文档对 API 的使用者来说是非常重要的。文档越易用，开发人员使用 API 的意愿就越强。例如：

```
/// <summary>
/// Create a new <see cref="KustoCode"/> instance from the text and
```

```
globals. Does not perform
/// semantic analysis.
/// </summary>
/// <param name="text">The code text</param>
/// <param name="globals">
///    The globals to use for parsing and semantic analysis. Defaults to
<see cref="GlobalState.Default"/>
/// </param>.
 public static KustoCode Parse(string text, GlobalState globals = null) {
... }
```

上述代码充分展示了良好的 API 文档注释的实践。它摘录自 Kusto Query Language 项目。

4. 使用命名空间合理组织代码

使用命名空间合理组织的代码可以直观地节省开发者查找代码的时间。例如，如果需要查找和日期与时间相关的代码，那么可以以 DateTime 为命名空间，将时间相关的方法集中在 Time 类中，而将日期相关的方法集中在 Date 类中。

表 1-2 展示了恰当组织命名空间的方式。

表 1-2　恰当组织命名空间的方式

名称	描述
CompanyName.IO.FileSystem	该命名空间包含文件和目录相关操作的类
CompanyName.Converters	该命名空间包含执行多种转换操作的类
CompanyName.IO.Streams	该命名空间包含进行流输入和输出的类型

5. 合理的命名规则

遵循 Microsoft C# 的命名规则是良好的实践。在命名空间、类、接口、枚举和方法上应当使用 Pascal 命名法，而在变量名称、参数名称上应当使用驼峰命名法。在成员变量上必须加上前缀下划线。

请看如下范例：

```
using System;
using System.Text.RegularExpressions;

namespace CompanyName.ProductName.RegEx
{
  /// <summary>
  /// An extension class for providing regular expression extensions
  /// methods.
  /// </summary>
  public static class RegularExpressions
  {
    private static string _preprocessed;

    public static string RegularExpression { get; set; }
    public static bool IsValidEmail(this string email)
```

```
{
    // Email address: RFC 2822 Format.
    // Matches a normal email address. Does not check the
    // top-level domain.
    // Requires the "case insensitive" option to be ON.
    var exp = @"\A(?:[a-z0-9!#$%&'*+/=?^_`{|}~-]+(?:\.
    [a-z0-9!#$%&'*+/=?^_`{|}~-]+)*@(?:[a-z0-9](?:[a-z0-9-]
    [a-z0-9])?\.)+[a-z0-9](?:[a-z0-9-]*[a-z0-9])?)\Z";
    bool isEmail = Regex.IsMatch(email, exp, RegexOptions.IgnoreCase);
    return isEmail;
}

// ... rest of the implementation ...

    }
}
```

上述代码展示了符合命名规则的命名空间、类、成员变量、参数以及局部变量。

6. 一个类执行一种任务

设计良好的类应当只执行一种任务，而且能够清晰地表达设计意图。类中的内容恰到好处，没有与之无关的代码。

7. 一个方法做一件事情

一个方法应当仅做一件事情；避免做多件事情，例如解密字符串并进行字符的替换。方法的意图应当明确。仅做一件事情的方法更容易成为短小的、可读的与表意清晰的方法。

8. 方法的代码少于 10 行，最好不超过 4 行

理想情况下，方法代码不应超过 4 行。但这并非总是可行的。因此我们的目标是令方法的代码长度小于 10 行，以保持其可读性和可维护性。

9. 方法的参数不多于两个

方法最好没有参数，当然有一到两个也是可以的。但当方法开始拥有两个以上的参数时就需要考虑类和方法的职责是不是太多了。如果方法的确需要两个以上的参数，那么最好将其合并为一个对象参数。

任何多于两个参数的方法都会逐渐变得难以阅读和理解。不多于两个参数的方法可以令代码易读，而只含有一个对象参数的方法比起含有多个参数的方法要易读得多。

10. 合理使用异常

永远不要使用异常对象来作为流程控制的手段。使用不会触发异常的手段来处理一般情况下可能触发异常的条件。设计良好的类使用这种手段来避免抛出异常。

可以使用 try/catch/finally 从异常状态中恢复并（或）释放资源。请使用可能从代码中抛出的特定异常类型进行捕获，以便能够得到更多细节信息进行日志记录或进行后续处理。

.NET 中预定义的异常无法适用于所有场景。因此，在一些场景自定义异常是非常必要

的。异常的名称应当以 Exception 结束并至少应当包含以下三种构造器：

- ❏ Exception()：该构造器使用默认值创建异常。
- ❏ Exception(string)：使用字符串作为异常消息。
- ❏ Exception(string, Exception)：使用字符串作为异常消息，并接收一个内部异常（作为产生当前异常的原因）。

如果要使用异常就不要再返回错误代码，直接抛出包含有意义信息的异常即可。

11. 代码可读性强

代码可读性越强，开发人员越乐于去使用它。这种代码易于学习与使用。即使项目上人员发生了更迭，新人也能够毫不费力地阅读、扩展并维护其代码。可读性强的代码也不容易出现缺陷和安全问题。

12. 代码耦合程度低

耦合度低的代码更容易进行测试和重构，更容易在需要时进行替换或更改。低耦合度的代码还有易于复用的优势。

之前我们介绍过向数据库类传递 SQL Server 连接对象的反面案例。我们可以通过将具体的类重构为接口类使方法耦合度降低。重构之后的范例如下：

```
public class Database
{
    private IDatabaseConnection _databaseConnection;

    public Database(IDatabaseConnection databaseConnection)
    {
        _databaseConnection = datbaseConnection;
    }
}
```

在这个简单的例子中，我们可以传递任意实现了 IDatabaseConnection 接口的数据库连接类。如果 SQL Server 连接类出现问题，那么只会影响 SQL Server 的客户端。而其他数据库类的客户端仍然可以正常工作。在修复时，只需修复采用 SQL Server 数据库的客户使用的那个类即可。这降低了维护的开销，同时也降低了整体维护的成本。

13. 高内聚的代码

将公共的功能正确地分组的代码具有高度的内聚性。这样的代码易于查找。例如，在 Microsoft System.Diagnostics 命名空间中包含的代码必然只和诊断相关。在 Diagnostics 命名空间中包含集合或文件系统相关的代码是没有意义的。

14. 对象会被恰当销毁

使用可销毁的对象时，请务必调用 Dispose() 方法明确地销毁使用中的资源。这有助于降低内存泄漏的可能性。

有时，我们需要将对象（引用）设置为 null 以使其超出作用范围。例如，在静态变量持有的对象引用不再继续使用时。

若使用的是可销毁对象，那么使用 using 语句可以在对象超出作用域时自动将其销毁。这种做法无须显式调用 Dispose() 方法。如以下代码所示：

```
using (var unitOfWork = new UnitOfWork())
{
 // Perform unit of work here.
}
// At this point the unit of work object has been disposed of.
```

以上代码在 using 语句中定义了一个可销毁对象，并在大括号范围内使用该对象。而在跳出大括号之前，该对象会自动销毁。因此无须手动调用其 Dispose() 方法，它会被自动调用。

15. 避免使用 Finalize() 方法

使用非托管资源时最好实现 IDisposable 接口并避免使用 Finalize() 方法。终结器执行的时机是不确定的。它很可能不会按照我们所期望的顺序或时机执行。因此，最好在更加可靠的 Dispose() 方法中来销毁非托管资源。

16. 合理地进行抽象

当设计只向更高的级别开放，并仅开放必需的内容时，它就处在正确的抽象层次上。合理地进行抽象可以避免在实现中迷失方向。

过度抽象会使我们在工作中纠缠于各种实现细节，而抽象不足则会发生多个开发者同时工作在一个类上的情况。不论遇到哪种情况，我们都可以使用重构来回到正确的抽象层次上。

17. 在大型类中使用 #region 进行区域划分

“区域”可以进行折叠，因此适于在大型类中将不同的成员进行分组。阅读大型的类并在其方法中跳来跳去是令人沮丧的。将类中相互调用的方法分为一组是一个不错的办法。在处理代码时，可以根据需要折叠或者展开这些方法。

从上述说明中不难看出，良好的编码实践可以令代码更加易于阅读和维护。接下来我们将探讨编码标准和原则的必要性。我们还将介绍一些软件开发的方法，例如 SOLID 和 DRY 原则。

1.3　编码标准、原则和方法的必要性

如今的大多数软件都是由多个开发团队共同写就的。而这些开发者就像你我一样有自己独特的编码方式，都有某种形式的编程思想。开发者经常为不同的软件开发方式而争论。但大家一致认为，如果大家都遵守同一套给定的编码标准、原则及方法，那么开发者的生活将变得更加轻松。

接下来我们将详细解释其中的含义。

1.3.1　编码标准

编码标准规定了一系列必须遵守的事项。这种标准可以使用工具（例如 FxCop）或者通过人工同行评审来保证。所有的公司都有其自主规定并需要强制遵守的编码标准。但在现实工作中，当进度已逼近业务限期时，在限期之内完成工作就比保持代码质量显得更加重要，因而编码标准也就被无视了。通常，可以在缺陷列表中将这些需要重构的代码添加为技术债，以便在发布之后进行修正。

Microsoft 也制定了自己的编码标准，其标准被广泛采纳并根据各类业务的需要进行了相应的修改。以下列出了一些可以在线访问的编码标准：

❏ https://www.c-sharpcorner.com/UploadFile/ankurmalik123/C-Sharp-codingstandards/

❏ https://www.dofactory.com/reference/csharp-coding-standards

❏ https://blog.submain.com/coding-standards-c-developers-need/

当一个团队或者多个团队的人员共同遵守相同的编码标准时代码就会趋向统一。统一的代码更易于阅读、扩展和维护，并且也不易出错。如果的确有错误存在，由于所有的开发者都遵守同一套标准，因此找到它们也会更加容易。

1.3.2　编码原则

编码原则同样是一系列规定，它关注于如何编写高质量的代码，如何测试并对代码进行调试，以及如何对代码进行维护。不同的开发团队所遵循的编码原则也不尽相同。

即使你是一个独立开发者，也能够通过定义并坚持自己的编码原则来提供优秀的服务。在团队合作中，若能够对一系列编码原则达成一致，则益处更大。它会令团队在共享代码上的工作变得更加简单。

你将在本书中看到各种编码原则（例如 SOLID 原则、YAGNI 原则、KISS 原则以及 DRY 原则）的范例及其详细解释。但目前只需知道 SOLID 原则是**单一职责原则**（Single Responsibility Principle）、**开闭原则**（Open-Closed Principle）、**里氏替换原则**（Liskov Substitution）、**接口隔离原则**（Interface Segregation Principle）和**依赖倒置原则**（Dependency Inversion Principle）的缩写。YAGNI 原则是"你不会需要它"（You Ain't Gonna Need It）的缩写；KISS 原则是"保持软件简单易懂"（Keep It Simple，Stupid）的缩写；而 DRY 原则是"避免重复的代码"（Don't Repeat Yourself）的缩写。

1.3.3　编码方法

编码方法将开发软件的过程分解为一系列事先定义好的阶段。每一个阶段中包含若干步骤。不同的开发人员和开发团队可能会有其自身遵循的编码方法。其主要目的是提高从最初的概念阶段经由编码阶段达到部署和运维阶段的效率。

本书将介绍**测试驱动开发**（Test-Driven Development，TDD）、**行为驱动开发**（Behavioral-Driven Development，BDD），以及**面向方面编程**（Aspect-Oriented Programming，AOP）的方法。我们将使用 SpecFlow 进行行为驱动开发，使用 PostSharp 进行面向方面编程。

1.3.4　编码规则

我们建议使用 Microsoft 的 C# 编码规则。请参见：`https://docs.microsoft.com/en-us/dotnet/csharp/programming-guide/inside-a-program/coding-conventions`。

采用 Microsoft 的编码规则可以确保代码的格式得到最广泛的认同。这种 C# 编码规则可以让开发者集中于代码本身而不用花心思去关注格式排布等问题。因此一般来说，Microsoft 的编码标准对编码的最佳实践起到了促进作用。

1.3.5　模块化

将大型的程序拆解为若干小模块有着重大的意义。小的模块更容易测试、更容易阅读及复用，并可以独立于其他模块来执行。小的模块也更易于扩展和维护。

模块化的程序由不同的程序集与其中不同的命名空间构成。模块化程序中的不同的模块可以由不同的团队来维护，因此它更适合团队开发的方式。

在同一个项目中，代码可以通过与命名空间匹配的目录进行模块划分。命名空间应该包含那些和它的名字相称的代码。例如，如果命名空间的名字为 `FileSystem`，则和文件与目录相关的类型就可以定义在命名空间对应的目录中。如果命名空间的名字是 `Data`，则其中应当只包含和数据与数据源相关的类型。

恰当的模块划分的另一个好处在于：如果模块能够保持小巧整洁，那么它的代码就更容易阅读。通常，开发者除去编码工作之外，大部分时间都会花在阅读和理解代码上。因此模块化越合理、代码量越少就越容易阅读和理解。开发者在充分理解代码的基础上可以提高接受和使用相应代码的能力。

1.3.6　KISS 原则

你也许是不世出的计算机编程天才。你写出的代码是如此优雅以至于其他开发者难以望其项背，只能在键盘上哀叹。但是其他开发者能够一眼看出这个程序的功能吗？如果你最近十周都在其他浩如烟海的代码中工作，挣扎着赶在最后期限前交付，你还能够清晰地解释十周前你所编写的代码的用途，以及你选择的编码方式背后的理由吗？你在编写代码的时候有没有想过日后仍然会持续地工作在这些代码上呢？

当你在几天之后再次查看之前编写的代码，有没有觉得"我怎么会写出这种垃圾代码呢？我当时到底在想什么？"不仅我会有这样的负罪感，我的一些前同事也有相同的感觉。

在编写代码时，务必要保持代码整洁易读，确保即使是新手程序员也能够理解其含义。

通常情况下，初级程序员会接触更多的代码阅读、理解以及维护工作。代码越复杂，需要的时间也就越长。即便是高级程序员也会在这些复杂系统中挣扎，当系统复杂到一定程度时他们也会选择去寻找一份新的、不会对身心健康构成如此巨大压力的工作。

再举一个例子。如果你正工作在一个简单的网站上，那么可以问自己以下几个问题。你真的需要使用微服务吗？当前的项目真的很复杂吗？有没有可能让它变得简单一点以便于维护？如需开发一个健壮的、易维护、可扩展的高效解决方案，我们需要的最少的变化部分有几个？

1.3.7　YAGNI 原则

YAGNI 是敏捷开发领域中的一个原则，它规定开发者除非绝对必要不应添加任何代码。诚实的开发者会根据设计编写执行结果失败的测试；然后，编写必要的代码令测试通过；最后，将代码重构并移除重复的部分。使用 YAGNI 软件开发方法可以确保类、方法和整体代码行数保持绝对最小水平。

YAGNI 的主要目标是避免开发者对软件系统进行过度设计。如果不需要则无须增加复杂性。仅仅编写必要的代码，不要为不需要的功能编写代码，更不要出于试验和学习的目的添加代码。可以将试验或学习的代码放在沙盒项目中。

1.3.8　DRY 原则

DRY 即"避免重复的代码"。如果在多个区域都出现了相同的代码那么可以考虑对其进行重构。可以通过观察这些代码来确认是否能够抽取出共同的部分，将其定义在另一个辅助类中，并在整个系统中统一调用或放在一个库中供其他项目使用。

如果相同的代码散放在多处，那么在需要修正其中的缺陷时必须修改各处的代码。在这种情况下，很容易漏掉某处需要修改的代码，造成发布时部分代码得到修正而另一部分代码仍然存在问题的状况。

因此，当遇到重复代码时应当尽早将其移除。如果不这样做的话会导致更多的问题。

1.3.9　SOLID 原则

SOLID 原则是五个设计原则的统称。它意在令软件更容易理解和维护。软件代码应当易于阅读，并在扩展时无须修改现有代码。这五个设计原则是：

❑ **单一职责原则**：类和方法应当仅具备单一职责。所有组合为单一职责的元素应当组合在一起并进行封装。

❑ **开闭原则**：类和方法应当对扩展开放，对修改封闭。当软件需要更改时应当可以对软件进行扩展，而无须修改既有的代码。

❑ **里氏替换原则**：若函数接收一个基类的指针，那么该指针应当可以替换为任何从基类派生的类（的指针）而无须事先知晓具体类信息。

❑ **接口隔离原则**：如果接口很大，则客户端可能并不需要使用接口中的所有方法。因此应当使用**接口隔离原则**将方法拆分到若干不同的接口中。因此，与其设计一个大而全的接口不如拆分为若干小型接口，而类可以选择实现需要的接口中的方法。

❑ **依赖倒置原则**：高层次的模块不应当依赖低层次的模块。低层次的模块的替换不应当影响高层次模块的使用。不论是高层次的模块还是低层次的模块都应当依赖于抽象。抽象不应当依赖于细节，但是细节应当依赖于抽象。

声明变量时应当使用静态类型中的接口或抽象类，而后将实现接口或抽象类的具体类（对象）赋值给相应变量。

1.3.10　奥卡姆剃刀法则

奥卡姆剃刀法则：如无必要则勿增实体。换言之，其本质上意味着最简单的方案也最可能是正确的那个方案。因此，在软件开发中如果总采取不必要的假设，并放弃使用简单的方案，则破坏了该法则。

软件项目通常建立在一系列事实和假设上。事实一般容易处理，但是假设就不一样了。通常，我们会以团队讨论的形式从问题产生一个软件解决方案。在选择方案的时候应当永远选择假设最少的方案，因为这种实现方案将是最准确的。如果方案中的确有一些合理的假设，那么这种假设越多，设计方案包含缺陷的可能性就越大。

项目的构成组件越少，出问题的可能性就越少。因此，请遵循该法则，通过减少不必要的假设，仅处理事实，保持项目整洁并尽可能减少实体数目。

1.4　总结

本章中介绍了良好的代码与劣质的代码。希望你现在对良好代码的重要性有了充分认识。我们介绍了 Microsoft C# 编码规则并提供了链接，以便遵循 Microsoft 最佳的编码实践（如果你还没有这样做的话）。

本章也还介绍了各种软件开发方法，包括 DRY 原则、KISS 原则、SOLID 原则、YAGNI 原则和奥卡姆剃刀法则。

本章也介绍了模块化。用命名空间和程序集将代码模块化的好处包括：可以由独立的团队开发独立的模块，好的代码复用性和可维护性等。

下一章将介绍代码评审。代码评审的过程往往令人不快，但是它的确可以控制并帮助开发者遵守公司的编码流程。

1.5　习题

1）劣质的代码会带来什么后果？

2）良好的代码会带来什么后果？

3）编写模块化的代码有什么好处？

4）什么是 DRY 的代码？

5）为什么应该在编码过程中使用 KISS 原则？

6）SOLID 是哪些原则的缩写呢？

7）请解释 YAGNI 原则。

8）什么是奥卡姆剃刀法则？

1.6　参考资料

- *Adaptive Code: Agile coding with design patterns and SOLID principles*，*Second Edition*，作者 Gary McLean Hall。

- *Hands-On Design Patterns with C# and .NET Core*，作者 Jeffrey Chilberto 和 Gaurav Aroraa。

- *Building Maintainable Software, C# Edition*，作者 Rob can der Leek、Pascal can Eck、Gijs Wijnholds、Sylvan Rigal 和 Joost Visser。

- https://en.wikibooks.org/wiki/Introduction_to_Software_Engineering/Architecture/Anti-Patterns，本文介绍了软件中的反模式，并包含一个丰富的反模式列表。

- https://en.wikipedia.org/wiki/Software_design_pattern，本文介绍了设计模式，并列出了各种设计模式的图表和范例实现代码。

Chapter 2　第 2 章

代码评审——过程及其重要性

代码评审活动的主要目的是提高代码的整体质量。代码质量的重要性是不言而喻的，当代码属于团队项目的一部分，或者可以被其他成员访问（例如开源开发者或客户通过某种托管协议访问该代码）时尤为如此。

如果每个开发人员都可以随心所欲地编写代码，那么你得到的将是以如此多不同方式编写的相同类型的代码，最终代码将变成一团乱麻。这就是为什么编码标准政策很重要，它规范了公司的编码实践和要遵循的代码评审流程。

在代码评审过程中，同行之间会互相评审代码。出错是人之常情，评审人将检查代码是否存在错误，是否违反了公司的编码准则，是否存在语法正确但可读性、可维护性和性能有待改进的代码。

本章涵盖如下主题：

❑ 准备代码评审

❑ 引导代码评审

❑ 确定评审内容

❑ 确定何时进行评审

❑ 提供代码评审反馈

请注意，我们将以**开发者**视角来讨论 2.2 节和 2.5 节；以**代码评审者**的视角讨论 2.3 节和 2.4 节；并分别以**开发者**视角和**代码评审者**视角讨论 2.6 节。

学习目标：

❑ 理解代码评审及其好处。

□ 如何参与代码评审。

□ 如何提供建设性的批评。

□ 如何积极回应建设性的批评。

在我们深入这些主题之前，先来介绍一般的代码评审流程。

2.1　代码评审流程

通常，在代码评审过程之前要保证代码编译正常并能够满足相应需求，还应当确保代码通过所有的单元测试与端到端测试。一旦确信代码可以成功编译、测试与执行，那么就可以将其签入当前的工作分支中。在签入完毕之后就可以创建 pull request[⊖]了。

此后，同行评审员将评审这些代码并提供评论和反馈。如果代码通过了评审，则代码评审结束，并可以将工作分支合并到主干中。否则如果同行评审失败，则提交者需要重新审视代码，并处理评审意见中的问题。

图 2-1 展示了同行评审的过程。

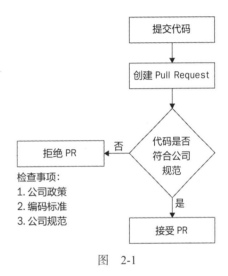

图　2-1

2.2　准备代码评审

准备代码评审有时是一件痛苦的事情。但它的确可以提高整体代码质量，使代码更加易读易维护。开发团队应当将其作为标准编码流程来执行。准备过程是代码评审过程中的一个重要步骤，完善的准备工作可以在评审中过程中节省评审人员大量的时间和精力。

在准备代码评审时请注意以下几点：

□ **始终保持代码评审的意识**：在开始任何程序工作之前，都应当保持代码评审的意识。从而保持代码短小，并尽可能保持特性单一。

□ **不仅保证代码构建成功还要确保所有的测试都是通过的**：即使代码构建成功，但只要出现失败的测试就应当立即处理，找到测试失败的原因。当测试按照预期通过时才继续后续的流程。总之，请确保所有单元测试和端到端测试全部通过。只有所有测试全部通过（亮起绿灯）才能进行发布，因为一旦这些能够运行但会令部分测试失败的代码发布到产品环境中，就可能造成问题，令用户满意度下降。

□ **注意 YAGNI 原则**：在编码过程中，确保只添加需求或功能所必需的代码。如果

⊖　拉取请求，由于该英文术语使用广泛，因此后文中均写为 pull request。——译者注

并非必需则不要为其添加代码。同时，只为当前所需添加代码而不要预测之后的功能。

❑ **检查重复代码**：如果需要确保代码符合面向对象编程，并符合 DRY 和 SOLID 原则，那么请审查当前代码是否包含过程化的或者重复的代码。如果包含上述情况，那么请花一些时间将其重构为面向对象的、符合 DRY 和 SOLID 原则的代码。

❑ **使用静态分析器**：请按照公司的最佳实践要求配置静态代码分析器。它可以在分析代码的过程中突出显示所有的问题。不要忽略此类信息和警告，否则可能会使问题进一步恶化。

> 必须在确保代码能够满足业务需求、符合编码标准并通过了所有测试时才签入代码。当签入的代码进入**持续集成**（Continuous Integration，CI）流水线并导致构建失败时，则需要解决 CI 流水线中出现的问题。当代码签入成功且流水线顺利通过时（亮起绿灯），就可以创建 pull request 了。

2.3 引导代码评审

在引导代码评审时，应务必确保合适的人员出席，并应当和项目经理就出席代码评审的人员达成一致。除非是远程协作，否则代码提交负责人应出席代码评审会。而在远程工作场景下，评审人将评审代码，并最终接受 pull request、拒绝该 pull request，或者将问题发送给开发者，待得到答案之后再行决定。

一个称职的代码评审引导人员应当具备以下技能和知识：

❑ **技术权威性**：代码评审引导人员应当有一定的技术权威性，并理解公司的编码规范与软件开发方法。同时，对待评审的软件有良好的整体性了解也是非常重要的。

❑ **具备良好的软技能**：代码评审引导人应当对提出建设性反馈的成员给予热情的鼓励。评审人员也需要拥有良好的软技能，以避免评审人和被评审人之间产生冲突。

❑ **不要过于挑剔**：代码评审引导人员不能过于挑剔。他应当有能力恰当地解释这些针对开发者代码的批评意见。如果引导人员接触过多种不同的编程风格，并能够客观地看待代码以确保其满足需求，那么对代码评审将大有益处。

在我的工作经验中，开发者会将 pull request 提交到团队的版本控制工具上，而代码评审工作正是由 pull request 展开的。开发者首先将代码提交到版本控制工具上，并创建一个 pull request。代码评审人审阅 pull request 中的代码。如有建设性反馈，则以评论的形式提出，并附加在 pull request 上。如果代码有较大问题，则评审人将拒绝此次变更请求，并将开发者需要解决的特定问题附加在评论中。如果代码评审通过，则评审人可以添加正向反馈，合并代码并关闭该 pull request。

开发者应当关注并考虑评审人员的所有意见。如需重新提交代码，则开发者应当确保评审人所提出的问题均已在提交之前得到处理。

代码评审应尽可能保持短小，不要一次评审太多行的代码。

如上所述，代码评审通常是从 pull request 开始的，因此接下来我们将展示如何创建并响应 pull request。

2.3.1　创建 pull request

当我们结束编码工作、完成构建并对代码质量信心满满时，就可以将代码推送（push）或签入（取决于代码控制系统的种类）到代码控制系统中了。在代码推送完毕后可以创建 pull request。pull request 创建完毕后，所有对相关代码感兴趣的人员都将收到通知，并对变更进行评审。评审人可以对代码的变更展开讨论并发表评论，并指出任何需要进一步修改的部分。因此从本质上说，将代码推送到代码仓库并创建 pull request 是代码评审的起点。

如需创建 pull request（假设代码已经推送或签入），只需在版本控制工具界面上点击 Pull Request 标签，随后单击 New pull request（新建 pull request）按钮。该操作将会将 pull request 添加到队列中等待相关评审人的审阅。

以下截图以 GitHub 为例展示了创建与处理 pull request 的过程。

1）在 GitHub 主页，单击 Pull requests 标签，如图 2-2 所示。

图　2-2

2）单击 New pull request 按钮。此时将会出现 Comparing changes（变更对比）页面，如图 2-3 所示。

3）如果没有问题，则可以单击 Create pull request（创建 pull request）按钮开始创建流程。之后将跳转到 Open a pull request（打开 pull request）页面，如图 2-4 所示。

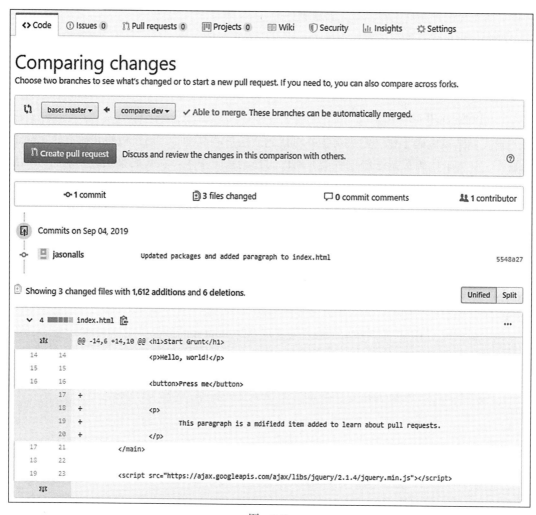

图 2-3

4）在该页面输入和当前 pull request 相关的描述。简明扼要地为代码评审人员提供所有必要的信息，例如识别所作的更改，并根据需要修改 Reviewers（评审人员）、Assignees（指派人员）、Labels（标签）、Projects（项目）、Milestone（里程碑）等字段。在所有细节准备完毕后，单击 Create pull request 按钮创建 pull request。此后评审人员就可以开始进行代码评审了。

2.3.2　响应 pull request

评审人需要在将 pull request 分支合并之前进行代码评审。接下来将介绍响应 pull request 的步骤。

1）首先，复制一份待评审的代码。

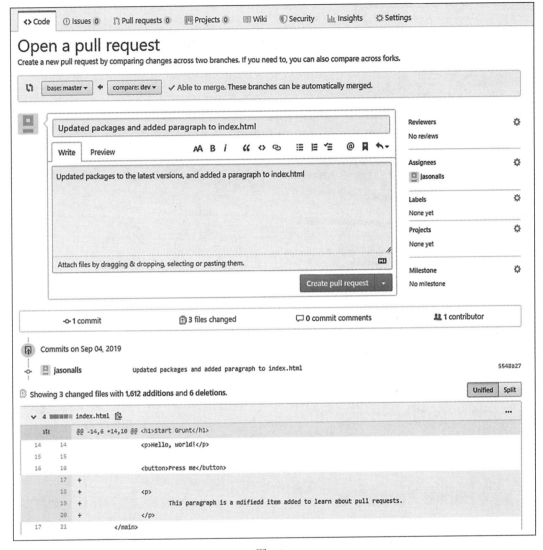

图　2-4

2）其次，阅读 pull request 的评论并查看其中的变更情况。

3）确认该 pull request 不会和基础分支发成冲突。如果 pull request 和基础分支有冲突，则可以拒绝此次请求并在评论中进行说明。如果并不冲突则可以着手评审变更点，确认新的代码可以顺利构建，并且在编译过程中不会产生警告。除此之外，在这个阶段还需要确认代码是否存在坏味道或其他潜在的缺陷；测试是否能顺利构建并运行通过；测试覆盖率相对需要进行合并的功能来说是否足够。如果代码不尽如人意，那么请在评论中进行必要的说明并拒绝此次请求。如果代码令人满意，那么也请在评论中说明理由，并单击 Merge pull request 按钮合并 pull request，如图 2-5 所示。

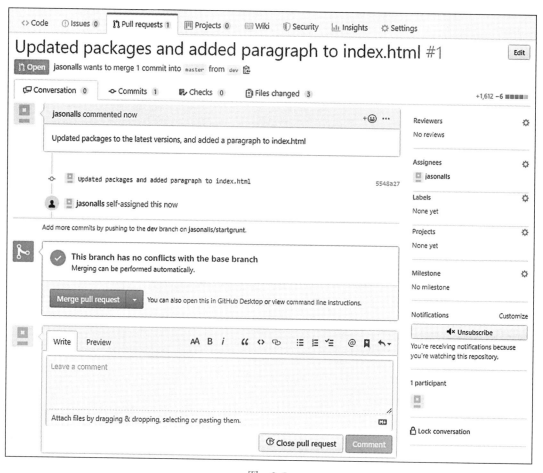

图 2-5

4）在页面中输入提交的注解并单击 Confirm merge 按钮确认合并操作，如图 2-6 所示。

5）当 pull request 合并并关闭后，就可以单击 Delete branch 按钮删除分支，如图 2-7 所示。

我们在前一节介绍了被评审人如何创建 pull request 以便开始进行代码评审和分支合并。在本节中介绍了在代码评审过程中如何评审并完成 pull request。接下来，我们将介绍在响应 pull request 的评审过程中应该评审哪些内容。

2.3.3 反馈对被评审人的影响

在进行代码评审时，势必会产生正向反馈或负面反馈。负面反馈不会提供问题的细节，此时评审人关注的并非问题而是被评审人。这样的反馈并不能够将代码改进的建议传递给被评审人，反而是在伤害被评审人。

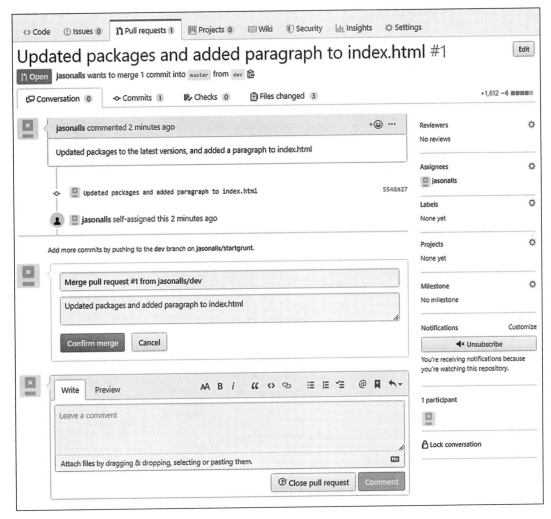

图　2-6

　　上述负面反馈对被评审人来说是一种冒犯，并会产生负面影响，因此被评审人可能会对自己产生怀疑。被评审人积极性降低，这会对团队产生负面影响，因为工作没有按时完成或达到要求的水平。团队会感受到评审人和被评审人的紧张关系，这种压迫性的氛围会对团队中的每一个成员造成负面影响，可能导致其他同事失去积极性，从而使整个项目陷入痛苦之中。

　　最终，当被评审人无法忍受时，可能会去寻找新的工作岗位以摆脱眼前的一切。由于需要花费时间和精力去寻找替代者，因此项目本身也会在时间和经济上受到影响。最终不论谁去填补这个职位，都需要再次接受系统方面的、工作流程以及规章制度方面的培训。图 2-8 展示了评审人对被评审人发出负面反馈后的影响。

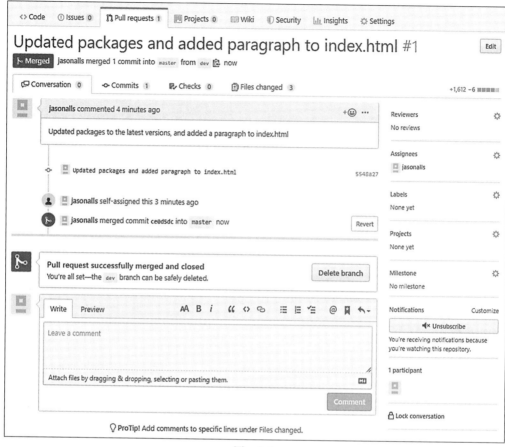

图 2-7

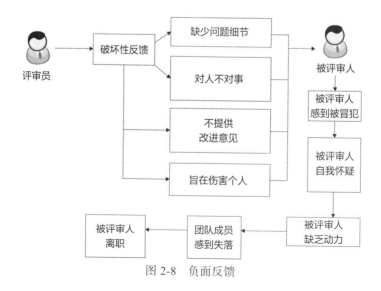

图 2-8 负面反馈

相反，正向反馈会产生截然不同的效果。当评审人对被评审人提供正向反馈时，他们关注的是问题而非被评审人。他们会解释为什么提交的代码不够好以及提交后可能导致的问题。此外，评审人还会对代码改进的方法提出建议。因此，这种反馈的目的只在于提高被评审人提交的代码的质量。

当被评审人接到了正向（建设性）反馈之后，他们也会进行正向的回应。他们会积极考虑评审人的意见并以适当的方式来回答任何问题或主动提出任何相关的问题。代码将会依据评审人的意见进行更改。更新后的代码将重新提交以再次进行评审和验收。上述方式会保持积极的氛围从而对团队造成积极的影响。工作可以及时完成并完全符合质量要求。图 2-9 展示了评审人对被评审人积极反馈后的效果。

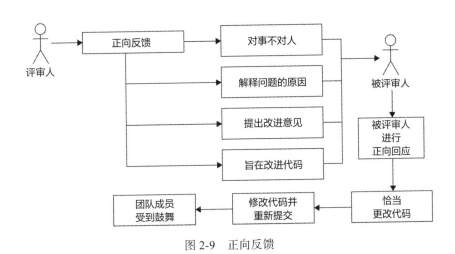

图 2-9　正向反馈

请注意，反馈可以是建设性的也可以是破坏性的。作为评审人，应当保持建设性而非造成破坏。快乐的团队将极具成效，而垂头丧气的团队则会效率低下，并最终对项目造成伤害。因此，请不断努力通过正向反馈来保持快乐的团队氛围。

正向的批评技术是一种三明治式的反馈技巧。首先从表扬优点开始，而后提出建设性的批评，最终再进一步表扬。如果团队中的成员对任何形式的批评的响应效果都不好，那么这种反馈技巧是很奏效的。请记住，与人交往的软技能和交付高质量代码的软件技能是同等重要的。

接下来我们将介绍如何确定评审内容。

2.4　确定评审内容

在评审代码时需要从不同的角度进行考虑。首要的一点是需要评审的代码应当仅限于开发人员更改并提交的代码。这也是为什么我们推荐小步提交的原因。少量的代码更易于评审和交流。

接下来我们将逐一介绍评审人在一次完整而彻底的代码评审中应当关注的那些不同方面。

2.4.1 公司编码规范与业务需求

所有需要评审的代码必须遵守公司的编码规范并实现业务需求。新加入的代码应当遵守公司采用的最新编码标准和最佳实践。

业务需求分为不同的类型，包括业务与用户 / 干系人的需求和功能与实现上的需求。不论代码实现的是哪一类需求，都需要进行完整检查以确保它实现了这些需求。

例如，如果用户 / 干系人相关的需求指出希望能够添加客户账户，那么被评审代码是否符合当前需求列出的所有条件呢？如果公司的编码规范规定所有的编码必须包括单元测试，且测试用例需包含正常流程和异常情况，则被评审代码中是否实现了这些测试呢？如果上述几个问题中的任何一个的回答是否定的，那么就应当在评论中指出。而开发者应当在再次提交代码时处理这些问题。

2.4.2 命名规则

评审过程中应当检查不同的代码结构（例如类、接口、成员变量、局部变量、枚举和方法）的命名是否符合命名规则。没人喜欢像密码一样难以理解的名称，在大代码库中尤其如此。

以下是评审人需要关注的问题：

❑ 命名是否足够长，使人容易阅读和理解。

❑ 命名是否既体现代码意图又足够短，不会使人厌烦。

评审人必须能够读懂代码。如果代码难以阅读和理解，那么必须在合并前进行重构。

2.4.3 代码格式

正确格式化代码可以使代码易于理解。应当根据规则添加必要的命名空间、大括号和缩进。代码块的起止位置应当清晰易辨。

评审人在评审中应当关注以下问题：

❑ 代码缩进使用空格还是制表符。

❑ 空白字符的数目是否正确。

❑ 是否应当将过长的代码行分割为若干行。

❑ 使用何种换行符。

❑ 是否按照格式规范一行只有一条语句，只进行一个声明。

❑ 接续行是否正确地使用了一个制表位的缩进。

❑ 方法之间是否间隔一行。

❑ 是否用括号分隔表达式中的多个子句。

❑ 类和方法是否足够整洁，是否只做了它们应该执行的任务。

2.4.4　测试

测试应当易于理解并涵盖尽可能多的用例。其中既应当包含正常执行路径也需要包含异常用例。在评审测试代码时，评审人应当检查以下内容：

- ☐ 开发者是否为所有代码都编写了测试。
- ☐ 是否存在没有测试的代码。
- ☐ 所有的测试是否都有效。
- ☐ 有没有失败的测试。
- ☐ 代码是否有足够的文档，包括注释、文档注释、测试和产品文档。
- ☐ 系统中独立编译和工作的部分在集成之后是否可能产生缺陷。
- ☐ 代码是否有良好的文档记录以辅助维护和支持。

测试的评审流程如图 2-10 所示。

未经测试的代码有可能在测试和产品环境中产生意料外的异常。而和未经测试的代码同样糟糕的是不正确的测试。它会导致难以调试的缺陷，降低客户体验并增加工作量。缺陷是技术债，它对业务会造成负面影响。此外，由于编写代码的人和阅读、维护与扩展代码功能的人可能并不相同，因此请尽可能为其他同事提供文档。

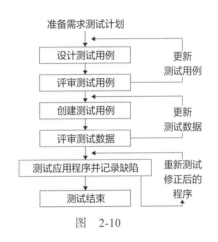

图　2-10

对于客户来说，他们依赖用户友好的文档来了解产品的功能及其使用方式。并非所有用户都精通技术，因此在编写文档时应注意那些急需帮助的非技术背景用户的需要，并注意不要自视甚高。

作为有一定技术影响力的评审人，当发现代码中存在任何可能成为问题的坏味道时务必标记、评论并拒绝此次 pull request，并请开发者重新提交。

评审时还需要确保没有使用异常进行程序流程的控制，确保产生的异常均指定了有意义的信息，以方便开发者和客户进行后续处理。

2.4.5　架构规范和设计模式

请确保新代码符合项目的架构规范与公司指定的编码方式（例如 SOLID、DRY、YAGNI 和面向对象编程）。此外，代码可以适时合理引入设计模式。

这里说的设计模式指 GoF 设计模式。GoF 即 Erich Gamma、Richard Helm、Ralph Johnson 和 John Vlissides，他们是《设计模式：可复用面向对象软件的基础》这本 C++ 相关书籍的作者。

如今，这些设计模式在几乎所有的面向对象编程语言中广泛使用。我个人推荐 https://www.dofactory.com/net/design-patterns 这个网站。其中包含了 GoF 中的所有设计模式，包括定义、UML 类图、参与者、结构化代码和一些真实代码案例。

GoF 的设计模式包括创建型、结构型、行为型设计模式。创建型设计模式包括抽象工厂模式（Abstract Factory）、建造者模式（Builder）、工厂方法（Factory Method）、原型模式（Prototype）和单例模式（Singleton）；结构型设计模式包括适配器模式（Adapter）、桥接模式（Bridge）、组合模式（Composite）、装饰器模式（Decorator）、外观 / 门面模式（Façade）、享元模式（Flyweight）和代理模式（Proxy）；行为型模式有职责链模式（Chain of Responsibility）、命令模式（Command）、解释器模式（Interpreter）、迭代器模式（Iterator）、中介者模式（Mediator）、备忘录模式（Memento）、观察者模式（Observer）、状态模式（State）、策略模式（Strategy）、模板方法（Template Method）和访问者模式（Visitor）。

这些代码也应当合理地组织在命名空间和模块中。在评审时也需要注意它们是否过于简单或者进行了过度设计。

2.4.6 性能和安全性

代码的性能和安全性在评审时也需要进行考量：

❑ 代码的性能如何。

❑ 代码是否存在性能瓶颈。

❑ 代码是否能够防范 SQL 注入或者拒绝服务（Denial-of-Service，DoS）攻击。

❑ 代码是否对数据进行了充分的验证以保证数据的清洁。是否只有验证通过的数据才能存储在数据库中。

❑ 是否检查了用户界面、文档和错误消息中的拼写错误。

❑ 代码中是否有魔法数字（magic number）或者硬编码的值。

❑ 配置数据是否正确。

❑ 是否有意外提交的密钥。

完备的代码评审应当包含上述所有的方面并满足每种规则的评审参数。接下来我们来讨论一下执行代码评审的正确时机。

2.5 何时发起代码评审

代码评审应当在代码开发完成之后，进入 QA 部门进行测试之前执行。代码在签入版本控制前，所有的代码都应当能够编译和运行，并且没有任何错误、警告或其他信息。要达到上述要求，应当做到以下几点：

❑ 对程序进行静态代码分析并检查是否有任何问题，解决分析过程中报告的错误、警告或其他信息。如果忽视这些信息则可能在今后造成问题。在 Visual Studio 2019 中，

右击项目，并选择 Properties | Code Analysis。就可以在 Project Properties 页的 Code Analysis 页面中访问 Code Analysis 配置对话框了。

❑ 所有测试都应成功运行，且新代码不论是正常用例还是异常情况均应当得到覆盖，以确认代码正确实现了需求规范的要求。

❑ 如果你在工作中使用持续开发的软件实践将代码集成到更大的系统中，则应确保集成成功，并通过所有的测试。如果出现错误则请修正错误再继续推进后续工作。

当代码开发结束，文档齐备，通过了所有测试，并且系统集成工作良好、没有任何问题，此时就是进行代码评审的最佳时机。当代码评审通过之后，代码就可以进入 QA 部门了。图 2-11 展示了代码从开发到结束的整个**软件开发生命周期**（Software Development Life Cycle，SDLC）。

开发者按照规范编写软件代码。将代码提交到版本控制仓库并发起一个 pull request。随即进行代码评审。如果评审失败，评审人将附加评论并拒绝 pull request；如果评审成功，则代码将部署到 QA 团队并执行其内部测试。中间如果出现任何缺陷都将返回给开发者进行修复。如果 QA 内部测试通过，则代码将部署到**用户验收测试**（User Acceptance Testing，UAT）环境中。

如果 UAT 失败，则缺陷将提交至 DevOps 团队。DevOps 团队的成员大多是开发人员或基础设施相关人员。如果 UAT 质量验证通过，则软件将部署到模拟（Staging）环境上。

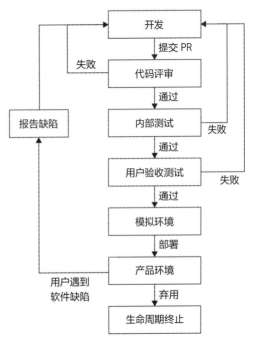

图 2-11 软件开发生命周期

生产验证团队的职责是将软件部署到产品环境。当软件发布到客户手中后，任何缺陷都会生成一个缺陷报告。此后开发人员将重启流程并修正客户提出的缺陷。而当产品生命周期临近尾声时，其服务也将终止。

2.6 提供并回应评审反馈

代码评审的目标是保证代码的总体质量符合公司规范。因此反馈应当是建设性的，不能成为贬低同事或令别人难堪的借口。同样，评审人的反馈应当聚焦于合理的行为与解释，不得针对具体个人。

图 2-12 展示了创建 Pull Request（PR），执行代码评审以及接受或拒绝 PR 的流程。

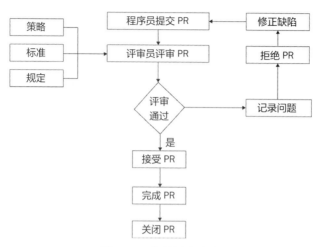

图 2-12　代码评审流程

2.6.1　评审人提供反馈意见

职场霸凌可能造成不良后果，这对于编程环境来说也是如此。没有人喜欢自以为是的开发者。因此评审人需要有良好的软性技术和沟通技巧。有些人很容易感到自己被冒犯而采取错误的方式进行应对。因此要考虑被评审人特点，预判其反应，这有助于我们谨慎地选择沟通方式和措辞。

代码评审人应当理解需求并确保代码符合业务要求。因此请注意以下问题：

❑ 是否能够阅读并理解代码的含义。

❑ 是否能够找到一些潜在的缺陷。

❑ 代码是否经过了一些权衡取舍。

❑ 如果前一个问题答案为"是"，那么为什么要进行这种取舍。

❑ 这种权衡是否会带来技术债，是否需要进一步纳入项目。

当评审结束时，有三类反馈供评审人选择：正面反馈、可选的反馈和关键反馈。评审人可以在**正面反馈**中对开发者的出色之处进行表扬。这是鼓舞士气的良好途径（在开发团队中士气往往会变得很低）。**可选反馈**可用于帮助开发者根据公司的规范磨炼编程技能，也可以对软件开发带来整体性的改善。

最后介绍关键反馈。**关键反馈**适用于那些已经发现的、在代码最终通过并提交到 QA 部门之前必须解决的问题。在进行此类反馈的时候，请务必谨慎发言以免冒犯他人。重要的是，关键反馈要针对具体的问题，并提出充分的理由来支撑反馈的内容。

2.6.2　被评审人回应反馈

被评审人应当有效地向评审人介绍代码的背景信息。小步提交是有效传递信息的方式。

少量的代码比大量的代码更容易评审。需要审查的代码越多，越容易出现漏网之鱼。在等待代码审查时，请不要再对代码进行任何更改。

和想象中一样，评审反馈有可能时正面的，可选的或者关键性的。积极的反馈有助于提升你对项目的信心和士气。你可以在此基础上坚持良好的实践。对于可选的反馈可以选择是否采取行动，但在此之前最好能够和评审人进行沟通。

对于关键反馈，你必须认真对待并付诸行动，因为这种反馈对于项目的成功是必不可少的。请一定注意以礼貌而专业的方式处理此类反馈，不要让评审人的意见影响自己，因为这些评论并非针对个人。这一点对新人程序员和缺乏自信的开发者来说尤其重要。

收到了评论者的反馈后，请立即采取行动，并确保在必要时和评审人进行沟通。

2.7　总结

本章讨论了代码评审活动的重要性，介绍了准备代码评审的全部过程，作为开发者如何回应评审意见，如何引导代码评审以及作为评审人在评审过程中需要注意哪些部分。可以看到，代码评审过程中存在两个清晰的角色：评审人和被评审人。评审人执行代码评审，被评审人的代码则是被评审的对象。

作为评审人，需要了解如何对反馈进行分类，以及软技能在向其他开发者提供反馈时的重要性。作为被评审人，可以感受到正向反馈和可选反馈的重要性，以及根据关键反馈采取行动的重要意义。

到目前为止，你应该能够很好地理解在代码提交至 QA 部门前定期进行代码评审的重要性了。虽然代码评审的确会花费时间，而且其过程可能对于评审人和被评审人都不那么舒服。但在长期看来，这项工作可以逐步建立高质量的、易于扩展和维护的产品。而且代码也将具备更佳的复用性。

第 3 章将介绍如何编写整洁的类、对象和数据结构。包括如何组织类，确保每一个类只具备一种职责，如何对类进行注释来辅助生成文档。我们还将讨论内聚和耦合，如何为变化而设计以及迪米特法则。此后将介绍不可变对象和数据结构，如何隐藏数据并在对象中暴露方法。最后再将目光转向数据结构。

2.8　习题

1）参与代码评审过程中的两个角色分别是什么？

2）应当和谁商定参加代码评审的人选？

3）在代码评审前如何做能够节省评审人的时间和精力？

4）在进行代码评审时必须注意哪些方面？

5）三种反馈类型分别是什么？

2.9 参考资料

- `https://docs.microsoft.com/en-us/visualstudio/code-quality/?view=vs-2019`：该文档来自 Microsoft 官方网站其中介绍了几种不同有关代码质量和可维护性的分析和改进工具。
- `https://en.wikipedia.org/wiki/Code_review`：这篇文章中的链接有助于扩展代码评审的知识，增进代码评审对业务产生的价值的认识。
- `https://springframework.guru/gang-of-four-design-patterns/`：GoF 所著的《设计模式》在线书籍。
- `https://www.packtpub.com/application-development/net-design-patterns`：Praseed Pai 与 Shine Xavier 合著的《NET 设计模式》。
- `https://help.github.com/en`：GitHub 的帮助页面。

类、对象和数据结构

本章将介绍类的组织，格式和注释，以及使用迪米特法则编写整洁的 C# 对象与数据结构。此外，我们还将讨论不可变的对象，以及在 System.Collections.Immutable 命名空间中定义的不可变集合的数据结构、接口和类。

本章涵盖如下主题：

❑ 类的组织

❑ 从注释生成文档

❑ 内聚性和耦合性

❑ 迪米特法则

❑ 不可变的对象和数据结构

学习目标：

❑ 如何有效地使用命名空间组织类。

❑ 使用单一职责原则减少类的尺寸，并且使类的含义更加明显。

❑ 编写自定义的 API 时使用注释文档生成工具提供良好的开发文档。

❑ 编写高内聚低耦合的程序使其更易修改和扩展。

❑ 学习应用迪米特法则，编写和使用不可变的数据结构。

接下来，让我们先从如何有效地使用命名空间组织类这一话题开始吧。

3.1 技术要求

本章代码可以从 GitHub 中得到：https://github.com/PacktPublishing/Clean-Code-in-C-/tree/master/CH03。

3.2　组织类

　　显而易见，组织良好的类是整洁的项目的标志。归属相同的类将被聚合在相应的目录中。此外，文件夹中的类将包含在与文件夹结构匹配的命名空间中。

　　每一个接口、类、结构体和枚举均应当拥有其自身的源文件，并放置在合理的命名空间内。源文件应当按照逻辑归类存放在合适的文件夹中，且源文件所在的命名空间应当和程序集的名称与文件夹的结构匹配。图 3-1 展示了一个整洁的文件夹与文件结构。

图　3-1

在同一个源代码文件中定义多个接口、类、结构体或枚举并不是一个好主意。虽然有智能提示（IntelliSense）的帮助，但这样做也会增大定位项目的难度。

在考虑命名空间时，最好遵循 Pascal 命名方法并按照公司名称、产品名称、技术名称、分隔到各个命名空间中的组件的复数名称的顺序进行命名。请参考如下示例：

```
FakeCompany.Product.Wpf.Feature.Subnamespace {} // Product, technology and
feature specific.
```

以公司名称作为起始命名空间可以避免命名空间类的冲突。例如，若 Microsoft 和 Fake-Company 都定义了名为 System 的命名空间，那么我们可以使用公司名称来区分具体用到的 System 命名空间。

当出现可以在多个项目中重用的代码时，最好将其放在可以被多个工程访问的独立的程序集中：

```
FakeCompany.Wpf.Feature.Subnamespace {} /* Technology and feature specific.
Can be used across multiple products. */
FakeCompany.Core.Feature {} /* Technology agnostic and feature specific.
Can be used across multiple products. */
```

如需对代码进行测试，例如进行**测试驱动开发**（Test-Driven Development，TDD），最好将测试类定义在独立的程序集中，测试程序集的名称应当和待测程序集的名称相同，并在程序集名称的最后附加 Tests 命名空间。

不要将不同程序集的测试放在同一个程序集中，请将其放在独立的程序集中。

此外，命名空间与类型应当避免使用相同的名称以避免出现编译冲突。命名空间名称可以采用复数形式，但公司名称、产品名称和缩写词汇无须使用复数形式。

综上所述，在组织类时请遵循如下准则：

❏ 请遵循 Pascal 命名方法并按照公司名称、产品名称、技术名称以及分隔到各个命名空间中的组件的复数名称的顺序进行命名。

❏ 将可复用的代码放在独立的程序集中。

❏ 命名空间和类型应避免使用相同的名称。

❏ 公司名称、产品名称和缩写词汇无须使用复数形式。

接下来我们将介绍类的职责。

3.3 一个类应当只具备一种职责

类的职责就是类所具备的功能。在 SOLID 原则中，S 代表**单一职责原则**（Single Responsibility Principle，SRP）。若对类应用单一职责原则，那么一个类应当仅仅处理需要实现特性的一个方面，并将该方面的职责完全封装在这个类中。因此请避免将多个职责放在同一个类中。

请看以下范例：

```csharp
public class MultipleResponsibilities()
{
    public string DecryptString(string text,
     SecurityAlgorithm algorithm)
    {
        // ...implementation...
    }

    public string EncryptString(string text,
     SecurityAlgorithm algorithm)
    {
        // ...implementation...
    }

    public string ReadTextFromFile(string filename)
    {
        // ...implementation...
    }

    public string SaveTextToFile(string text, string filename)
    {
        // ...implementation...
    }
}
```

从上述范例代码中可见，MultipleResponsibilities 类中的 DecryptString 和 EncryptString 方法实现了加解密的功能。此外，ReadTextFromFile 和 SaveText-ToFile 方法实现了文件访问功能。因此上述类破坏了单一职责原则。

上述类应当划分为两个类，其中一个类进行加解密操作而另外一个则执行文件访问功能：

```csharp
namespace FakeCompany.Core.Security
{
    public class Cryptography
    {
        public string DecryptString(string text,
         SecurityAlgorithm algorithm)
        {
            // ...implementation...
        }

        public string EncryptString(string text,
         SecurityAlgorithm algorithm)
        {
            // ...implementation...
        }
    }
}
```

上述代码将 EncryptString 和 DecryptString 方法移动到了核心安全命名空间中的 Cryptography 类中。这样不同的产品和技术组都可以复用其中的代码对字符串进行加密和解密操作。Cryptography 类是符合单一职责原则的。

以下代码中，Cryptography 类中的 SecurityAlgorithm 参数是枚举类型。我们将其放在了独立的文件中，使代码保持整洁、短小且组织良好：

```
using System;

namespace FakeCompany.Core.Security
{
    [Flags]
    public enum SecurityAlgorithm
    {
        Aes,
        AesCng,
        MD5,
        SHA5
    }
}
```

以下 TextFile 类位于核心的文件系统命名空间（这个位置是比较合适的），遵守了 SRP 原则，具有良好的重用性。其代码可以跨越不同产品和技术组进行复用。

```
namespace FakeCompany.Core.FileSystem
{
    public class TextFile
    {
        public string ReadTextFromFile(string filename)
        {
            // ...implementation...
        }

        public string SaveTextToFile(string text, string filename)
        {
            // ...implementation...
        }
    }
}
```

现在我们已经了解了类的组织形式及其职责。接下来将介绍如何对类进行注释，以方便其他开发者。

3.4　从注释生成文档

不论内部项目还是为外部开发者开发的软件，为代码编写文档都是一个良好的实践。内部项目受开发者流动性差的影响，帮助新人快速熟悉上手的文档往往很少，甚至没有。而很多第三方 API 由于糟糕的开发文档，因此无人问津且推广缓慢，甚至难以使用而遭到现有用户的抛弃。

每个源代码文件的顶部都应当包含版权声明。命名空间、接口、类、枚举、结构体、方法和属性都应当包含注释。版权声明应当位于代码文件的顶部，using 语句之前，并使用以 /* 开始和以 */ 结束的多行注释形式：

```
/***********************************************************************
********
 * Copyright 2019 PacktPub
 *
 * Permission is hereby granted, free of charge, to any person obtaining a
copy of
 * this software and associated documentation files (the "Software"), to
deal in
 * the Software without restriction, including without limitation the
rights to use,
 * copy, modify, merge, publish, distribute, sublicense, and/or sell copies
of the
 * Software, and to permit persons to whom the Software is furnished to do
so,
 * subject to the following conditions:
 *
 * The above copyright notice and this permission notice shall be included
in all
 * copies or substantial portions of the Software.
 *
 * THE SOFTWARE IS PROVIDED "AS IS", WITHOUT WARRANTY OF ANY KIND, EXPRESS
OR
 * IMPLIED, INCLUDING BUT NOT LIMITED TO THE WARRANTIES OF MERCHANTABILITY,
 * FITNESS FOR A PARTICULAR PURPOSE AND NONINFRINGEMENT. IN NO EVENT SHALL
THE
 * AUTHORS OR COPYRIGHT HOLDERS BE LIABLE FOR ANY CLAIM, DAMAGES OR OTHER
 * LIABILITY, WHETHER IN AN ACTION OF CONTRACT, TORT OR OTHERWISE, ARISING
FROM,
 * OUT OF OR IN CONNECTION WITH THE SOFTWARE OR THE USE OR OTHER DEALINGS
IN THE
 * SOFTWARE.
 ***********************************************************************
******/

using System;

/// <summary>
/// The CH3.Core.Security namespace contains fundamental types used
/// for the purpose of implementing application security.
/// </summary>
namespace CH3.Core.Security
{
    /// <summary>
    /// Encrypts and decrypts provided strings based on the selected
    /// algorithm.
    /// </summary>
    public class Cryptography
    {
        /// <summary>
        /// Decrypts a string using the selected algorithm.
        /// </summary>
        /// <param name="text">The string to be decrypted.</param>
        /// <param name="algorithm">
        /// The cryptographic algorithm used to decrypt the string.
        /// </param>
        /// <returns>Decrypted string</returns>
        public string DecryptString(string text,
         SecurityAlgorithm algorithm)
```

```
    {
        // ...implementation...
        throw new NotImplementedException();
    }

    /// <summary>
    /// Encrypts a string using the selected algorithm.
    /// </summary>
    /// <param name="text">The string to encrypt.</param>
    /// <param name="algorithm">
    /// The cryptographic algorithm used to encrypt the string.
    /// </param>
    /// <returns>Encrypted string</returns>
    public string EncryptString(string text,
     SecurityAlgorithm algorithm)
    {
        // ...implementation...
        throw new NotImplementedException();
    }
    }
}
```

上述范例展示了带有文档注释的命名空间和类代码片段。其中，命名空间及其成员的文档注释以 /// 开头，并直接位于被注释的项目的上方。在 Visual Studio 中，当我们键入三个斜杠字符时，编辑器会自动根据后续一行的内容生成 XML 标记。

例如，在上述代码中，命名空间和类仅仅包含摘要信息。而其中两个方法则含有摘要信息、若干参数注释以及返回值的注释。

表 3-1 列出了可以在文档注释中使用的各种 XML 标签。

表 3-1 可以在文档注释中使用的各种 XML 标签

标签	节	功能
<c>	<c>	将文本格式化为代码
<code>	<code>	输出源代码
<example>	<example>	提供范例
<exception>	<exception>	描述该方法抛出的异常
<include>	<include>	从外部文件引入 XML（文档注释）内容
<list>	<list>	添加列表或表格
<para>	<para>	在文本中添加一个（段落）结构
<param>	<param>	描述构造器或方法中的一个参数
<paramref>	<paramref>	将文本标记为方法中的参数
<permission>	<permission>	描述该成员的安全访问特性
<remarks>	<remarks>	提供附加信息
<returns>	<returns>	描述返回类型
<see>	<see>	添加一个超链接
<seealso>	<seealso>	添加一个参考链接
<summary>	<summary>	提供类型和成员的摘要信息

（续）

标签	节	功能
`<value>`	`<value>`	描述属性值
`<typeparam>`		描述类型参数信息
`<typeparamref>`		将文本标记为类型参数

从上表可见，我们可以对源代码的方方面面编写文档。因此请充分利用这些标签来进行文档编写。文档越好，开发者就能越快越容易地熟悉并使用代码。

下一节将介绍内聚和耦合。

3.5 内聚和耦合

设计良好的 C# 程序集中的代码应恰当分组，即所谓的**高内聚**。若将不属于同一类型的代码划归在一组则会产生**低内聚**的代码。

我们希望类尽可能独立。一个类对另一个类依赖性越强，它们的耦合度就越高，即**紧耦合**。而相互独立的类越多，聚合度就越低，即**低内聚**。

因此，定义良好的类应当高内聚低耦合。以下例子分别展示了紧耦合与低耦合的代码：

3.5.1 紧耦合范例

在以下例子中，TightCouplingA 类的成员变量 _name 可以直接从外界访问，这破坏了封装。事实上，_name 变量应当为私有变量并只能够由类中的属性方法更改。虽然 Name 属性提供了 get 和 set 方法对 _name 变量进行验证，但如果不调用属性就可以跳过这些检查，那么属性就变得毫无意义。

```
using System.Diagnostics;

namespace CH3.Coupling
{
    public class TightCouplingA
    {
        public string _name;

        public string Name
        {
            get
            {
                if (!_name.Equals(string.Empty))
                    return _name;
                else
                    return "String is empty!";
            }
            set
            {
                if (value.Equals(string.Empty))
```

```
            Debug.WriteLine("String is empty!");
        }
    }
}
```

另一方面，在以下代码中，TightCouplingB 类创建了 TightCouplingA 类的一个
实例。前者直接访问后者的 _name 成员变量，并将其设置为 null，从而确定了彼此紧耦
合的关系。此后更是将成员变量的值直接输出到了调试输出窗口：

```
using System.Diagnostics;

namespace CH3.Coupling
{
    public class TightCouplingB
    {
        public TightCouplingB()
        {
            TightCouplingA tca = new TightCouplingA();
            tca._name = null;
            Debug.WriteLine("Name is " + tca._name);
        }
    }
}
```

接下来我们使用低耦合的方式重新实现上述范例。

3.5.2 低耦合范例

该范例中有两个类：LooseCouplingA 与 LooseCouplingB。其中，LooseCouplingA
声明了私有实例成员变量 _name，该变量通过公有属性赋值。

LooseCouplingB 创建了 LooseCouplingA 的实例并对 Name 属性进行取值赋值操
作。由于无法直接访问 _name 数据成员，因此取值赋值时均会对数据成员的值进行检查。

以上快速介绍了低耦合范例的内容。其中 LooseCouplingA 和 LooseCouplingB
的内容如以下代码所示：

```
using System.Diagnostics;

namespace CH3.Coupling
{
    public class LooseCouplingA
    {
        private string _name;
        private readonly string _stringIsEmpty = "String is empty";

        public string Name
        {
            get
            {
                if (_name.Equals(string.Empty))
                    return _stringIsEmpty;
                else
                    return _name;
```

```
            }
            set
            {
                if (value.Equals(string.Empty))
                    Debug.WriteLine("Exception: String length must be
                     greater than zero.");
            }
        }
    }
}
```

LooseCouplingA 类将 _name 声明为私有字段，因此它无法被外界直接修改，只能通过 Name 属性间接访问：

```
using System.Diagnostics;

namespace CH3.Coupling
{
    public class LooseCouplingB
    {
        public LooseCouplingB()
        {
            LooseCouplingA lca = new LooseCouplingA();
            lca = null;
            Debug.WriteLine($"Name is {lca.Name}");
        }
    }
}
```

LooseCouplingB 类无法直接访问 LooseCouplingA 的 _name 变量，只能通过属性更改变量的值。

通过上述介绍，我们已经了解了耦合，以及如何在实现中避免紧耦合的代码，编写低耦合的代码。接下来仍将使用范例介绍低内聚和高内聚的代码。

3.5.3 低内聚范例

职责多于一种的类称为低内聚类。请看以下范例：

```
namespace CH3.Cohesion
{
    public class LowCohesion
    {
        public void ConnectToDatasource() { }
        public void ExtractDataFromDataSource() { }
        public void TransformDataForReport() { }
        public void AssignDataAndGenerateReport() { }
        public void PrintReport() { }
        public void CloseConnectionToDataSource() { }
    }
}
```

上述类至少有三种职责：

❑ 连接到数据源 / 从数据源断开连接。

❑ 抽取并转换数据，为生成报告做准备。

❑ 生成并打印报告。

可见，上述类已经破坏了单一职责原则。接下来我们将其分割为三个类并实现单一职责原则。

3.5.4   高内聚范例

以下范例将 LowCohesion 类分割为三个类：Connection、DataProcessor 与 Report-Generator。它们均遵循单一职责原则。在分割结束后，代码将变得更加整洁。

以下类中将仅包含和数据源连接相关的方法：

```
namespace CH3.Cohesion
{
    public class Connection
    {
        public void ConnectToDatasource() { }
        public void CloseConnectionToDataSource() { }
    }
}
```

该 Connection 类是高内聚的。

以下范例中的 DataProcessor 类包含两个方法。它们从数据源抽取数据并将其转换成报告中需要的形式：

```
namespace CH3.Cohesion
{
    public class DataProcessor
    {
        public void ExtractDataFromDataSource() { }
        public void TransformDataForReport() { }
    }
}
```

同样，这个类也是高内聚的。

以下范例中，ReportGenerator 类中的方法仅仅与生成和输出报告相关：

```
namespace CH3.Cohesion
{
    public class ReportGenerator
    {
        public void AssignDataAndGenerateReport() { }
        public void PrintReport() { }
    }
}
```

这个类也是高内聚的。

上述三个类均只包含那些与其职责相关的方法，因此它们都是高内聚的。

接下来我们将介绍如何在代码设计中使用接口代替类，以便使用依赖注入或控制反转的方式向构造器和方法中注入代码。

3.6 为变化而设计

为变化而设计即设计变化的内容和方式。

变化的内容来源于业务需求。从业多年的老程序员会告诉我们需求是不断变化的。而软件需要有一定的适应性来应对这些变化。业务并不关心需求是如何被软件和基础设施团队实现的，他们仅关心需求是否在规定的时间和成本下正确得到了实现。

而软件和基础设施团队更关注业务需求的实现方式。无论项目采用何种技术或流程来实现需求，软件和目标环境都必须能够适应需求的变化。

但这并不是全部内容。众所周知，软件版本经常随着缺陷的修复和新特性的添加而发生变化。随着新特性的实现和重构的实施，一些软件代码将会标记为过时并最终弃用。除此之外，软件供应商会制定软件的路线图并作为应用程序生命周期管理的一部分。最终一些软件版本会被淘汰，软件供应商不再为其提供后续支持。这些不再支持的版本将被迫将主版本迁移至新的受支持的版本上，在此过程中可能涉及一些中断性的更改。

3.6.1 面向接口编程

面向接口编程（Interface-Oriented Programming，IOP）有助于编写多态的代码。面向对象编程中的多态指的是不同的类可以实现相同的接口。这样，通过使用接口就可以达到修改软件以满足业务要求的目的。

以数据库连接为例。若应用程序需要连接到不同的数据源上，那么如何才能达到不论部署何种数据库都令数据库代码保持不变的效果呢？答案当然是使用接口。

可以令不同的数据库连接类实现相同的数据库连接接口。每一个连接类都针对其特定的版本实现接口中的方法，即多态性。数据库以数据库连接接口类型为参数。这样就可以将任何实现了数据库连接接口的数据库连接类型传递到数据库中。以下代码将清晰地展示这个过程。

首先创建一个简单的 .NET Framework 控制台应用程序，并将 `Program` 类的内容更新如下：

```
static void Main(string[] args)
{
    var program = new Program();
    program.InterfaceOrientedProgrammingExample();
}

private void InterfaceOrientedProgrammingExample()
{
    var mongoDb = new MongoDbConnection();
    var sqlServer = new SqlServerConnection();
    var db = new Database(mongoDb);
    db.OpenConnection();
    db.CloseConnection();
    db = new Database(sqlServer);
    db.OpenConnection();
```

```
    db.CloseConnection();
}
```

上述代码中，Main() 方法创建了 Program 类的实例并调用 InterfaceOriented-ProgrammingExample() 方法。InterfaceOrientedProgrammingExample() 方法创建了两个不同数据库（MongoDB 和 SQL Server）的连接对象。使用 MongoDB 连接创建了数据库实例，执行了打开和关闭数据库连接的操作；使用 SQL Server 连接创建了新的数据库实例并赋值给相同的变量，并执行了打开和关闭数据库连接的操作。可见，只需一个包含单一构造器的 Database 类就可以和任何实现了相应接口的数据库连接对象协作了。其中 IConnection 接口定义如下：

```
public interface IConnection
{
    void Open();
    void Close();
}
```

该接口仅仅包含两个方法：Open() 和 Close()。MongoDB 类实现了这个接口：

```
public class MongoDbConnection : IConnection
{
    public void Close()
    {
        Console.WriteLine("Closed MongoDB connection.");
    }

    public void Open()
    {
        Console.WriteLine("Opened MongoDB connection.");
    }
}
```

以上类实现了 IConnection 接口。其中的每个方法都向控制台输出了一条消息。Sql-ServerConnection 类也可以如法炮制：

```
public class SqlServerConnection : IConnection
{
    public void Close()
    {
        Console.WriteLine("Closed SQL Server Connection.");
    }
    public void Open()
    {
        Console.WriteLine("Opened SQL Server Connection.");
    }
}
```

SqlServerConnection 类也实现了 IConnection 接口。同样，其中的每个方法都会向控制台输出一条信息。最后，Database 类的实现如下所示：

```
public class Database
{
    private readonly IConnection _connection;

    public Database(IConnection connection)
```

```
    {
        _connection = connection;
    }

    public void OpenConnection()
    {
        _connection.Open();
    }

    public void CloseConnection()
    {
        _connection.Close();
    }
}
```

Database 类（的构造器）接收 IConnection 类的参数，并将其赋值给 _connection 成员变量。OpenConnection() 方法将打开数据库连接而 CloseConnection() 方法将关闭数据库连接。执行上述程序将会在控制台窗口得到如下输出：

```
Opened MongoDB connection.
Closed MongoDB connection.
Opened SQL Server Connection.
Closed SQL Server Connection.
```

综上所述，面向接口编程优点显著。它能够扩展程序的功能而无须修改现有代码。因此，如果需要支持更多数据库类，只需为其编写相应的数据库连接类并实现 IConnection 接口。

在了解接口的工作方式后，接下来将介绍如何在依赖注入和控制反转过程中使用它们。依赖注入技术有助于编写低耦合且易于测试的整洁代码，而控制反转可以在必要时替换实现了相同接口的软件的实现。

3.6.2　依赖注入和控制反转

C# 中可以使用**依赖注入**（Dependency Injection，DI）和**控制反转**（Inversion of Control，IoC）来解决软件变更的问题。虽然这两个术语各自有其含义，但是它们通常是可以互换的，且表示相同的意思。

我们可以使用 IoC 编写框架，并通过调用模块来完成任务。IoC 容器可用于保存注册后的模块。这些模块会在用户或配置需要它们时加载。

DI 删除了类中的内部依赖，依赖对象将由外部调用者注入对象。IoC 容器就是使用 DI 将依赖对象注入对象或方法的。

通过本章学习，你将理解 IoC 和 DI，并在程序中使用这些技术。

接下来我们将不依赖任何第三方框架实现简单的 DI 和 IoC 程序。

3.6.3　DI 范例

本例将创建简单的 DI 程序。首先，定义 ILogger 接口，其中仅含一个接收一个字符串参数的方法；其次，定义 TextFileLogger 类实现 ILogger 接口，并将字符串输出到文本文件；最后，创建 Worker 类来演示构造器注入和方法注入。以下将详细介绍代码。

以下接口中仅包含一个方法，实现该方法的类需要根据方法实现的方式来输出消息：

```
namespace CH3.DependencyInjection
{
    public interface ILogger
    {
        void OutputMessage(string message);
    }
}
```

TextFileLogger 类实现了 ILogger 接口并将消息输出到文本文件中：

```
using System;

namespace CH3.DependencyInjection
{
    public class TextFileLogger : ILogger
    {
        public void OutputMessage(string message)
        {
            System.IO.File.WriteAllText(FileName(), message);
        }

        private string FileName()
        {
            var timestamp = DateTime.Now.ToFileTimeUtc().ToString();
            var path = Environment.GetFolderPath(Environment
             .SpecialFolder.MyDocuments);
            return $"{path}_{timestamp}";
        }
    }
}
```

Worker 类演示了构造器依赖注入和方法依赖注入的方式。请注意，其参数为接口类型。因此任何实现了该接口的类都可以在运行时进行注入：

```
namespace CH3.DependencyInjection
{
    public class Worker
    {
        private ILogger _logger;

        public Worker(ILogger logger)
        {
            _logger = logger;
            _logger.OutputMessage("This constructor has been injected
             with a logger!");
        }

        public void DoSomeWork(ILogger logger)
        {
            logger.OutputMessage("This methods has been injected
             with a logger!");
        }
    }
}
```

DependencyInject 方法展示了 DI 的执行方式：

```
private void DependencyInject()
{
    var logger = new TextFileLogger();
    var di = new Worker(logger);
    di.DoSomeWork(logger);
}
```

如上述代码所示，首先我们创建了一个 TextFileLogger 类的实例，并将其注入 Worker 的构造器。随后以 TextFileLogger 实例为参数调用 DoSomeWork 方法。这就是将代码通过构造器和方法注入类的方式。

上述代码的优点是它解除了 Worker 和 TextFileLogger 实例之间的依赖，因此很容易将 TextFileLogger 替换为其他实现了 ILogger 的日志记录类型。我们也可以将其替换为事件日志记录器或基于数据库的日志记录器。因此，使用 DI 是降低代码耦合度的好方法。

了解 DI 的工作方式之后，接下来将介绍 IoC。

3.6.4　IoC 范例

在本节的范例中，我们会将依赖注册到 IoC 容器中，并使用 DI 对必要的依赖进行注入。

以下代码定义了 IoC 容器。该容器将所有需要注入的依赖保存在字典中，并从配置元数据中获得信息：

```
using System;
using System.Collections.Generic;

namespace CH3.InversionOfControl
{
    public class Container
    {
        public delegate object Creator(Container container);

        private readonly Dictionary<string, object> configuration = new
         Dictionary<string, object>();
        private readonly Dictionary<Type, Creator> typeToCreator = new
         Dictionary<Type, Creator>();

        public Dictionary<string, object> Configuration
        {
            get { return configuration; }
        }

        public void Register<T>(Creator creator)
        {
            typeToCreator.Add(typeof(T), creator);
        }

        public T Create<T>()
        {
            return (T)typeToCreator[typeof(T)](this);
```

```
        }

        public T GetConfiguration<T>(string name)
        {
            return (T)configuration[name];
        }
    }
}
```

在创建容器实例之后，就可以使用它来配置元数据、注册类型，并创建依赖的实例：

```
private void InversionOfControl()
{
    Container container = new Container();
    container.Configuration["message"] = "Hello World!";
    container.Register<ILogger>(delegate
    {
        return new TextFileLogger();
    });
    container.Register<Worker>(delegate
    {
        return new Worker(container.Create<ILogger>());
    });
}
```

在下一节中，我们将介绍如何限制对象了解的信息，通过迪米特法则使得对象仅仅获得与其最相关的信息，避免链条调用式的代码，保持 C# 代码的整洁。

3.7　迪米特法则

迪米特法则意在删除链条式调用（用"．"进行的调用链接），同时用低耦合的代码提供良好的封装。

了解链条调用的方法会破坏迪米特法则。例如，请看以下代码：

```
report.Database.Connection.Open(); // Breaks the Law of Demeter.
```

应当限定每一块代码了解的信息，即仅将其限定在最相关的代码层面。在迪米特法则中，代码应当进行主动告知而非主动询问，即应用迪米特法则时只能调用以下几种对象的方法：

❑ 作为参数的对象
❑ 局部创建的对象
❑ 实例变量
❑ 全局变量

实现迪米特法则有时是很难的，但仅仅告知而不主动询问的方式的优点之一是可以解除代码的耦合。

也许通过对比破坏迪米特准则和遵守迪米特准则的范例会更有助于理解。请参见 3.7.1 节中的内容。

遵守和破坏（链式调用）迪米特法则的范例对比

在遵守迪米特法则的范例中，我们调用了 report 实例对象的方法来打开链接。
以下 Connection 类中的方法可用于打开链接。

```
namespace CH3.LawOfDemeter
{
    public class Connection
    {
        public void Open()
        {
            // ... implementation ...
        }
    }
}
```

Database 类创建了 Connection 对象，并打开链接：

```
namespace CH3.LawOfDemeter
{
    public class Database
    {
        public Database()
        {
            Connection = new Connection();
        }

        public Connection Connection { get; set; }

        public void OpenConnection()
        {
            Connection.Open();
        }
    }
}
```

而 Report 类创建了 Database 对象，并打开数据库链接：

```
namespace CH3.LawOfDemeter
{
    public class Report
    {
        public Report()
        {
            Database = new Database();
        }

        public Database Database { get; set; }

        public void OpenConnection()
        {
            Database.OpenConnection();
        }
    }
}
```

上例中的代码遵循了迪米特法则，接下来的代码则破坏了该法则。

Example 类破坏了迪米特法则，因为我们引入了方法的链式调用，即 report.Database. Connection.Open()：

```
namespace CH3.LawOfDemeter
{
    public class Example
    {
        public void BadExample_Chaining()
        {
            var report = new Report();
            report.Database.Connection.Open();
        }

        public void GoodExample()
        {
            var report = new Report();
            report.OpenConnection();
        }
    }
}
```

上述范例中，调用 report 变量中 Database 属性的 getter 并不违背迪米特法则，但后续进一步调用了（Database 对象的）Connection 属性的 getter 返回不同对象的方式就破坏了迪米特法则。而最后调用方法打开连接的方式同样破坏了迪米特法则。

3.8　不可变对象与数据结构

不可变类型通常可以认作值类型。对于值类型来说，一旦获得则其值就不再改变。但除此以外，还有不可变对象和不可变的数据结构类型。总之，不可变类型即那些内部状态在初始化之后就不会改变的类型。

不可变类型的行为对于程序员来说应当是习以为常的，因此它符合"最小惊讶原则"（principle of least astonishment，POLA）。不可变类型所遵循的 POLA 原则同样也会附加在客户端之间的所有契约对象上，因此程序员很容易理解它们的行为。

由于不可变类型容易预测又不会改变，因此使用时便不会遇到那些讨厌的意外。我们不需要担心它们由于改变而造成不良影响，因此它们是线程安全的，非常适合在线程间共享信息并无须编写任何防御性程序。

当创建不可变类型对象并验证其有效性后，就可以确保该对象在整个生命周期内的有效性。

接下来将用范例来说明如何在 C# 中定义不可变对象。

不可变类型的范例

本节将实际定义不可变对象。在以下代码中，Person 对象拥有三个私有成员变量，且它们全部都仅在构造器中初始化。一旦赋值，其值就无法在余下的生命周期内改变。每一个变量都通过只读属性的方式确保了它们都是只读的。

```
namespace CH3.ImmutableObjectsAndDataStructures
{
    public class Person
    {
        private readonly int _id;
        private readonly string _firstName;
        private readonly string _lastName;

        public int Id => _id;
        public string FirstName => _firstName;
        public string LastName => _lastName;
        public string FullName => $"{_firstName} {_lastName}";
        public string FullNameReversed => $"{_lastName}, {_firstName}";

        public Person(int id, string firstName, string lastName)
        {
            _id = id;
            _firstName = firstName;
            _lastName = lastName;
        }
    }
}
```

由此可见，定义不可变对象和不可变数据结构是很容易的。接下来我们将关注点转向对象中的数据和方法。

3.9 对象应当隐藏数据并暴露方法

对象的状态存储在成员变量中。这些成员变量都是数据。数据不应被外界直接访问，而只应当通过暴露方法和属性的方式来访问。

为什么应当隐藏数据并暴露方法呢？

隐藏数据并暴露方法在面向对象编程的世界中称为封装。封装对外隐藏了类的内部工作方式。因此，即使更改了数据值的类型，也不会破坏现有的依赖该类的实现。（封装后的）数据可以设置为可读可写、可写或者只读的，这样可以更加灵活地访问和使用数据。此外，还可以对数据进行校验以防止收到非法数据。封装同样可以降低类的测试难度，提高类的复用性和扩展性。

接下来将会以范例的形式进行说明。

封装范例

以下代码范例展示了如何封装类。Car 对象是可更改对象。它的属性在初始化后也是可读可写的。构造器调用时和属性赋值时都会执行参数验证。如果参数为非法值则抛出参数值非法异常，否则将传递参数并更改数据值。

```csharp
using System;

namespace CH3.Encapsulation
{
    public class Car
    {
        private string _make;
        private string _model;
        private int _year;

        public Car(string make, string model, int year)
        {
            _make = ValidateMake(make);
            _model = ValidateModel(model);
            _year = ValidateYear(year);
        }
        private string ValidateMake(string make)
        {
            if (make.Length >= 3)
                return make;
            throw new ArgumentException("Make must be three
             characters or more.");
        }

        public string Make
        {
            get { return _make; }
            set { _make = ValidateMake(value); }
        }

        // Other methods and properties omitted for brevity.
    }
}
```

上述代码的好处在于当属性的 get 或 set 方法对数据的验证发生改变时不会影响现有的实现。

3.10　数据结构体应当暴露数据而无须包含方法

结构体和类不同，它们使用值相等而非引用相等来进行比较。除此之外，结构和类的差异并不大。

数据结构体应当直接公开变量还是将变量隐藏在属性的 get 或 set 之后，完全取决于你的选择。但我个人认为即使是结构体，也最好隐藏数据，仅仅通过属性或方法来访问数据。为了保持数据结构体的整洁和安全，建议结构体一旦创建就不要允许更改。这是因为当通过方法或 get 属性获得结构体对象时，对这个临时数据结构体的更改会被随即丢弃。

接下来将介绍如何定义简单的数据结构体。

数据结构体范例

以下代码展示了如何定义简单的数据结构体：

```
namespace CH3.Encapsulation
{
    public struct Person
    {
        public int Id { get; set; }
        public string FirstName { get; set; }
        public string LastName { get; set; }

        public Person(int id, string firstName, string lastName)
        {
            Id = id;
            FirstName = firstName;
            LastName = lastName;
        }
    }
}
```

可见，数据结构体和类并没有多大差异，它们都可以包含构造器和属性。

让我们来总结一下本章的内容。

3.11　总结

本章介绍了如何使用文件夹来组织命名空间，如何进行合理的组织以防止命名空间和类产生冲突，还介绍了类及其职责，以及为何类只应当具有一种职责。本章还介绍了内聚和耦合，以及高内聚低耦合的重要性。

如果要生成良好的文档，则应当使用文档工具在公有成员上附加注释，本章介绍了如何使用 XML 注释达到这个目的。此外，本章还通过基本的 DI 与 IoC 的范例讨论了为变化而设计的原因及重要性。

迪米特法则揭示了如何与"最直接的朋友"沟通，而避免与"陌生人"交谈，以及如何避免链式调用。最后介绍了对象和数据结构体，以及它们应当隐藏什么信息，而又应当公开哪些信息。

在下一章中，我们将简要介绍 C# 中的函数式编程，以及如何编写短小精悍的方法。方法若参数过多，将变得不灵活，因此我们将学习避免在方法中使用两个以上参数的方式。我们还将学习如何避免重复代码，它们是缺陷的源泉，因为即使修正了一处仍然会有漏网之鱼。

3.12　习题

1）如何在 C# 中组织类?

2）一个类应该有多少种职责?

3）如何添加代码注释以便生成文档?

4）请解释内聚的含义。

5）请解释耦合的含义。

6）内聚应该高还是应该低？

7）耦合应该紧还是应该低？

8）哪些机制有助于为变化而设计？

9）何谓 DI ？

10）何谓 IoC ？

11）请说出使用不可变对象的一个好处。

12）对象应该隐藏哪些内容而又展示哪些内容？

13）结构体应该隐藏哪些内容而又展示哪些内容？

3.13　参考资料

- 如需深入了解各种不同的内聚和耦合，请参考：https://www.geeksforgeeks.org/ software-engineering-coupling-and-cohesion/。

- 如需 IoC 相关教程，请参考：https://www.tutorialsteacher.com/ioc/。

Chapter 4 第 4 章

编写整洁的函数

所谓整洁的函数指短小（它们仅仅包含两个或更少的参数）的、不含重复代码的函数。理想的方法应无须任何参数并不会更改程序的状态。短小的方法不容易出现异常，因而代码更加健壮。这从长远来看也会带来好处，因为它可以降低需要修复的缺陷数量。

函数式编程是一种软件编程方法，它将计算看作数学计算评估。本章将介绍将计算看作数学函数评估的好处，以避免更改对象状态。

大型方法（同样也是函数）更难阅读也更容易出错。因此短小的方法具备优势。我们将介绍如何将大型方法分解为小型方法。本章将介绍如何在 C# 中进行函数式编程，并介绍如何编写小型整洁的方法。

拥有多个参数的构造器和方法将难以使用，因此我们会寻找绕过多参数传递的方式，并避免使用超过两个以上的参数。减少参数数量的主要原因是它会令代码变得难以阅读，增加程序员的烦恼，当参数足够多时还会造成视觉上的压力。参数过多可能是方法功能太多的迹象之一，此时应当考虑重构该代码。

本章涵盖如下主题：

❑ 理解函数式编程

❑ 保持方法短小

❑ 避免重复代码

❑ 避免过多的参数

学习目标：

❑ 解释何谓函数式编程。

❑ 提供 C# 程序语言中现有的函数式编程的范例。

❑ 编写函数式 C# 代码。

❑ 避免编写多于两个参数的方法。

❑ 编写不可变数据对象和结构体。

❑ 保持方法短小。

❑ 编写符合单一职责原则的代码。

让我们开始吧！

4.1　理解函数式编程

函数式编程与其他编程方法的区别就在于函数式编程不会修改数据或状态。函数式编程适用于深度学习、机器学习、人工智能等需要在同一个数据集上执行不同操作的场景。

.NET Framework 中的 LINQ 语法就是一个函数式编程的例子。因此就算不清楚函数式编程的样子，但如果之前使用过 LINQ，其实就已经接触了函数式编程，那就是它的模样。

函数式编程是一个深奥的主题。很多的书籍、课程和视频都对其进行了介绍。本章中我们只会从纯函数和不可变数据两个方面对其进行简要介绍。

纯函数只能操作传递给它的数据。因此这种方法是可预测且不会产生副作用的。这对程序员是非常有利的，因为这种方法更容易理解和测试。

不可变的数据对象或数据结构体中的数据一旦初始化就不会被更改。由于数据一旦设置就不会更改，因此很容易推断数据值、数据是如何设置的，以及对给定输入的各种操作的结果。由于输入明确而输出可预测，因此不可变数据也更容易测试。同时，由于不需要考虑诸如对象状态等其他情况，因此编写测试用例也更容易。不可变对象和结构体的另一个好处是它是线程安全的。线程安全的对象和结构体特别适合作为数据传递对象（Data Transfer Objects，DTO）在线程间进行传递。

但是结构体若包含引用类型，则仍然是能够更改的。为了确保它是不可变的，则需要确保引用类型也是不可变的。C# 7.2 添加了 readonly struct 和不可变数据结构支持。因此，即使结构体包含引用类型，也可以使用 C# 7.2 的功能确保包含引用类型的结构体是不可变的。

我们来看一个纯函数的范例。以下范例中，Player 类中的属性只能通过构造器在构造时进行赋值。该类唯一的职责就是保存玩家的名称及其最高得分。类中的定义了一个方法来更新玩家的最高分数：

```csharp
public class Player
{
    public string PlayerName { get; }
    public long HighScore { get; }

    public Player(string playerName, long highScore)
    {
```

```
        PlayerName = playerName;
        HighScore = highScore;
    }

    Public Player UpdateHighScore(long highScore)
    {
        return new Player(PlayerName, highScore);
    }

}
```

请注意 UpdateHighScore 方法，该方法不会更新 HighScore 属性的值，而是使用了当前类中已经设置了好的 PlayerName 变量以及 highScore 参数，重新创建并返回了新的 Player 类的实例。这就是在编程中不更改对象状态的简单范例。

 函数式编程是一个很大的主题。其思想对于面向过程的程序员和面向对象的程序员来说需要比较艰难的转变才能适应。深入介绍函数式编程主题已经超出了本书的范畴。如需了解更多信息请参考 PacktPub 上众多函数式编程的资源。

Packt 有众多函数式编程相关的书籍和视频。本章最后参考资料中包含一些 Packet 函数式编程资源链接。

LINQ 是 C# 函数编程的典范。因此在继续介绍后续内容之前，我们先来观察一些 LINQ 范例。在介绍范例之前需要先准备数据集。以下代码创建了一系列供应商和商品列表。首先介绍 Product 结构体：

```
public struct Product
{
    public string Vendor { get; }
    public string ProductName { get; }
    public Product(string vendor, string productName)
    {
        Vendor = vendor;
        ProductName = productName;
    }
}
```

定义好结构体之后，我们在 GetProducts() 方法中添加一些范例数据：

```
public static List<Product> GetProducts()
{
    return new List<Products>
    {
        new Product("Microsoft", "Microsoft Office"),
        new Product("Oracle", "Oracle Database"),
        new Product("IBM", "IBM DB2 Express"),
        new Product("IBM", "IBM DB2 Express"),
        new Product("Microsoft", "SQL Server 2017 Express"),
        new Product("Microsoft", "Visual Studio 2019 Community Edition"),
        new Product("Oracle", "Oracle JDeveloper"),
        new Product("Microsoft", "Azure"),
        new Product("Microsoft", "Azure"),
```

```
        new Product("Microsoft", "Azure Stack"),
        new Product("Google", "Google Cloud Platform"),
        new Product("Amazon", "Amazon Web Services")
    };
}
```

最后我们在列表上使用 LINQ。以下例子将列表中重复供应商去除并以供应商的名称排序，并打印最终结果：

```
class Program
{
    static void Main(string[] args)
    {
        var vendors = (from p in GetProducts()
                         select p.Vendor)
                         .Distinct()
                         .OrderBy(x => x);
        foreach(var vendor in vendors)
            Console.WriteLine(vendor);
        Console.ReadKey();
    }
}
```

首先，调用 GetProducts() 方法并仅仅选择 Vendor 列来获得供应商列表。接下来调用 Distinct() 方法过滤列表确保不会包含重复的供应商。最后调用 OrderBy(x => x) 方法将供应商名称按字母顺序排序（其中 x 就是供应商名称）。在获得排好序的独立供应商列表之后，开始进行迭代并打印供应商的名称。最后，等待用户按键并退出程序。

函数编程中的方法比其他编程类型的方法要短小得多，这是函数编程的好处之一。接下来我们来讨论保持方法短小的好处，以及保持方法短小的技术手段（包括函数式编程）。

4.2　保持方法短小

保持方法短小是编写整洁易读的代码的重要手段。在 C# 的世界中，最好将方法长度控制在 10 行之内，而最佳长度是在 4 行之内。保持方法短小的一个好方法是考虑应当捕获错误还是令错误沿调用栈向上传播。因为防御性编程方法可能会由于防御过度而增加代码编写量，此外捕获错误的方法与不捕获错误的方法相比也会更长。

请看如下范例，本例代码将抛出 ArgumentNullException。

```
public UpdateView(MyEntities context, DataItem dataItem)
{
    InitializeComponent();
    try
    {
        DataContext = this;
        _dataItem = dataItem;
        _context = context;
        nameTextBox.Text = _dataItem.Name;
        DescriptionTextBox.Text = _dataItem.Description;
    }
```

```
    catch (Exception ex)
    {
        Debug.WriteLine(ex);
        throw;
    }
}
```

上述代码中有两处代码会抛出 ArgumentNullException。第一处可能抛出 Argument-
NullException 的代码是 nameTextBox.Text = _dataItem.Name;；第二处是
DescriptionTextBox.Text = _dataItem.Description;。在异常发生时异常处理
将捕获该异常，将其内容输出至控制台，随后仍然向调用栈抛出异常。

请注意从阅读的角度上，try/catch 块总共有 8 行代码。

当然，使用自定义的参数验证器完全可以用一行代码替代 try/catch 异常处理。以
下范例展示了这种做法[○]：

其中 ArgumentValidator 类的目的在参数值为 null 时抛出包含方法名称信息的
ArgumentNullException：

```
using System;
namespace CH04.Validators
{
    internal static class ArgumentValidator
    {
        public static void NotNull(
            string name,
            [ValidatedNotNull] object value
        )
        {
            if (value == null)
                throw new ArgumentNullException(name);
        }
    }

    [AttributeUsage(
        AttributeTargets.All,
        Inherited = false,
        AllowMultiple = true)
    ]
    internal sealed class ValidatedNotNullAttribute : Attribute
    {
    }
}
```

在定义好 null 验证类之后，就可以在方法中使用这种新的方式进行 null 参数验证
了。其代码如下：

```
public ItemsUpdateView(
    Entities context,
    ItemsView itemView
)
```

────────────

○　本例中的 ValidatedNotNullAttribute 对参数验证实质上起不到任何作用。大家在实践中请一定
　　注意。在一些 AOP 或者其他动态框架的支持下才能通过特性达到参数验证的目的。——译者注

```
{
    InitializeComponent();
    ArgumentValidator.NotNull("ItemsUpdateView", itemView);
    // ### implementation omitted ###
}
```

上述代码将一整块 try catch 代码块替换为方法起始处的一行代码。当参数为 null 时，验证方法就会抛出 ArgumentNullException，阻止代码继续执行。这种方式令代码更易读，调试起来也更容易。

除此之外，正确的缩进也能够使代码更加易读。接下来将介绍这部分内容。

4.3　代码缩进

长度太大的方法，尤其是那种必须滚动多次才能一览其全貌的方法，是难以阅读和理解的。此时，若方法代码也没有用恰当的分级缩进格式化，那么就会成为真正的噩梦。

当遇到任何格式不当的代码时，作为一名专业程序员，应当在进行任何操作之前整理代码的格式。两个大括号之间的代码称为**代码块**，代码块中的代码必须缩进一个级别。而代码块中的代码块则需要继续缩进一个级别。请看以下代码：

```
public Student Find(List<Student> list, int id)
{
Student r = null;foreach (var i in list)
{
if (i.Id == id)
    r = i;              }            return r;
}
```

上述代码的缩进和循环的处理都非常糟糕。它按顺序搜索学生列表，返回参数指定的具备特定 ID 的学生。上述代码的另一个令人生厌的地方是它的性能不佳，因为即使找到了相应的学生，循环也将继续执行。接下来我们修正缩进并改善执行性能：

```
public Student Find(List<Student> list, int id)
{
    Student r = null;
    foreach (var i in list)
    {
        if (i.Id == id)
        {
            r = i;
            break;
        }
    }
    return r;
}
```

在上述代码中，我们改进了代码格式，确保正确的缩进，并在 foreach 循环中添加了 break 语句确保循环在找到匹配学生时终止执行。

修改之后代码不但更加易读，性能与之前相比也会更好。如果这个代码要处理的是整个大学中 73 000 名学生的名单，而当匹配的学生就在列表的第一个时，若没有 `break` 语句就会造成 72 999 次不必要的运算。可见，上述代码中有没有 `break` 语句对性能的影响是很大的。

我们并没有更改代码中返回值语句的位置，否则编译器会报告并非所有路径都有返回值。同时这也是我们使用 `break` 语句的原因。可见，恰当的缩进可以改善代码可读性，有助于程序员理解其含义，并对代码进行必要的更改。

4.4 避免重复代码

代码可以是 DRY 或是 WET 的。WET 即每次都需要编写的代码（Write Every Time），而其反义词就是 DRY，即避免重复代码（Don't Repeat Yourself）。WET 的代码很容易包含缺陷。当你接到测试团队或客户报告的一个缺陷并将其修复之后，它还会再次出现，并且来回修复的次数和这段代码在程序中出现的次数一样多。

让我们来移除这些重复代码，即将 WET 的代码替换为 DRY 的代码。其中一种方式是将这些代码抽取出来放在一个方法中，并将该方法集中起来，确保在程序中任何需要它的地方都可以访问它。

在以下范例中，假定我们有一个由 Name 和 Amout 属性组成的费用项目集合，并期望通过 Name 来获得十进制类型的 Amount。

代码如下：

```
var amount = ViewModel
    .ExpenseLines
    .Where(e => e.Name.Equals("Life Insurance"))
    .FirstOrDefault()
    .Amount;
```

假设这种操作会出现 100 次，当然我们可以将上述代码写 100 次。但是若能找到一种仅仅编写一次的方式，则不但可以减少代码长度，还可以提高开发效率。以下代码展示了具体的做法：

```
public decimal GetValueByName(string name)
{
    return ViewModel
        .ExpenseLines
        .Where(e => e.Name.Equals(name))
        .FirstOrDefault()
        .Amount;
}
```

使用上述代码，如需从 ViewModel 的 ExpenseLines 集合中获得数值，只需将相应项目的名称传递给 GetValueName(string name) 方法即可。如以下代码所示：

```
var amount = GetValueByName("Life Insurance");
```

上面这一行代码是简单易懂的，而具体获得值的代码都包含在这一个方法中。因此，不论该方法出于什么原因需要进行更改（例如，修正某个缺陷），都只需更改这一处即可。

编写良好的函数的下一个逻辑步骤是尽可能减少参数数量。在 4.5 节中，我们将研究为何函数不应该拥有两个以上的参数，以及如何在需要更多参数时只使用一到两个参数。

4.5　避免多个参数

C# 中的理想方法类型是 Niladic 方法，即没有任何形式参数（调用时为实际参数）的方法；Monadic 方法指仅含有一个参数的方法；Dyadic 方法指有两个参数的方法；相应的 Triadic 方法是含有三个参数的方法。方法若含有多于三个的参数则成为 polyadic 方法。我们目标是将参数数目控制到最小（最好小于三个）。

在理想的 C# 程序中，应当尽力避免三个及三个以上参数的方法。并非因为这是不良的实践，主要是为了使程序易读易理解。方法参数过多会对程序员造成视觉压力或烦躁情绪。同时，在参数过多时，智能提示也会变得难以阅读和理解。

以下是一个多参数方法的反面范例。这个方法的功能是更新用户账户信息：

```csharp
public void UpdateUserInfo(int id, string username, string firstName,
string lastName, string addressLine1, string addressLine2, string
addressLine3, string addressLine3, string addressLine4, string city, string
postcode, string region, string country, string homePhone, string
workPhone, string mobilePhone, string personalEmail, string workEmail,
string notes)
{
    // ### implementation omitted ###
}
```

如 UpdateUserInfo 方法所示，该方法非常难读。如何将其从多参数方法转换为单一参数方法呢？答案其实很简单——传递 UserInfo 对象。首先，在更改方法之前，先来观察一下 UserInfo 类的定义：

```csharp
public class UserInfo
{
    public int Id { get;set; }
    public string Username { get; set; }
    public string FirstName { get; set; }
    public string LastName { get; set; }
    public string AddressLine1 { get; set; }
    public string AddressLine2 { get; set; }
    public string AddressLine3 { get; set; }
    public string AddressLine4 { get; set; }
    public string City { get; set; }
    public string Region { get; set; }
    public string Country { get; set; }
    public string HomePhone { get; set; }
    public string WorkPhone { get; set; }
    public string MobilePhone { get; set; }
    public string PersonalEmail { get; set; }
    public string WorkEmail { get; set; }
    public string Notes { get; set; }
}
```

上述类型包含了需要传递到 `UpdateUserInfo` 方法中的所有信息。因此 `Update-UserInfo` 方法就可以从多参数方法转换为单参数方法了：

```
public void UpdateUserInfo(UserInfo userInfo)
{
    // ### implementation omitted ###
}
```

上述代码看上去就要好得多了。它更短小、可读性更高。从经验来看，方法参数数目应当小于三个，而理想情况下则不需要任何参数。如果类遵循单一职责原则，那么请像上例一样使用参数对象的模式进行设计。

4.6 实现单一职责原则

我们编写的所有对象和方法都应最多拥有一项职责。对象可以有多个方法，但是这些方法的组合都是为了实现其所在对象的单一目标。方法可以调用多个方法，每个方法都有各自不同的功能，但是该方法本身所执行的工作应当只有一种。

一个全知全能的方法称为"上帝方法"（God method）；相应地，一个全知全能的对象则称为"上帝对象"（God object）。这种对象和方法是难以阅读、维护或排错的；并且通常它们的缺陷都会多次重复出现。编程基础扎实的程序员都会避免编写上帝对象和上帝方法。以下范例展示了职责多于一个的方法：

```
public void SrpBrokenMethod(string folder, string filename, string text,
string emailFrom, string password, string emailTo, string subject, string
message, string mediaType)
{
    var file = $"{folder}{filename}";
    File.WriteAllText(file, text);
    MailMessage message = new MailMessage();
    SmtpClient smtp = new SmtpClient();
    message.From = new MailAddress(emailFrom);
    message.To.Add(new MailAddress(emailTo));
    message.Subject = subject;
    message.IsBodyHtml = true;
    message.Body = message;
    Attachment emailAttachment = new Attachment(file);
    emailAttachment.ContentDisposition.Inline = false;
    emailAttachment.ContentDisposition.DispositionType =
        DispositionTypeNames.Attachment;
    emailAttachment.ContentType.MediaType = mediaType;
    emailAttachment.ContentType.Name = Path.GetFileName(filename);
    message.Attachments.Add(emailAttachment);
    smtp.Port = 587;
    smtp.Host = "smtp.gmail.com";
    smtp.EnableSsl = true;
    smtp.UseDefaultCredentials = false;
    smtp.Credentials = new NetworkCredential(emailFrom, password);
    smtp.DeliveryMethod = SmtpDeliveryMethod.Network;
    smtp.Send(message);
}
```

　　该方法的功能显然多于一个，因此它破坏了单一职责原则。接下来我们将其分解为若干功能单一的小方法；同时，由于该方法的参数多于两个，因此我们还将处理该方法中过多的参数。

　　在开始将其分解为功能单一的小方法之前，首先要梳理一下当前方法执行的动作。该方法首先将文本写入到文件中，此后创建电子邮件信息，向其中添加附件，最终发送电子邮件。因此，我们需要拥有以下功能的方法：

❑ 将文本写入文件

❑ 创建电子邮件信息

❑ 向电子邮件中添加附件

❑ 发送邮件

　　上述方法中和文件写入相关的参数有 4 个：文件夹、文件名称、文本内容以及媒体类型。其中文件夹和文件名可以组合为一个 filename 参数。这是因为如果 filename 和 folder 在代码中是两个独立的参数，那么可以将其进行字符插值而合并为一个方法参数，例如 $"{folder}{filename}"。

　　至于媒体类型则可以在构造时在结构体内部进行私有设置。通过设置结构体中必要的属性，就可以用包含三个属性的结构体作为单一参数进行传递。以下是相应代码：

```
public struct TextFileData
{
    public string FileName { get; private set; }
    public string Text { get; private set; }
    public MimeType MimeType { get; }

    public TextFileData(string filename, string text)
    {
        Text = text;
        MimeType = MimeType.TextPlain;
        FileName = $"{filename}-{GetFileTimestamp()}";
    }

    public void SaveTextFile()
    {
        File.WriteAllText(FileName, Text);
    }

    private static string GetFileTimestamp()
    {
        var year = DateTime.Now.Year;
        var month = DateTime.Now.Month;
        var day = DateTime.Now.Day;
        var hour = DateTime.Now.Hour;
        var minutes = DateTime.Now.Minute;
        var seconds = DateTime.Now.Second;
        var milliseconds = DateTime.Now.Millisecond;
        return
$"{year}{month}{day}@{hour}{minutes}{seconds}{milliseconds}";
    }
}
```

上述代码中，GetFileTimeStamp 方法的结果将附加到 FileName 之后。如需保存文件则调用 SaveTextFile() 方法。请注意，MimeType 是在内部设置为 MimeType. TextPlain 的。虽然也可以简单地使用硬编码设置 MimeType，例如：MimeType = "text/plain";。但是使用枚举不但有助于重用代码，而且无须记忆或上网查询特定 MimeType 对应的文本。以下代码创建了 enum 类并在 enum 的值上添加了相应的描述：

```
[Flags]
public enum MimeType
{
    [Description("text/plain")]
    TextPlain
}
```

创建 enum 之后仍需找到一种方法获得枚举值上的描述信息，以便对变量进行赋值。因此我们需要创建一个扩展类来获得枚举值的描述信息。这样我们就可以设置 MimeType⊖：

```
MimeType = MimeType.TextPlain;
```

上述代码若不使用扩展方法，则 MimeType 属性的值为 0。若使用扩展方法，则扩展方法将返回 MimeType 值的描述信息 "text/plain"。该扩展方法也可以依据需要在其他项目中使用。

接下来实现 Smtp 类，它的职责是使用 Smtp 协议发送邮件：

```
public class Smtp
{
    private readonly SmtpClient _smtp;

    public Smtp(Credential credential)
    {
        _smtp = new SmtpClient
        {
            Port = 587,
            Host = "smtp.gmail.com",
            EnableSsl = true,
            UseDefaultCredentials = false,
            Credentials = new NetworkCredential(
             credential.EmailAddress, credential.Password),
            DeliveryMethod = SmtpDeliveryMethod.Network
        };
    }
    public void SendMessage(MailMessage mailMessage)
    {
        _smtp.Send(mailMessage);
    }
}
```

⊖ 如需 MimeType 枚举获得其描述，则需要编写一个扩展方法 Description()，并使用如下方式获得描述：attachment.ContentType.MediaType = MimeType.TextPlain.Description()；不过原书中并没有给出 Description 方法的实现。因此如需相关代码，请参考：https://github. com/PacktPublishing/Clean-Code-in-C-/blob/master/CH04/EnumExtensions. cs。——译者注

Smtp 类的构造器仅接收一个 Credential 类型的参数。该参数用于登录邮件服务器。而邮件服务器是在构造器中指定的。调用 SendMessage(MailMessage mailMessage) 方法就将发送邮件。

接下来我们编写 DemoWorker 类，并将上述工作划分到不同的方法中：

```csharp
public class DemoWorker
{
    TextFileData _textFileData;

    public void DoWork()
    {
        SaveTextFile();
        SendEmail();
    }

    public void SendEmail()
    {
        Smtp smtp = new Smtp(new Credential("fakegmail@gmail.com",
         "fakeP@55w0rd"));
        smtp.SendMessage(GetMailMessage());
    }

    private MailMessage GetMailMessage()
    {
        var msg = new MailMessage();
        msg.From = new MailAddress("fakegmail@gmail.com");
        msg.To.Add(new MailAddress("fakehotmail@hotmail.com"));
        msg.Subject = "Some subject";
        msg.IsBodyHtml = true;
        msg.Body = "Hello World!";
        msg.Attachments.Add(GetAttachment());
        return msg;
    }
    private Attachment GetAttachment()
    {
        var attachment = new Attachment(_textFileData.FileName);
        attachment.ContentDisposition.Inline = false;
        attachment.ContentDisposition.DispositionType =
         DispositionTypeNames.Attachment;
        attachment.ContentType.MediaType =
         MimeType.TextPlain.Description();
        attachment.ContentType.Name =
         Path.GetFileName(_textFileData.FileName);
        return attachment;
    }
    private void SaveTextFile()
    {
        _textFileData = new TextFileData(
            $"{Environment.SpecialFolder.MyDocuments}attachment",
            "Here is some demo text!"
        );
        _textFileData.SaveTextFile();
    }
}
```

DemoWorker 类比先前发送邮件的范例更整洁。其中，保存附件并将附件随邮件一起发送的主要方法是 DoWork() 方法。该方法仅仅包含两行代码，第一行调用 SaveTextFile() 方法而第二行则调用 SendEmail() 方法。

SaveTextFile() 方法创建了 TextFileData 结构体对象，设置了文件名和文本内容。随后调用 TextFileData 结构体中的 SaveTextFile() 方法。该方法负责将文本保存至指定的文件中。

SendEmail() 方法则创建了 Smtp 对象。Smtp 类（的构造器）需要一个 Credential 参数，而 Credential 类（的构造器）有两个字符串类型的参数，一个为邮件地址，另一个为密码，它们均用于登录 SMTP 服务器。在 SMTP 服务器对象创建之后，即调用 Send-Message(MailMessage mailMessage) 方法发送邮件。

SendMessage 方法需要提供 MailMessage 对象。我们使用 GetMailMessage() 方法创建 MailMessage 对象并将其传入 SendMessage(MailMessage mailMessage) 方法中。其中，GetMailMessage() 方法调用 GetAttachment() 方法并将附件添加到 MailMessage 对象中。

经过上述修改，代码变得更加紧凑易读了。而这就是高质量的代码易于修改和维护的关键原因：易读易懂。这也是要求方法短小整洁，并尽量少地使用参数的原因。

你的方法有没有破坏单一职责原则呢？如果有的话，那么应当考虑将方法分割为许多职责单一的方法。至此本章关于编写整洁函数的内容就介绍完了。接下来让我们总结并测试一下学到的知识。

4.7　总结

更改对象状态是程序缺陷的源泉，尤其是在多线程程序中。本章介绍了函数式编程如何避免更改对象状态来保证安全。此外，保持方法短小并确保方法参数不超过两个都可以使代码更加整洁易读。本章还提到了如何删除重复代码以及这样做的好处：将难以阅读和理解的代码转换为易读、易维护、易扩展的代码。

第 5 章，我们将介绍如何正确地进行异常处理，如何编写自定义 C# 异常并在其中提供有意义的信息，以及如何编写代码避免 NullReferenceException。

4.8　习题

1）没有参数的方法的特定英文术语是什么？

2）包含一个参数的方法的特定英文术语是什么？

3）包含两个参数的方法的特定英文术语是什么？

4）包含三个参数的方法的特定英文术语是什么？

5）包含多于三个参数的方法的特定英文术语是什么？

6）上述方法中哪两种方法应当避免，为什么？

7）请使用通俗语言解释什么是函数式编程。

8）函数式编程的优点有哪些？

9）说出函数式编程的一个缺点。

10）WET 的代码是什么样的代码，为什么应当避免编写这种代码？

11）DRY 的代码是什么样的代码，为什么应当编写这种代码？

12）如何将 WET 的代码转换为 DRY 的代码？

13）为什么方法应当尽量短小？

14）如何无须使用 try/catch 块实现（数据）验证工作。

4.9 参考资料

如需深入研究 C# 函数式编程，请参考以下资料：

- *Functional C#*，作者 Wisnu Anggoro：https://www.packtpub.com/applicationdevelopment/functional-c。本书详细介绍了 C# 函数式编程，是深入了解函数式编程的良好起点。

- *Functional Programming in C#*，作者 Jovan Poppavic（微软）：https://www.codeproject.com/Articles/375166/Functional-programming-in-Csharp。本文深入介绍了 C# 函数式编程，其中包含很多插图，还获得了众多读者的 5 星好评。

异常处理

第 4 章介绍了函数。即便是程序员尽最大努力编写的健壮的代码，函数仍然可以在某些时候产生异常。产生异常的原因多种多样，例如缺少文件或文件夹，值为空或者为 null，无法写入指定位置或者拒绝用户访问。基于这些情况，本章将介绍如何恰当地使用异常处理来生成整洁的 C# 代码。首先介绍 checked 和 unchecked 表达式，它们和算术 OverflowException 有关。我们将介绍其含义、使用的原因并提供相应的代码范例。

在了解如何避免 NullReferenceException 异常之后，我们将讨论如何根据特定的业务规则实现相应的异常类型。在对异常和业务规则有了新的理解之后，我们将着手构建自定义的异常，并研究为何不应使用异常对象来控制计算机程序的流程。

本章涵盖如下主题：

❑ checked 和 unchecked 异常

❑ 避免 NullReferenceException

❑ 业务规则异常

❑ 在异常中提供有意义的信息

❑ 创建自定义异常

学习目标：

❑ 什么是 checked 和 unchecked 异常，为何在 C# 中使用它们。

❑ 什么是 OverflowException，如何在编译期捕获这种异常。

❑ 什么是 NullReferenceException，如何避免这种异常。

❑ 如何自定义异常，并向用户提供有意义的信息来帮助程序员快速识别并解决出现的任何问题。

❑ 为何不应当用异常对象来控制程序流程。

❑ 如何将业务规则异常替换为 C# 语句或布尔测试，从而控制程序流程。

5.1 检查型异常和非检查型异常

unchecked 模式将忽略算术溢出异常。因此在这种情况下，当无法将最高位值赋值给目标类型时，将丢弃其中的信息。

在默认情况下，C# 在运行时将在 unchecked 上下文中执行非常量表达式操作。而在编译期，常量表达式默认会进行 checked 检查。在 checked 模式下若发生算术溢出则会抛出 OverflowException。使用 unchecked 模式的原因之一是改善性能，因为 checked 模式下的异常检查会些许降低方法的性能。

根据经验，应当确保在 checked 上下文中执行算术运算。在编译期出现的算术溢出异常都会作为编译错误处理，这样就可以在代码发布前修复问题，这比发布之后修复客户运行时错误要好得多⊖。

在 unchecked 模式下执行代码是危险的。因为代码能够在 unchecked 模式下正常执行的假设不一定是事实，它们有可能导致运行时异常⊖。运行时异常不但会导致客户满意度降低而且可能会引发一连串后续异常，对客户产生负面影响。

从业务角度上讲，在发生算术溢出异常的情况下允许程序继续执行是很危险的。因为它可能会产生无法恢复的非法状态的数据。若该数据是用户的核心数据，则会对业务产生相当大的损失。这种情况应当极力避免。如以下示例所示：

```
private static void UncheckedBankAccountException()
{
    var currentBalance = int.MaxValue;
    Console.WriteLine($"Current Balance: {currentBalance}");
    currentBalance = unchecked(currentBalance + 1);
    Console.WriteLine($"Current Balance + 1 = {currentBalance}");
    Console.ReadKey();
}
```

上述程序向余额为 2 147 483 647 英镑的银行账户增加 1 英镑后，账户余额变为 –2 147 483 648 英镑，成为负债状态，如图 5-1 所示。可以想象客户看到自己账户金额的变化后会做何反应。

图 5-1

⊖ 需要注意的是并非所有的检查都能够在编译期进行，checked 上下文中的算术运算在运行时发生溢出时将会抛出 OverflowException。——译者注

⊖ 在很多情况下 unchecked 模式并不会发生运行时异常，请参考下一段的内容。——译者注

接下来，我们用一系列代码范例来展示 checked 和 unchecked 模式下的异常。首先创建一个**控制台应用程序**，并声明如下变量：

```
static byte y, z;
```

上述代码声明了两个字节变量，接下来的范例将使用它们进行运算。以下 CheckedAdd() 方法当两个数字相加的结果过大时，无法继续使用 byte 保存，会发生算术溢出，此时抛出 OverflowException：

```
private static void CheckedAdd()
{
    try
    {
        Console.WriteLine("### Checked Add ###");
        Console.WriteLine($"x = {y} + {z}");
        Console.WriteLine($"x = {checked((byte)(y + z))}");
    }
    catch (OverflowException oex)
    {
        Console.WriteLine($"CheckedAdd: {oex.Message}");
    }
}
```

同样，CheckedMultiplication() 方法在乘法运算结果超过 byte 能够存储的范围时将发生算术溢出，从而导致 OverflowException：

```
private static void CheckedMultiplication()
{
    try
    {
        Console.WriteLine("### Checked Multiplication ###");
        Console.WriteLine($"x = {y} x {z}");
        Console.WriteLine($"x = {checked((byte)(y * z))}");
    }
    catch (OverflowException oex)
    {
        Console.WriteLine($"CheckedMultiplication: {oex.Message}");
    }
}
```

接下来，UncheckedAdd() 方法会忽略加法操作过程中的溢出错误。因而该方法不会抛出 OverflowException。算术溢出后的结果将存储在 byte 类型变量中，导致不正确的结果：

```
private static void UncheckedAdd()
{
    try
    {
        Console.WriteLine("### Unchecked Add ###");
        Console.WriteLine($"x = {y} + {z}");
        Console.WriteLine($"x = {unchecked((byte)(y + z))}");
    }
    catch (OverflowException oex)
    {
```

```
        Console.WriteLine($"CheckedAdd: {oex.Message}");
    }
}
```

同样，UncheckedMultiplication()方法在乘法操作发生算术溢出时也不会抛出 OverflowException，而是忽略该错误。这将导致不正确的byte类型的结果。

```
private static void UncheckedMultiplication()
{
    try
    {
        Console.WriteLine("### Unchecked Multiplication ###");
        Console.WriteLine($"x = {y} x {z}");
        Console.WriteLine($"x = {unchecked((byte)(y * z))}");
    }
    catch (OverflowException oex)
    {
        Console.WriteLine($"CheckedMultiplication: {oex.Message}");
    }
}
```

最后，在Main(string[] args)方法中初始化变量并执行上述方法。本例中将y变量初始化为字节类型的最大值，并将z变量初始化为2。之后依次执行CheckedAdd()和CheckedMultiplication()方法。由于y变量被设置为字节类型的最大值，因此这两个方法都会产生OverflowException()。

综上所述，在y变量上加2或者乘以2都会超过存储字节变量所需的空间。而运行UncheckedAdd()和UncheckedMultiplication()方法时，它们都会忽略溢出异常与溢出的部分而直接将结果赋值给x变量。最终我们将提示信息打印在屏幕上并等待用户按任意键退出：

```
static void Main(string[] args)
{
    y = byte.MaxValue;
    z = 2;
    CheckedAdd();
    CheckedMultiplication();
    UncheckedAdd();
    UncheckedMultiplication();
    Console.WriteLine("Press any key to exit.");
    Console.ReadLine();
}
```

运行上述代码将得到如图5-2所示的输出。

可见在checked模式下，当OverflowException发生时将抛出异常，但是使用unchecked模式则不会抛出任何异常。

从图5-2可知，unchecked模式可以产生意料之外的值，进而可能造成其他问题。因此按照通常经验，在执行算术运算时必须使用checked模式。

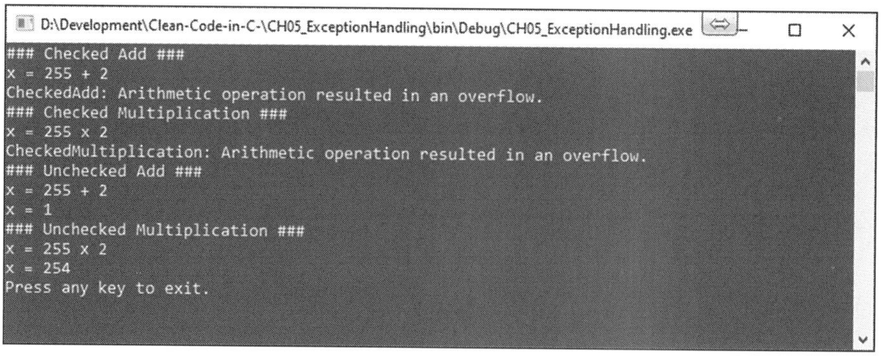

图 5-2

5.2 避免 NullReferenceException

NullReferenceException 是大多数开发者经常遇到的异常。当试图访问 null 对象的属性或方法时就会产生该异常。

为了防止计算机程序崩溃，一般程序员会使用 try {...} catch (NullReference-Exceptionre) {...} 代码块进行处理。这是一种防御性编程方法。但是问题是大多数情况下，仅仅需要记录日志并重新抛出异常。此外，这样做会进行（相对）大量的计算而造成浪费。这些浪费是完全可以避免的。

处理这种情况更好的方式是实现 ArgumentNullValidator。方法的参数往往是 null 对象的来源。因此在使用方法参数之前对其进行检测是非常必要的，如果方法参数出于某些原因是非法的，那么就抛出相应的 Exception。在 ArgumentNullValidator 的例子中，我们将这类检查放在方法最开始的位置并检测各个参数的值。如果参数的值为 null 就抛出 ArgumentNullException。这不仅可以节省计算资源还能避免将方法代码包裹在 try...catch 代码块中。

为了清晰地展示这个过程，我们将实现 ArgumentNullValidator，并用它来检查方法中的参数：

```
public class Person
{
    public string Name { get; }
    public Person(string name)
    {
        Name = name;
    }
}
```

上述代码定义了 Person 类。其中仅包含一个只读属性 Name。我们将该类型对象传递到范例方法中以造成 NullReferenceException。

ArgumentNullValidator 包含两个参数：

❑ 对象的名称

❑ 对象本身

该方法将检查对象是否为 null，如果对象为 null，则抛出 ArgumentNullException，并将对象的名字作为参数。

以下方法即包含 try/catch 的范例方法。请注意该方法先记录了日志并继续抛出该异常。但该代码并未使用声明的异常参数。虽然这种写法很常见，但声明参数是没有必要的，应当将其移除以保证代码的整洁：

```
private void TryCatchExample(Person person)
{
    try
    {
        Console.WriteLine($"Person's Name: {person.Name}");
    }
    catch (NullReferenceException nre)
    {
        Console.WriteLine("Error: The person argument cannot be null.");
        throw;
    }
}
```

接下来的范例将使用 ArgumentNullValidator 来实现方法[⊖]。

```
private void ArgumentNullValidatorExample(Person person)
{
    ArgumentNullValidator.NotNull("Person", person);
    Console.WriteLine($"Person's Name: {person.Name}");
    Console.ReadKey();
}
```

以上方法将原方法的九行代码（包括大括号）缩短到只有两行代码。其中，方法参数值在验证完毕之后才会使用。接下来在 Main 方法调用上述两个方法，并在每次执行时注释掉其中一个方法，来依次对这两个方法进行测试。在执行时，最好单步执行代码以确认每一步的效果。

图 5-3 显示了执行 TryCatchExample 方法后的输出。

图　5-3

图 5-4 显示了执行 ArgumentNullValidatorExample 后的输出。

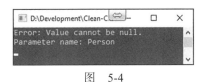

图　5-4

⊖ 推荐使用 nameof(person) 而不是对参数名称进行硬编码。——译者注

在上述两种输出中，使用 `ArgumentNullValidatorExample` 的例子只有一条错误日志，而 `TryCatchExample` 方法抛出异常时，则记录了两条错误日志。

`TryCatchExample` 中的第一条日志包含了有意义的信息，而第二条日志的信息则难以理解。`ArgumentNullValidatorExample` 中 Main 方法记录的异常日志则非常易于理解。事实上，它明确指出 person 参数值不能为 null。

通过本节的学习，我们理解了使用构造器和方法来检查参数的值，也了解了参数检查器是如何减少代码量且使代码更加易读的。

接下来我们将介绍如何实现特定异常的业务规则。

5.3 业务规则异常

技术型的异常指那些计算机程序抛出的、由于程序员的失误或环境问题（例如磁盘空间不足）而导致的异常。

但是业务规则异常则不同。业务规则异常的行为是符合预期的，并可用于控制程序的流程。事实上，此类异常应当是程序的正常流程中的异常，而不是方法预期的输出。

例如，假定一个人在 ATM 机上从他的账户中提取 100 英镑。但是其账户中的余额为 0 英镑，且账户没有透支功能。ATM 机接受了用户提取 100 英镑的请求，并调用 `Withdraw(100);` 方法。`Withdraw` 方法确认账户余额后发现账户余额不足，因此抛出 `InsufficientFundsException()`。

你可能会认为定义上述异常是一个好主意，因为这个异常不但明确，而且有助于识别问题。这样就可以在捕获此类异常时执行非常具体的操作。但实际上这并不是一个好主意。

上述情形下，当用户提交请求时，应当检查请求的额度是否可以提取。如果可以提取，那么应当按照用户的请求执行该事务。但是，如果验证发现事务无法进行，则程序应当遵循正常的流程取消事务，并通知发出请求的用户，而非引发异常。

上述取款场景中，程序员已经正确地考虑了程序的正常流程以及不同的执行结果。上述程序流使用布尔检查进行编码，允许执行成功的取款交易并阻止非法的取款交易。

接下来我们将演示如何使用**业务规则异常**（Business Rule Exception，BRE）实现从银行账户取款功能（禁止透支）。而后我们不使用业务规则异常，转而采用正常的程序流程来实现相同的功能。

创建一个控制台项目应用程序，并添加两个文件夹：`BankAccountUsingExceptions` 与 `BankAccountUsingProgramFlow`。在 `void Main(string[] args)` 方法中添加如下代码：

```
private static void Main(string[] args)
{
    var usingBrExceptions = new UsingBusinessRuleExceptions();
    usingBrExceptions.Run();
```

```
var usingPflow = new UsingProgramFlow();
usingPflow.Run();
}
```

上述代码将分别执行两种场景。其中，UsingBusinessRuleExceptions() 展示了使用异常作为期望的输出来控制程序流程的方式；而 UsingProgramFlow() 则展示了整洁的不使用异常的方式控制程序流程的方法。

我们需要创建一个类来保存当前的账户信息。在 Visual Studio 控制台项目中添加 CurrentAccount 类：

```
internal class CurrentAccount
{
    public long CustomerId { get; }
    public decimal AgreedOverdraft { get; }
    public bool IsAllowedToGoOverdrawn { get; }
    public decimal CurrentBalance { get; }
    public decimal AvailableBalance { get; private set; }
    public int AtmDailyLimit { get; }
    public int AtmWithdrawalAmountToday { get; private set; }
}
```

该类中的属性只能够在其所在程序集内部进行设置或在外部由构造器初始化。接下来我们添加构造器。该构造器使用用户的标识作为唯一的参数：

```
public CurrentAccount(long customerId)
{
    CustomerId = customerId;
    AgreedOverdraft = GetAgreedOverdraftLimit();
    IsAllowedToGoOverdrawn = GetIsAllowedToGoOverdrawn();
    CurrentBalance = GetCurrentBalance();
    AvailableBalance = GetAvailableBalance();
    AtmDailyLimit = GetAtmDailyLimit();
    AtmWithdrawalAmountToday = 0;
}
```

如上述代码所示，构造器会初始化所有的属性。部分属性使用方法进行初始化，这些方法的实现依次为：

```
private static decimal GetAgreedOverdraftLimit()
{
    return 0;
}
```

GetAgreedOverdraftLimit() 方法返回该账户约定的透支限额。在本例中硬编码为 0。但在真实场景中应当将实际数字的值抽取到配置文件或其他数据存储中，以便非技术用户可以在无须程序员更改代码的情况下更新该约定的透支限额。

GetIsAllowedToGoOverdrawn() 方法确定该账户是否可以透支（某些银行允许用户在没有达成协议时也能够透支金额）。该方法在本例中直接返回 false，表示该账户无法透支：

```
private static bool GetIsAllowedToGoOverdrawn()
{
    return false;
}
```

在本例中，我们在 GetCurrentBalance() 方法中将用户账户的余额设定为250英镑：

```
private static decimal GetCurrentBalance()
{
    return 250.00M;
}
```

作为示例的一部分，我们需要确保即使此人的账户余额为250英镑但是其可用余额小于该金额。用户是无法提取超过可用金额的款项的，否则将引起透支。为了达成这一点，我们将 GetAvailableBalance() 方法中的可用金额设置为173.64英镑：

```
private static decimal GetAvailableBalance()
{
    return 173.64M;
}
```

在英国，ATM 机每日的取款限额为200或250英镑。在 GetAtmDailyLimit() 方法中，将 ATM 机每日限额设置为250英镑。

```
private static int GetAtmDailyLimit()
{
    return 250;
}
```

接下来我们分别使用业务规则异常与正常程序流程来处理程序中的不同条件，为两种场景编写代码。

5.3.1　范例1——使用业务规则异常进行条件处理

在项目中添加一个类：UsingBusinessRuleExceptions，并在其中定义 Run() 方法：

```
public class UsingBusinessRuleExceptions
{
    public void Run()
    {
        ExceedAtmDailyLimit();
        ExceedAvailableBalance();
    }
}
```

Run() 方法调用了两个其他方法：

❑ 第一个方法是 ExceedAtmDailyLimit()。该方法故意从 ATM 机中提取超过每日限额的金额。该方法会抛出 ExceededAtmDailyLimitException。

❑ 第二个方法是 ExceedAvailableBalance()，该方法会抛出 Insufficient-FundsException。

我们首先来定义 ExceedAtmDailyLimit() 方法：

```
private void ExceedAtmDailyLimit()
{
    try
    {
```

```
        var customerAccount = new CurrentAccount(1);
        customerAccount.Withdraw(300);
        Console.WriteLine("Request accepted. Take cash and card.");
    }
    catch (ExceededAtmDailyLimitException eadlex)
    {
        Console.WriteLine(eadlex.Message);
    }
}
```

我们在 ExceedAtmDailyLimit() 方法中创建了 CustomerAccount 对象，并指定了客户的标识（即数字 1）。接下来试图从账户中取款 300 英镑。如果该请求成功执行，则会在控制台中输出 Request accepted. Take cash and card；如果该请求失败，将捕获 ExceededAtmLimitException 异常并将异常的信息打印在控制台上。

```
private void ExceedAvailableBalance()
{
    try
    {
        var customerAccount = new CurrentAccount(1);
        customerAccount.Withdraw(180);
        Console.WriteLine("Request accepted. Take cash and card.");
    }
    catch (InsufficientFundsException ifex)
    {
        Console.WriteLine(ifex.Message);
    }
}
```

在 ExceedAvailableBalance() 方法中，同样创建 CurrentAccount 对象并指定客户标识（数字 1）。而后尝试取款 180 英镑。由于 GetAvailableBalance() 方法会返回 173.64 英镑。该方法将抛出 InsufficientFundsException。

以上展示了如何使用业务规则异常来处理不同的情形。接下来将使用普通的程序流程而不是用业务规则异常来恰当地处理相同的场景。

5.3.2 范例 2——使用正常程序流程进行条件处理

在工程中添加 UsingProgramFlow 类，并添加如下代码：

```
public class UsingProgramFlow
{
    private int _requestedAmount;
    private readonly CurrentAccount _currentAccount;

    public UsingProgramFlow()
    {
        _currentAccount = new CurrentAccount(1);
    }
}
```

以上代码在 UsingProgramFlow 类的构造器中创建 CurrentAccount 对象，并指定客户标识。接下来定义 Run() 方法：

```
public void Run()
{
    _requestedAmount = 300;
    Console.WriteLine($"Request: Withdraw {_requestedAmount}");
    WithdrawMoney();
    _requestedAmount = 180;
    Console.WriteLine($"Request: Withdraw {_requestedAmount}");
    WithdrawMoney();
    _requestedAmount = 20;
    Console.WriteLine($"Request: Withdraw {_requestedAmount}");
    WithdrawMoney();
}
```

Run() 方法在执行过程中三次设定 _requestedAmount 变量的值。每次设定完毕后都会在控制台输出消息表明接下来调用 WithdrawMoney() 方法的取款额。接下来定义 ExceedsDailyLimit() 方法：

```
private bool ExceedsDailyLimit()
{
    return (_requestedAmount > _currentAccount.AtmDailyLimit)
        || (_requestedAmount + _currentAccount.AtmWithdrawalAmountToday >
_currentAccount.AtmDailyLimit);
}
```

ExceedDailyLimit() 方法将在 _requestedAmount 超过 ATM 机每日限额时返回 true，否则返回 false。接下来定义 ExceedsAvailableBalance() 方法。

```
private bool ExceedsAvailableBalance()
{
    return _requestedAmount > _currentAccount.AvailableBalance;
}
```

ExceedsAvailableBalance() 方法在请求金额超过可用余额时返回 true。最后定义 WithdrawMoney() 方法：

```
private void WithdrawMoney()
{
    if (ExceedsDailyLimit())
        Console.WriteLine("Cannot exceed ATM Daily Limit. Request
denied.");
    else if (ExceedsAvailableBalance())
        Console.WriteLine("Cannot exceed available balance. You have no
agreed
            overdraft facility. Request denied.");
    else
        Console.WriteLine("Request granted. Take card and cash.");
}
```

WithdrawMoney() 方法没有使用业务规则异常控制程序流程，而是调用布尔验证方法来决定程序执行的方向。如果 _requestedAmount 超过了 ExceedsDailyLimit() 方法规定的 ATM 机的每日限额则程序将拒绝该请求，否则将继续执行后续检查。若 _requestedAmount 大于 AvailableBalance，则拒绝请求，否则将执行用户请求。

从上述代码可见，使用现有逻辑控制程序流程相比依赖抛出异常的方式显得更加合理。

代码不但更加简洁而且逻辑也更加清晰[⊖]。而异常更应当用来处理非业务需求的异常情况。

　　除了要用正确的方式抛出恰当的异常之外，还要确保异常包含有意义的信息。晦涩的错误信息不但毫无帮助还会徒增最终用户和开发者的压力。因此下一节将介绍如何在计算机程序抛出的异常中包含有意义的信息。

5.4　异常应当提供有意义的信息

　　若程序由于严重的错误而退出，但错误信息却提示"没有发现任何错误"，这种错误信息显然是没有任何意义的。我就亲身经历过这种"没有发现任何错误"的严重异常。如果真的没有发现错误，那么为什么屏幕上还会出现严重异常的警告呢，为什么应用程序无法继续执行呢？显然应当是某处发生了严重的错误而导致了异常的发生。我们关心的是错误发生的位置和原因。

　　若该异常根植于我们依赖的框架和类库，而这些框架和类库不但不由我们控制也没有提供源代码的话，则它们会令程序员更加沮丧和烦恼。我的同事也和我一样有相同的经历，我为此深感内疚。程序员沮丧和烦恼的主要原因之一是虽然代码出现了错误，程序员也收到了相应的通知，但是它却没有提供任何有用的信息来说明问题是什么、在哪里查找以及如何补救。

　　异常必须提供易读的信息，特别是对非技术人员。例如，我在开发一款阅读障碍测试和评估软件时就曾和许多教师和 IT 技术人员一起工作。但不论这些人员的级别如何，在处理异常消息时往往都不知所措。

　　在我曾经维护的软件中，"Error 76: Path not found."（路径未找到）是一个困扰了很多用户的错误。这个错误来源于 Microsoft 的一个古老的异常。它甚至能够追溯到 Windows 95，但是至今仍然存在。这条错误信息对于遇到错误的最终用户来说毫无意义。对于这些用户而言，更希望知道哪个文件或位置无法找到，以及如何处理目前的状况。

　　例如，可以采用以下的步骤来解决上述问题：

　　1. 检查路径是否存在。

　　2. 如果路径不存在或访问被拒绝，则根据需要打开"保存或打开文件"对话框。

　　3. 保存用户指定的配置文件的位置以备后用。

　　4. 在今后相同的执行过程中使用用户选定的位置。

　　但就算是只提供错误信息，也至少应该提供丢失的路径或文件的名称。

　　在上述铺垫之后，我们来考虑一下如何构建自定义的异常，并向最终用户和程序员提供恰到好处的有效信息。在这个过程中需要注意：在提供信息时注意不要泄露敏感信息或数据。

⊖　范例 1 和范例 2 由于并没有控制变量因此不具备可比性，也并没有真正展示出两种处理方式的不同。此外，范例 1 的代码也不符合单一职责原则。`ExceedAtmDailyLimit` 和 `ExceedAvailableBalance` 不应该 `catch` 异常并添加界面逻辑。也请读者思考。——译者注

5.5 创建自定义异常

Microsoft .NET Framework 以及 .NET Core 已经内置了相当多的（可以抛出或捕获的）异常。但在某些情况下仍然需要自定义异常来提供更详细的信息或者使用对最终用户更加友好的术语。

本节将介绍如何构建自定义异常。构建自定义异常的方法非常简单。只需要为类名称加上 Exception 后缀，继承自 System.Exception 类，并添加三个构造器即可。如以下代码所示：

```
public class TickerListNotFoundException : Exception
{
    public TickerListNotFoundException() : base()
    {
    }

    public TickerListNotFoundException(string message)
        : base(message)
    {
    }

    public TickerListNotFoundException(
        string message,
        Exception innerException
    )
        : base(message, innerException)
    {
    }
}
```

TickerListNotFoundException 继承自 System.Exception 类。它拥有三个必备的构造器：

❑ 无参数的构造器
❑ 接收字符串异常信息的构造器
❑ 接收字符串异常信息，并接收另一个 Exception 对象作为内部异常的构造器

接下来我们将编写并执行三个方法，这三个方法将分别使用自定义异常中的三个构造器，并展示使用自定义异常来提供更有意义的异常信息带来的好处：

```
static void Main(string[] args)
{
    ThrowCustomExceptionA();
    ThrowCustomExceptionB();
    ThrowCustomExceptionC();
}
```

在 Main(string[] args) 方法中，我们执行了三个方法，依次测试了每一个自定义异常的构造器：

```
private static void ThrowCustomExceptionA()
{
    try
```

```
    {
        Console.WriteLine("throw new TickerListNotFoundException();");
        throw new TickerListNotFoundException();
    }
    catch (Exception tlnfex)
    {
        Console.WriteLine(tlnfex.Message);
    }
}
```

ThrowCustomExceptionA() 方法使用默认构造器抛出 TickerListNotFound-
Exception 异常。代码在执行时将向控制台输出信息提示用户抛出了 CH05_CustomExce-
ptions.TickerListNotFoundException。

```
private static void ThrowCustomExceptionB()
{
    try
    {
        Console.WriteLine("throw new
         TickerListNotFoundException(Message);");
        throw new TickerListNotFoundException("Ticker list not found.");
    }
    catch (Exception tlnfex)
    {
        Console.WriteLine(tlnfex.Message);
    }
}
```

ThrowCustomExceptionB() 使用接收文本消息的构造器创建并抛出了 TickerList-
NotFoundException 实例,并通知最终用户"股票列表未找到"。

```
private static void ThrowCustomExceptionC()
{
    try
    {
        Console.WriteLine("throw new TickerListNotFoundException(Message,
         InnerException);");
        throw new TickerListNotFoundException(
            "Ticker list not found for this exchange.",
            new FileNotFoundException(
                "Ticker list file not found.",
                @"F:\TickerFiles\LSE\AimTickerList.json"
            )
        );
    }
    catch (Exception tlnfex)
    {
        Console.WriteLine($"{tlnfex.Message}\n{tlnfex.InnerException}");
    }
}
```

最后 ThrowCustomExceptionC() 方法使用了以文本消息和内部异常为参数的构造
器抛出 TickerListNotFoundException。上述代码使用了有意义的信息指出未找到该
交易的股票列表。而内部的 FileNotFoundException 则进一步提供了具体未找到的文
件名称。该文件恰好是伦敦证券交易所(London Stock Exchange,LSE)中 Aim 公司的股票

代码列表文件。

可以看出，创建自定义的异常的确具有其优势。但在大多数情况下 .NET 内部定义的异常就已经足够用了。自定义异常的好处在于它更具含义，有助于调试和解决问题。

以下简要列出了 C# 异常处理的最佳实践：

❏ 使用 try/catch/finally 块从错误中恢复或释放资源。

❏ 使用通用的条件处理而不抛出异常。

❏ 设计可避免使用异常的类。

❏ 抛出异常，而非返回错误码。

❏ 使用预定义的 .NET 异常类型。

❏ 异常类的名称以 Exception 结尾。

❏ 在自定义异常类中包含三种构造器。

❏ 确保代码在远程执行时异常数据仍然可用。

❏ 使用语法正确的错误消息。

❏ 为每个异常提供本地化消息。

❏ 在自定义异常中按需提供附加属性。

❏ 使用 throw 语句以便包含调用栈信息。

❏ 使用方法构造异常[⊖]。

❏ 由于异常导致方法无法完成时，应还原状态。

下一节将总结异常处理方面的知识。

5.6 总结

本章介绍了 checked 模式和 unchecked 模式下的异常。checked 模式下的异常有时可以在编译期发现，因而可以避免算术溢出错误进入产品代码。而 unchecked 模式下的异常不会在编译期进行检查，因而多数会进入产品代码。这可能在代码中产生一些难以追踪的 bug（例如预期之外的数据值）甚至可能抛出异常导致程序崩溃。

我们介绍了 NullReferenceException，如何使用 Validator 类在方法执行之初验证参数。这样就可以在验证失败时提供有效的反馈。从长远来看，这些措施都会使程序更加健壮。

之后我们介绍了使用业务规则异常控制程序流程。其中展示了如何以预期的异常来控制程序流程；如何不使用异常而是使用条件判断来更好地控制计算机代码的流程。

接下来我们讨论了提供有意义的异常信息的重要性及其实现方式。即继承 Exception

⊖ 请参见：https://docs.microsoft.com/en-us/dotnet/standard/exceptions/best-practices-for-exceptions#use-exception-builder-methods。——译者注

类编写自定义异常，并实现必需的三个构造器。代码范例展示了如何使用自定义异常，以及自定义异常如何更好地辅助程序调试与问题解决。

　　总结完毕之后请回答本章最后的习题以巩固学到的知识。如果你希望扩展本章学到的知识，请查阅参考资料。

　　下一章将介绍单元测试。我们将介绍如何首先编写运行失败的测试。而后编写适量代码刚好令测试通过，并在编写下一个测试前重构当前代码。

5.7　习题

1）什么是检查型异常？

2）什么是非检查型异常？

3）什么是算术溢出异常？

4）什么是 `NullReferenceException`？

5）如何验证 `null` 参数以从整体上改善代码？

6）BRE 全称是什么？

7）业务规则异常是良好的实践还是不当的实践？为什么？

8）业务规则异常的替代品是什么？它是良好的实践还是不当的实践？为什么？

9）如何提供有意义的异常消息？

10）编写自定义异常需要满足哪些条件？

5.8　参考资料

- `https://docs.microsoft.com/en-us/dotnet/standard/exceptions/`：本文档是 .NET 官方文档，介绍了如何在 .NET 中处理与抛出异常。

- `https://reflectoring.io/business-exceptions/`：本篇文章的作者列举了五项理由说明为何通常大家所推崇的业务规则异常是一个糟糕的主意。文中的部分内容并未在本章中涉及。

- `https://docs.microsoft.com/en-us/dotnet/standard/exceptions/best-practices-for-exceptions`：本文出自 Microsoft，介绍了 C# 中异常处理的最佳实践，并提供了代码范例与解释。

单元测试

上一章介绍了异常处理，如何正确实现异常处理，以及当问题发生时异常处理是如何为用户和程序员提供帮助的。本章将介绍程序员如何确保其自身实现代码的质量，编写不太容易产生异常的、高质量且健壮的产品代码。

我们首先介绍为何需要测试自己编写的代码，以及什么样的测试是良好的测试。此后将介绍若干适用于 C# 程序员的测试工具。之后介绍单元测试的三个支柱：失败、通过和重构。最后将讨论冗余的单元测试，以及为何应当删除这些测试。

本章涵盖如下主题：

❏ 为何要进行良好的测试

❏ 了解测试工具（的使用方法）

❏ 如何实践测试驱动开发——失败、通过、重构

❏ 删除冗余的测试、注释以及无用的代码。

学习目标：

❏ 解释良好代码带来的好处。

❏ 解释不进行单元测试带来的潜在问题。

❏ 安装并使用 MSTest 编写并执行单元测试。

❏ 安装并使用 NUnit 编写并执行单元测试。

❏ 安装并使用 Moq 编写 fake（mock）对象[一]。

❏ 安装并使用 SpecFlow 编写满足客户标准要求的软件。

❏ 能够首先编写执行失败的测试，而后令测试通过，最后按需重构代码。

⊖　这里并未区分 fake 或 mock 对象。它们在这里均代表了测试替身对象。——译者注

6.1　技术要求

请访问如下链接获取本章代码：`https://github.com/PacktPublishing/Clean-Code-in-C-/tree/master/CH06`。

6.2　为何要进行良好的测试

大部分程序员都喜欢在一个有趣的全新的开发项目上工作。当程序员自己对这个项目本身就具备很高的热情时，更是如此。不过，当你时不时被叫去修 bug 时就是另外一回事了。而如果这个 bug 并非你编写的代码，而且你并没有理解其背后的含义，那么情况就更糟了。而比这还糟的情况是虽然代码是你自己编写的，但是你已经忘记了当时的想法。在开发新功能时被叫去进行代码维护工作的次数越多，你就越能够体会单元测试的必要性。随着这种理解的增长，你将会逐步了解学习测试方法和技术［例如测试驱动开发和行为驱动开发（Behavior-Driven Development，BDD）］的真正益处。

当你从事维护他人代码的工作一段时间之后，你将了解何谓良好的代码、糟糕的代码以及丑陋的代码。这些代码可以成为一种积极教育，通过理解什么不能做以及为何不能做，而看到更好的编程方式。糟糕的代码会让你说不，决不能这么做！而丑陋的代码会令你感到双眼通红、大脑麻木。

如果有机会直接和客户打交道并为其提供技术支持，你就会发现良好的客户体验对于业务的成功是多么重要。相反，糟糕的客户体验会令其沮丧、愤怒，甚至"舌灿莲花"。而客户退款，社交媒体和评测网站上的客户恶评会令销量快速下滑。

作为技术负责人，你有责任从技术上对代码进行评审以确保员工遵守公司的编码规范和策略，进行缺陷分类并协助项目经理管理你领导的成员。技术负责人应当擅长高级项目管理，需求收集分析、架构设计以及整洁代码编写。此外还需要有良好的人际交往能力。

项目经理主要关心项目是否按照业务需要如期交付并且在预算内交付。他们并不关心如何编写软件，只要如期按预算交付即可。而最重要的是他们会关心发布的软件必须严格满足业务需要——不多也不少——而且软件需要达到很高的专业标准，因为代码质量同样可以提升或者摧毁公司品牌。项目经理对你多苛刻，就说明企业给他们持续施加了多大的压力。而这些压力也会慢慢转到你的身上。

作为技术负责人，你会被夹在项目经理与项目团队之间。在日常工作中，你需要执行 scrum 会议并处理问题。这些问题可能是开发人员需要资源进行分析，测试人员在等待开发人员修正 bug，等等。但最困难的事情莫过于进行代码同行评审，并在不冒犯别人的情况下提出建设性的反馈并获得期望的结果。这也是为什么你应该认真地看待整洁代码实践。当你批评其他人的代码，但自己的代码又不符合标准时就会遭到反对。如果软件测试失败或者出现大量的 bug，你将会面临项目经理的质疑。

这也是为何技术负责人应当大力提倡测试驱动开发的原因。而最好的方式就是以身作则。事实上，即使受过学位教育和经验丰富的程序员对 TDD 也非常冷淡，其中最重要的原因就是它难以学习并付诸实践。而且它似乎更加耗时，尤其是在代码变得越发复杂时更是如此。在我的经验中我的同事就反对这种实践，他们不喜欢单元测试。

但是作为程序员，如果希望对代码真正建立信心（例如你对你编写的每一段代码的质量都有信心，确信它们不会产生 bug），则 TDD 绝对是提升程序能力的一个必要之选。当你学会在编程之前首先编写测试时，它很快就会成为习惯。这种习惯对程序员是非常有益的。尤其是当你寻找一份新的职位的时候，你会发现许多招聘的企业都需要具备 TDD 和 BDD 经验的人员。

另一个在编码时需要考虑的因素是，对于一个非关键的简单的笔记应用程序，出现 bug 并不是世界末日。但是如果你在国防部门或卫生部门工作就不一样了。例如，编写程序将一种大规模杀伤性武器瞄准敌方领土上的特定目标，但由于程序出现问题，导致导弹瞄准了你盟友国家的平民。或者，你的亲人由于医疗设备的软件缺陷逝世，而这个缺陷就是你自己造成的，那会是什么样的结果呢？又例如，由于一些安全软件的问题导致喷气式飞机在飞越人口稠密地区时坠毁，造成机上和地面人员的死亡，那结果又会如何呢？

软件越关键，就越需要重视单元测试技术（例如 TDD 和 BDD）的使用。我们将在本章靠后的位置讨论 BDD 和 TDD 工具。在编写软件时，如果你自己作为客户，当编写的代码出现问题时，会受到怎样的影响，它会如何影响你的家人、朋友和同事？如果你需要为一起严重的失败负责，你会面临何种道德上和法律上的影响？

综上所述，程序员应当理解学会测试自己的代码的重要性。一些人所说的"程序员永远不应该测试自己的代码"是正确的，但是只有在代码完成并准备进入产品环境的前提下才是正确的。因此，在代码开发阶段，程序员应该始终测试自己的代码。然而，一些业务的时间表非常紧张，因此常常适当牺牲 QA 环节，以便能够率先上市。

对业务来说，第一个进入市场也许是非常重要的，但第一印象同样重要。即使业务第一个进入了市场，但产品却拥有一些严重的缺陷并在全球传播，则会对业务产生长期的负面影响。因此作为程序员，必须仔细思考并尽最大的努力确保如果软件出现问题，自己不会是责任人。当业务出现问题的时候，领导会被替换。在那些过于重视表面的管理制度下，这些管理者不但不会承担制定不合理的发布期限的罪责，还会将责任一路推到为了赶在最后期限前发布而做出牺牲的程序员身上。

因此，对于程序员来说，测试自己的代码，并经常测试自己的代码是非常重要的，尤其是在将代码发布给测试团队之前。这也是为什么我积极地鼓励程序员转变其思维，养成首先根据正在实现的业务规则编写测试的习惯。测试一开始应当失败。而后编写适量代码刚好令测试通过，最后根据需要重构代码。

使用 TDD 和 BDD 的起步阶段是比较艰难的。但是一旦掌握了它的窍门，这种开发模式就会变得理所当然。从长远角度说，你可能会发现最终的代码将变得简洁易读、容易维护。你还会发现你对在不破坏功能的情况下修改代码的能力越发自信。显然，由于同时编写了产品代码和测试代码，代码量会增多。但实际上很可能最终会在整体上编写更少的代码，因为你绝不会添加不需要的额外代码。

许多程序员在坐在电脑前，在准备将软件规范翻译为工作的软件时都有一个坏习惯（我过去也犯过这个错误），那就是不进行任何实质的设计工作直接开始编码。以我的经验，这会延长开发代码的时间，导致更多的 bug，并使代码变得难以维护和扩展。事实上，尽管对于某些程序员来说这似乎是违反直觉的，但正确的规划和设计实质上会加快编码速度，尤其在考虑维护和扩展的情况下。

这就是测试团队的用武之地。在进一步讨论之前，我们先来介绍用例、测试设计、测试用例和测试套件的概念，以及它们之间的关系。

用例用于解释单个操作的流程。例如添加一条客户记录。测试设计包含一个或者多个测试用例，这些测试用例将在不同的场景下测试单个用例。测试用例可以手动执行，也可以通过测试套件自动化执行。测试套件是一种软件，它可以发现并运行测试，并向最终用户报告测试结果。用例是由业务分析师编写的。而编写测试设计、测试用例以及使用测试套件则由专门的测试团队负责。开发人员不必关心如何将用例、测试用例的测试设计以及它们在测试套件中的执行结合，而是专注于编写和使用单元测试使代码失败、通过，然后根据需要进行重构。

软件测试人员与程序员的合作通常是在项目初始（inception）阶段开始的，并会一直持续到最后。开发团队和测试团队会共享每个产品待办项的测试用例以进行协作。这个过程通常包括编写测试用例。为了通过测试，还需要对测试标准达成一致。最终结合手动测试和测试套件自动测试的方式执行测试用例。

在开发阶段，测试人员编写 QA 测试，开发人员编写单元测试。当开发人员将代码提交给测试团队时，测试团队将执行其自身的一套测试，并将测试执行结果反馈给开发人员和项目干系人。如果遇到问题即成为技术债。开发团队则需要考虑及时解决测试团队提出的问题。当测试团队确认代码已经达到所需的质量水平时就会将代码通过基础设施发布到生产环境。

当启动一个全新的项目（也称为首建项目）时，应当选择合适的项目类型并通过选项同时将测试项目包含在内。这会创建一个包含主项目和测试项目的解决方案。

创建的项目类型和需要实现的功能都取决于用例。在系统分析阶段会进行用例识别、确认并组织软件需求。通过分析可以将测试用例分配给特定的验收标准。程序员将结合用例为每一个测试用例创建单元测试。这些单元测试将作为测试套件的一部分得以执行。在 Visual Studio 2019 中，可以通过 View | Test Explorer（视图|测试资源管理器）菜单访问 Test Explorer（测试资源管理器）。在构建项目测试会被发现并添加到 Test Explorer（测试资源管理器）中。你可以在其中执行或调试这些测试。

值得注意的是，在这个阶段设计测试并指出适当数目的测试用例是测试人员而非开发人员的责任。当软件离开开发人员时测试人员也需要为质量保证（QA）工作负责。但是对代码进行单元测试仍然是开发人员的责任。测试用例可以切实为编写单元测试代码提供帮助与动力。

第一，在创建解决方案后打开生成的测试类。在该测试类中，可以为必须要完成的工作编写伪代码。第二，一步一步地遍历该伪代码并为每一步必须完成的功能添加测试方法，以达到软件项目的目标。每一个测试方法均应执行失败。第三，编写刚好合适的代码令测试通过。第四，当测试通过之后，在进入下一个测试之前重构代码。可见，单元测试并非航天科技。但是如何才能写好一个单元测试呢？

任何需要进行测试的代码都需要提供一个特定的函数。该函数接收输入并产生输出。

在正常执行的计算机程序中，每个方法（或函数）都会有一个可以接受的输入和输出范围以及一个不可接受的输入和输出范围。因此，完美的单元测试应当测试最低和最高的可接受值，当然也需要对超出可接受值范围的情况提供测试用例，包括高于和低于可接受范围的值。

单元测试必须是原子的。即单元测试应当只测试一件事情。由于方法可以在一个类乃至多个程序集中的多个类中链接使用，因此通常被测类需要提供替身对象来保持这种原子性。测试结果必须能够确定其通过或失败，良好的单元测试从来不会包含任何不确定性。

测试代码的结果应当是可重复的。它在给定的条件下要么总是通过要么总是失败。即同一个测试每一次运行不应当有不同的结果。如果有，那么测试就不是可重复的。单元测试不应当依赖在它之前运行的其他测试，它们也应当与其他方法和类隔离开来。单元测试最好在毫秒时间内完成，若测试需要一秒钟或者更长的时间来运行，那么其运行时间就显得过长了。若代码执行时间超过一秒钟应当考虑重构测试代码或实现替身对象。由于程序员通常都很忙碌，因此单元测试应当容易搭建，不应需要太多的编码和配置。图 6-1 展示了单元测试的生命周期。

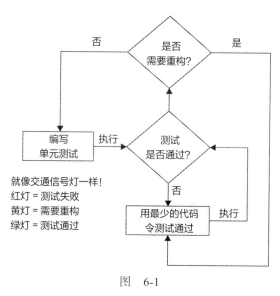

图 6-1

本章将介绍如何编写单元测试以及替身对象。但在此之前我们先来介绍 C# 程序员可以使用的相关工具。

6.3 了解测试工具

我们将介绍如下在 Visual Studio 中使用的工具：MSTest、NUnit、Moq 以及 SpecFlow。

对每一种测试工具都将创建控制台项目及其相关的测试项目。NUnit 和 MSTest 是单元测试框架，NUnit Test 比 MSTest 出现得早得多，因此与 MSTest 相比，它有更加成熟且功能完备的 API。两者相比我个人倾向使用 NUnit。

Moq 和 MSTest 与 NUnit 不同。它不是一个测试框架，而是一个测试替身框架。一个测试替身框架会出于测试要求，使用替身对象替代项目中的真实类。它可以和 MSTest 或 NUnit 搭配使用。最后，SpecFlow 是一个 BDD 框架。要使用该框架，首先需要使用用户和技术人员都能够理解的业务语言，在特性文件中编写业务特性。而后为该特性文件生成一个执行步骤文件，该文件包含了实现该特性所需的步骤。

本章结束时你将了解每种工具的功能并能够在项目中使用这些工具。接下来我们将从 MSTest 开始介绍。

6.3.1　MSTest

本节将介绍如何安装并配置 MSTest 框架。包括如何编写测试类、测试方法并初始化；如何进行程序集的设置与清理工作；如何进行类和方法的清理工作，如何进行断言。

MSTest 框架可以使用 Visual Studio 中的命令行进行安装。请打开 Tools（工具）| NuGet Package Manager（Nuget 包管理器）| Package Manager Console（包管理器控制台），如图 6-2 所示。

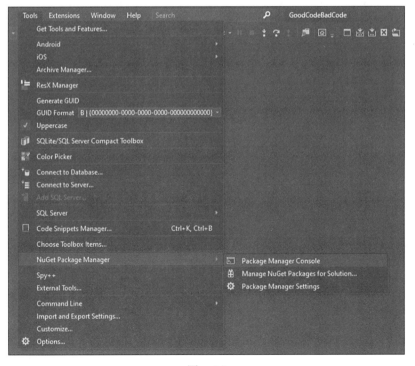

图　6-2

接下来，执行以下三条命令安装 MSTest 框架：

```
install-package mstest.testframework
install-package mstest.testadapter
install-package microsoft.net.tests.sdk
```

也可以通过以下方式创建单元测试项目。使用 Solution Explorer（解决方案资源管理器）中的 Context（上下文）| Add（添加）菜单添加新项目时选择 Unit Test Project（.NET Framework）（单元测试工程）。如图所示，并使用标准的 `<ProjectName>.Tests` 方式为项目命名，便于将待测项目与测试项目关联起来，同时也可以区分待测项目与测试项目，如图 6-3 所示。

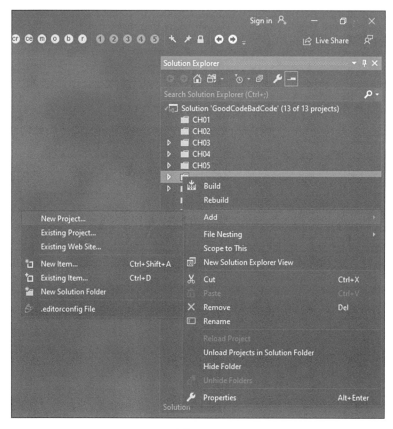

图 6-3

以下代码是在解决方案中添加 MSTest 项目时默认生成的单元测试代码。从代码中可见，该类引用了 `Microsoft.VisualStudio.TestTools.UnitTesting` 命名空间。`[TestClass]` 特性可以被 MS Test 测试框架识别为测试类。`[TestMethod]` 特性表示该方法为测试方法。所有具有 `[TestMethod]` 特性的类都会出现在测试运行窗口中。对于单元测试来说，[TestClass] 和 [TestMethod] 都是必不可少的：

```
using Microsoft.VisualStudio.TestTools.UnitTesting;

namespace CH05_MSTestUnitTesting.Tests
{
    [TestClass]
    public class UnitTest1
    {
        [TestMethod]
        public void TestMethod1()
        {
        }
    }
}
```

除上述特性之外，框架还提供了其他的可选方法和特性用于生成完整的测试执行流程。包括 [AssemblyInitialize]、[AssemblyCleanup]、[ClassInitialize]、[ClassCleanup]、[TestInitialize] 和 [TestCleanup]。如其名称所示，初始化相关的特性用于在测试执行前在程序集、类、方法层面执行初始化操作。类似地，清理特性在测试执行之后在方法、类和程序集层面执行必要的清理工作。我们将依次对其进行介绍并将其添加到项目中，并在最终代码运行时验证其执行的先后顺序。

WriteSeparatorLine() 方法是一个辅助方法，用于分离测试方法的输出。这可以帮助我们跟踪测试类的执行过程：

```
private static void WriteSeparatorLine()
{
    Debug.WriteLine("------------------------------------------------");
}
```

[AssemblyInitialize] 特性是可选特性。它可以令代码在测试执行之前执行：

```
[AssemblyInitialize]
public static void AssemblyInit(TestContext context)
{
    WriteSeparatorLine();
    Debug.WriteLine("Optional: AssemblyInitialize");
    Debug.WriteLine("Executes once before the test run.");
}
```

还可以（在类中的静态方法）上添加可选的 [ClassInitialize] 特性，在测试（类中的测试）执行前执行特定代码：

```
[ClassInitialize]
public static void TestFixtureSetup(TestContext context)
{
    WriteSeparatorLine();
    Console.WriteLine("Optional: ClassInitialize");
    Console.WriteLine("Executes once for the test class.");
}
```

此后还可以在类中的特定配置方法上添加 [TestInitialize] 特性以在每一个单元测试执行前执行配置代码：

```
[TestInitialize]
public void Setup()
{
    WriteSeparatorLine();
    Debug.WriteLine("Optional: TestInitialize");
    Debug.WriteLine("Runs before each test.");
}
```

当测试执行结束之后，通过指定 [AssemblyCleanup] 特性来执行指定的清理工作：

```
[AssemblyCleanup]
public static void AssemblyCleanup()
{
    WriteSeparatorLine();
    Debug.WriteLine("Optional: AssemblyCleanup");
    Debug.WriteLine("Executes once after the test run.");
}
```

此外，在（静态）方法上添加 [ClassCleanup] 特性将使该方法在测试类的所有测试执行结束之后执行。但我们无法确定这个方法执行的具体时机，因为该方法并不一定在所有的测试执行完毕之后立即执行。

```
[ClassCleanup]
public static void TestFixtureTearDown()
{
    WriteSeparatorLine();
    Debug.WriteLine("Optional: ClassCleanup");
    Debug.WriteLine("Runs once after all tests in the class have been
      executed.");
    Debug.WriteLine("Not guaranteed that it executes instantly after all
      tests the class have executed.");
}
```

如需在每一个测试执行完毕后执行清理工作，则可以在方法上添加 [TestCleanup] 特性：

```
[TestCleanup]
public void TearDown()
{
    WriteSeparatorLine();
    Debug.WriteLine("Optional: TestCleanup");
    Debug.WriteLine("Runs after each test.");
    Assert.Fail();
}
```

现在所有的代码已经就位。构建解决方案之后在 Test（测试）菜单上选择 Test Explorer（测试资源管理器）就可以在其中看到如图 6-4 的测试。从图中可以看出，此时测试还未被执行。

图　6-4

运行测试。遗憾的是，测试是失败的，如图 6-5 所示。

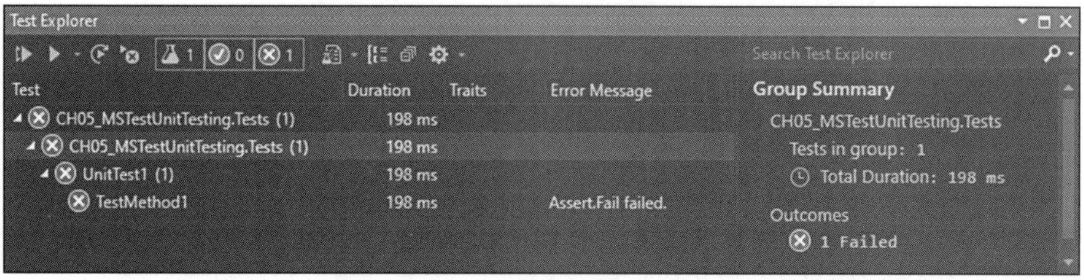

图　6-5

按照如下方式更新 TestMethod1() 的代码而后重新运行测试：

```
[TestMethod]
public void TestMethod1()
{
    WriteSeparatorLine();
    Debug.WriteLine("Required: TestMethod");
    Debug.WriteLine("A test method to be run by the test runner.");
    Debug.WriteLine("This method will appear in the test list.");
    Assert.IsTrue(true);
}
```

从 Test Explorer（测试资源管理器）中可见，测试通过。如图 6-6 所示。

图　6-6

从上述过程可知，测试未执行时为蓝色图标，若测试失败则为红色图标而测试成功为绿色图标。现在从 Tools（工具）| Options（选项）| Debugging（调试）| General（通用）面板中选择 Redirect all Output WIndow text to the Immediate Window（将所有输出窗口文本重定向到即时窗口），并执行 Run（运行）| Debug All Tests（调试所有测试）。

这样当测试执行时其输出将打印在 Immediate Window（即时窗口），输出的先后顺序就是各个特性（指定的方法）执行的先后顺序。图 6-7 展示了测试方法的执行后的输出。

上述代码使用了两种 Assert 方法：Assert.Fail() 和 Assert.IsTrue(true)。Assert 类非常重要，应熟练掌握其中用于单元测试的方法。表 6-1 列出了其中可用的方法：

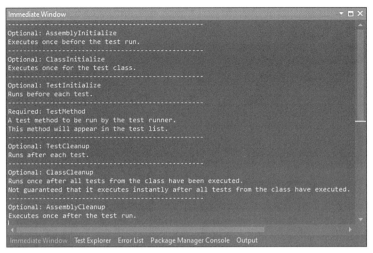

图　6-7

表 6-1　用于单元测试的方法

方法	描述
Assert.AreEqual()	测试指定值是否相等，如果不相等则抛出异常
Assert.AreNotEqual()	测试指定值是否不相等，如果相等则抛出异常
Assert.AreNotSame()	测试指定的对象是否引用了不同的对象，如果引用相同的对象则抛出异常
Assert.AreSame()	测试指定的对象是否引用了相同的对象，如果引用了不同的对象则抛出异常
Assert.Equals()	该方法始终调用 Assert.Fail 抛出异常，请使用 Assert.Are-Equal() 方法
Assert.Fail()	抛出 AssertFailedException 异常
Assert.Inconclusive()	抛出 AssertInconclusiveException 异常
Assert.IsFalse()	测试指定的条件是否为 false，如果为 true 则抛出异常
Assert.IsInstanceOfType()	测试指定的对象类型是否是期望的类型。如果期望的类型并非在该对象类型的继承链中，则抛出异常
Assert.IsNotInstanceOfType()	测试指定的对象类型是否不是期望的类型。如果期望的类型属于该对象类型继承链中的类型，则抛出异常
Assert.IsNotNull()	测试指定的对象是否不为 null，如果为 null 则抛出异常
Assert.IsNull()	测试指定的对象是否为 null，如果不为 null 则抛出异常
Assert.IsTrue()	测试指定的条件是否为 true，如果为 false 则抛出异常
Assert.ReferenceEquals()	判断指定的对象是否为同一个引用
Assert.ReplaceNullChars()	将 null 字符（'\0'）替换为 "\\0"
Assert.That()	获得 Assert 功能的单一实例
Assert.ThrowsException()	测试委托中的代码是否抛出指定类型 T（且并非派生类型）的异常。如果代码并未抛出异常或者抛出了并非 T 类型的异常，则抛出 AssertFailedException。简而言之，该方法判断委托参数是否抛出指定的异常，并包含指定的异常消息

（续）

方法	描述
Assert.ThrowsExceptionAsync()	测试委托中的代码是否抛出指定类型 T（且并非派生类型）的异常。如果代码并未抛出异常或者抛出了并非 T 类型的异常，则抛出 Assert-FailedException

介绍完 MSTest 之后，接下来将介绍 NUnit。

6.3.2 NUnit

若 Visual Studio 没有安装 NUnit，则可以通过 Extensions（扩展）| Manage Extensions（管理扩展）菜单下载并安装。安装完毕之后，创建一个 NUnit 测试项目（.NET Core）。以下代码展示了 NUnit 自动创建的默认测试类 Tests：

```
public class Tests
{
    [SetUp]
    public void Setup()
    {
    }

    [Test]
    public void Test1()
    {
        Assert.Pass();
    }
}
```

从 Test1 方法可知，其断言方法仍然使用了 Assert 类，这和 MSTest 测试的断言代码是一致的⊖。NUnit 的 Assert 类有如表 6-2 所示的使用方法（其中标注为 [NUnit] 的方法仅仅对 NUnit 适用，而未标识的方法在 MSTest 中也能找到）：

表 6-2　Assert 类的使用方法

方法	描述
Assert.AreEqual()	验证两项是否相等，如果不相等则抛出异常
Assert.AreNotEqual()	验证两项是否不等，如果相等则抛出异常
Assert.AreNotSame()	验证两个对象是否引用了不同的对象，如果相同则抛出异常
Assert.AreSame()	验证两个对象是否引用了相同的对象，如果不同则抛出异常
Assert.ByVal()	[NUnit] 对实际值进行约束。如果满足约束，则成功，并在失败时引发断言异常。在极少数情况下用作 That 的同义方法以避免私有的 setter 方法导致 Visual Basic 编译错误
Assert.Catch()	[NUnit] 验证委托在调用时将抛出异常，并将异常返回
Assert.Contains()	[NUnit] 验证集合中是否包含特定值
Assert.DoesNotThrow()	[NUnit] 验证方法不会抛出异常

⊖　但是这两个 Assert 类是两个独立的类。——译者注

（续）

方法	描述
Assert.Equal()	[NUnit] 不要使用该方法，请使用 Assert.AreEqual()
Assert.Fail()	抛出 AssertionException
Assert.False()	[NUnit] 验证条件是否为 false，如果为 true 则抛出异常
Assert.Greater()	[NUnit] 验证第一个值大于第二个值，否则抛出异常
Assert.GreaterOrEqual()	[NUnit] 验证第一个值大于等于第二个值，否则抛出异常
Assert.Ignore()	[NUnit] 抛出带有指定消息和参数的 IgnoreException。该测试将被标记为"忽略"
Assert.Inconclusive()	抛出带有指定的消息和参数的 InconclusiveException。当前测试将被标记为"无结论"
Assert.IsAssignableFrom()	[NUnit] 验证对象是否可以被赋予指定类型的值
Assert.IsEmpty()	[NUnit] 验证字符串或集合对象值是否为空
Assert.IsFalse()	验证指定的条件是否为 false，如果为 true 则抛出异常
Assert.IsInstanceOf()	[NUnit] 验证对象是否为指定类型的实例
Assert.NAN()	[NUnit] 验证值是否为非数字。如果是数字则抛出异常
Assert.IsNotAssignableFrom()	[NUnit] 验证对象是否无法赋予指定类型的值
Assert.IsNotEmpty()	[NUnit] 验证字符串或集合对象值是否为非空字符串或者非空集合
Asserts.IsNotInstanceOf()	[NUnit] 验证对象不是指定类型的实例
Assert.IsNotNull()	验证对象不是 null，如果是 null 则抛出异常
Assert.IsNull()	验证对象是 null，如果不是 null 则抛出异常
Assert.IsTrue()	验证条件为 true，如果为 false 则抛出异常
Assert.Less()	[NUnit] 验证第一个值小于第二个值，否则抛出异常
Assert.LessOrEqual()	[NUnit] 验证第一个值小于或等于第二个值，否则抛出异常
Assert.Multiple()	[NUnit] 包装含有一系列断言的代码。即使断言失败也会执行所有断言。执行过程中将保存失败结果，并在代码块末尾生成整个报告
Assert.Negative()	[NUnit] 验证数字为负数，否则抛出异常
Assert.NotNull()	[NUnit] 验证对象不为 null，否则抛出异常
Assert.NotZero()	[NUnit] 验证数字不为零，否则抛出异常
Assert.Null()	[NUnit] 验证对象为 null，否则抛出异常
Assert.Pass()	[NUnit] 抛出指定消息和参数的 SuccessException。该方法令测试提前结束，并在 NUnit 中将测试标记为通过
Assert.Positive()	[NUnit] 验证数字为正数
Assert.ReferenceEquals()	[NUnit] 抛出 InvalidOperationException。不要使用该方法
Assert.That()	验证指定条件是否为 true，否则抛出异常
Assert.Throws()	验证委托在调用时将抛出异常
Assert.True()	[NUnit] 验证条件为 true，否则抛出异常
Assert.Warn()	[NUnit] 创建指定消息和参数的警告
Assert.Zero()	[NUnit] 验证数字为零

NUnit 生命周期从 TestFixtureSetup 方法开始，该方法在第一个测试的 SetUp 方法执

行前执行。此后在每一个测试执行前执行 SetUp 方法。每一个测试方法执行完毕之后都会执行
TearDown 方法。最终，在最后一个 TearDown 执行完毕之后执行 TestFixtureTearDown。
以下代码更新了 Tests 类以展示 NUnit 的生命周期：

```
using System;
using System.Diagnostics;
using NUnit.Framework;

namespace CH06_NUnitUnitTesting.Tests
{
    [TestFixture]
    public class Tests : IDisposable
    {
        public TestClass()
        {
            WriteSeparatorLine();
            Debug.WriteLine("Constructor");
        }

        public void Dispose()
        {
            WriteSeparatorLine();
            Debug.WriteLine("Dispose");
        }
    }
}
```

上述代码在类上添加了 [TestFixture] 特性并实现了 IDisposable 接口。[TestFixture]
特性对于非参数化和非泛型的例程是可选的。若类中至少有一个方法标记为 [Test]、
[TestCase] 或 [TestCaseSource]，则该类将被视为标记 [TestFixture]。

WriteSeparatorLine() 方法用于分割调试输出的信息。该方法将会在 Tests 类中
所有的方法开始时进行调用：

```
private static void WriteSeparatorLine()
{
 Debug.WriteLine("-----------------------------------------------");
}
```

标记了 [OneTimeSetUp] 特性的方法会在类中的所有测试开始执行前只执行一次调
用。所有不同的测试方法均需进行的初始化将在此处执行：

```
[OneTimeSetUp]
public void OneTimeSetup()
{
    WriteSeparatorLine();
    Debug.WriteLine("OneTimeSetUp");
    Debug.WriteLine("This method is run once before any tests in this
     class are run.");
}
```

标记了 [OneTimeTearDown] 的方法会在类中的所有测试执行完毕后，在 Dispose
方法调用前进行一次调用：

```
[OneTimeTearDown]
public void OneTimeTearDown()
{
    WriteSeparatorLine();
    Debug.WriteLine("OneTimeTearDown");
    Debug.WriteLine("This method is run once after all tests in this
    class have been run.");
    Debug.WriteLine("This method runs even when an exception occurs.");
}
```

标记 [Setup] 特性的方法将在每一个测试前执行一次：

```
[SetUp]
public void Setup()
{
    WriteSeparatorLine();
    Debug.WriteLine("Setup");
    Debug.WriteLine("This method is run before each test method is run.");
}
```

标记 [TearDown] 特性的方法将在每一个测试方法完成之后执行一次：

```
[TearDown]
public void Teardown()
{
    WriteSeparatorLine();
    Debug.WriteLine("Teardown");
    Debug.WriteLine("This method is run after each test method
     has been run.");
    Debug.WriteLine("This method runs even when an exception occurs.");
}
```

Test2() 方法上标记了 [Test] 特性，是一个测试方法。由于标记了 [Order(1)] 特性，因此它将会是第二个执行的测试。该测试方法将抛出 InconclusiveException：

```
[Test]
[Order(1)]
public void Test2()
{
    WriteSeparatorLine();
    Debug.WriteLine("Test:Test2");
    Debug.WriteLine("Order: 1");
    Assert.Inconclusive("Test 2 is inconclusive.");
}
```

Test1() 方法上也标记了 [Test] 特性，同时标记了 [Order(0)] 特性，因此它将是第一个执行的测试方法。该方法抛出 SuccessException：

```
[Test]
[Order(0)]
public void Test1()
{
    WriteSeparatorLine();
    Debug.WriteLine("Test:Test1");
    Debug.WriteLine("Order: 0");
    Assert.Pass("Test 1 passed with flying colours.");
}
```

Test3() 方法同样标记了 [Test] 特性与 [Order(2)] 特性，因此它将是第三个执行的方法。该方法抛出 AssertionException：

```
[Test]
[Order(2)]
public void Test3()
{
    WriteSeparatorLine();
    Debug.WriteLine("Test:Test3");
    Debug.WriteLine("Order: 2");
    Assert.Fail("Test 1 failed dismally.");
}
```

当调试所有测试时，即时窗口将输出图 6-8 所示的内容。

图　6-8

以上介绍了 MSTest 和 NUnit 框架，并讨论了每一种框架的测试生命周期。接下来将介绍 Moq。

从 NUnit 和 MSTest 方法表格的对比可知：NUnit 比 MSTest 提供了更加细粒度的测试方法和更好的性能。这也是 NUnit 比 MSTest 使用更加广泛的原因。

6.3.3　Moq

一个单元测试应当只测试待测方法。如图 6-9 所示，如果待测方法调用了当前类或者其他类中的方法，则测试将不仅测试待测方法，还测试了其他方法：

解决此类问题的方法之一是使用替身对象。替身对象令我们可以只对待测方法进行测试，而我们可以任意控制替身对象的行为。但编写自定义的替身对象需要大量的工作。这对于工期紧张的项目来说是无法接受的，并且代码越复杂，替身对象也越复杂。

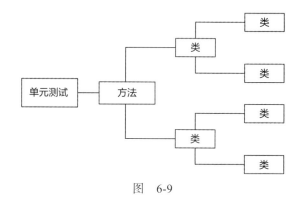

图　6-9

因此，我们不可避免地要么放弃这个糟糕的任务，要么寻找一个符合要求的框架。Rhino Mocks 和 Moq 是 .NET Framework 下的两个用于生成测试替身的框架。在本章中，我们仅仅介绍 Moq，因为它比 Rhion Mock 更加易于学习和使用。有关 Rhion Mocks 的信息，请访问：`http://hibernatingrhinos.com/oss/rhino-mocks`。

如需在测试中使用 Moq，首先需要创建替身对象，并配置替身对象的行为。其次，断言该配置工作正常并确认替身对象得到了调用。这些步骤可以确保替身的配置是正确的。Moq 指挥生成测试替身。它并不会测试代码。因此我们仍然需要 NUnit 这样的框架对代码进行测试。

以下范例将结合使用 Moq 和 NUnit。

创建控制台应用 `CH06_Moq`，并添加如下的接口和类：`IFoo`、`Bar`、`Baz` 和 `UnitTests`。使用 Nuget 包管理器安装 Moq、NUnit 以及 NUnit3TestAdapter。其中 `Bar` 类的代码如下：

```
namespace CH06_Moq
{
    public class Bar
    {
        public virtual Baz Baz { get; set; }
        public virtual bool Submit() { return false; }
    }
}
```

`Bar` 类拥虚属性 `Baz` 以及总是返回布尔值 `false` 的虚方法 `Submit()`。`Baz` 类的代码如下：

```
namespace CH06_Moq
{
```

```
    public class Baz
    {
        public virtual string Name { get; set; }
    }
}
```

Baz 类拥有一个字符串类型的虚属性 Name。以下是 IFoo.cs 文件的代码：

```
namespace CH06_Moq
{
    public interface IFoo
    {
        Bar Bar { get; set; }
        string Name { get; set; }
        int Value { get; set; }
        bool DoSomething(string value);
        bool DoSomething(int number, string value);
        string DoSomethingStringy(string value);
        bool TryParse(string value, out string outputValue);
        bool Submit(ref Bar bar);
        int GetCount();
        bool Add(int value);
    }
}
```

IFoo 接口有一系列的属性和方法。该接口引用了 Bar 类，而 Bar 类又引用了 Baz 类。接下来使用 NUnit 和 Moq 创建 UnitTests 类对该接口和其他类进行测试。UnitTests 类的代码如下所示：

```
using Moq;
using NUnit.Framework;
using System;

namespace CH06_Moq
{
    [TestFixture]
    public class UnitTests
    {
    }
}
```

添加 AssertThrows 方法断言是否执行过程中产生了期待的异常：

```
public bool AssertThrows<TException>(
    Action action,
    Func<TException, bool> exceptionCondition = null
) where TException : Exception
{
    try
    {
        action();
    }
    catch (TException ex)
    {
        if (exceptionCondition != null)
        {
            return exceptionCondition(ex);
        }
```

```
        return true;
    }
    catch
    {
        return false;
    }
    return false;
}
```

AssertThrows 方法是一个泛型方法。如果指定的委托抛出了期望的异常则返回 true，否则返回 false。本章后续将使用该方法对异常进行测试。接下来在测试中添加 DoSomethingReturnsTrue() 方法：

```
[Test]
public void DoSomethingReturnsTrue()
{
    var mock = new Mock<IFoo>();
    mock.Setup(foo => foo.DoSomething("ping")).Returns(true);
    Assert.IsTrue(mock.Object.DoSomething("ping"));
}
```

DoSomethingReturnsTrue() 方法创建了 IFoo 接口的替身实现并设置该方法当 string 参数为 "ping" 时返回 true。最终该方法断言当调用 DoSomething() 方法并传入 "ping" 时该方法将返回 true⊖。接下来实现一个类似的测试验证当输入参数为 "tracert" 时返回 false：

```
[Test]
public void DoSomethingReturnsFalse()
{
    var mock = new Mock<IFoo>();
    mock.Setup(foo => foo.DoSomething("tracert")).Returns(false);
    Assert.IsFalse(mock.Object.DoSomething("tracert"));
}
```

DoSomethingReturnsFalse() 方法和 DoSomethingReturnsTrue() 方法的流程是相同的。先创建 IFoo 接口的替身对象，配置该对象令其在输入参数为 "tracert" 时返回 false，并断言在输入参数为 "tracert" 时其返回值为 false。接下来我们将对参数进行测试：

```
[Test]
public void OutArguments()
{
    var mock = new Mock<IFoo>();
    var outString = "ack";
    mock.Setup(foo => foo.TryParse("ping", out outString)).Returns(true);
    Assert.AreEqual("ack", outString);
    Assert.IsTrue(mock.Object.TryParse("ping", out outString));
}
```

OutArguments() 方法创建了 IFoo 接口的实现。我们声明字符串变量作为输出参数

⊖ 这些例子只是在演示 Moq 的功能而并非对待测方法进行单元测试，毕竟，待测方法绝不应该是替身。——译者注

的期望值，并赋值为 "ack"。接下来，配置 IFoo 替身的 TryParse() 方法当输入参数为 "ping" 时返回 true，并设置输出参数为 "ack"。最终验证 TryParse() 函数在输入参数为 "ping" 时返回 true。

```
[Test]
public void RefArguments()
{
    var instance = new Bar();
    var mock = new Mock<IFoo>();
    mock.Setup(foo => foo.Submit(ref instance)).Returns(true);
    Assert.AreEqual(true, mock.Object.Submit(ref instance));
}
```

上述 RefArguments() 方法创建了 Bar 类的实例，并创建 IFoo 接口的替身实现。配置 Submit() 方法，当引用为指定 Bar 类型实例时返回 true。最后断言，当参数为指定 Bar 类型实例 instance 时方法 Submit 返回 true。以下 AccessInvocation-Arguments() 测试方法创建了新的 IFoo 接口的实现：

```
[Test]
public void AccessInvocationArguments()
{
    var mock = new Mock<IFoo>();
    mock.Setup(foo => foo.DoSomethingStringy(It.IsAny<string>()))
        .Returns((string s) => s.ToLower());
    Assert.AreEqual("i like oranges!", mock.Object.DoSomethingStringy("I
LIKE ORANGES!"));
}
```

以上代码中，配置 DoSomethingStringy() 方法将输入转换为小写并返回。最后，我们断言返回的字符串是传入的已转换为小写的字符串。

```
[Test]
public void ThrowingWhenInvokedWithSpecificParameters()
{
    var mock = new Mock<IFoo>();
    mock.Setup(foo => foo.DoSomething("reset"))
        .Throws<InvalidOperationException>();
    mock.Setup(foo => foo.DoSomething(""))
        .Throws(new ArgumentException("command"));
    Assert.IsTrue(
        AssertThrows<InvalidOperationException>(
            () => mock.Object.DoSomething("reset")
        )
    );
    Assert.IsTrue(
        AssertThrows<ArgumentException>(
            () => mock.Object.DoSomething("")
        )
    );
    Assert.Throws(
        Is.TypeOf<ArgumentException>()
          .And.Message.EqualTo("command"),
          () => mock.Object.DoSomething("")
    );
}
```

ThrowingWhenInvokedWithSpecificParameters() 是本专题最后一个测试，
该测试首先创建 IFoo 接口的替身实现，并配置 DoSomething() 方法在参数为 "reset"
时抛出 InvalidOperationException；在参数为空字符串时抛出消息为 "command"
的 ArgumentException。最后断言在输入参数为 "reset" 时方法将抛出 Invalid-
OperationException，在输入值为空字符串时抛出 ArgumentException，并且异常
消息为 "command"。

以上我们介绍了如何使用 Moq 这类测试替身框架创建替身对象并使用 NUnit 对代码进
行测试。最后将介绍 SpecFlow。SpecFlow 是一款 BDD 工具。

6.3.4 SpecFlow

在编写代码之前编写以用户为中心的行为测试是 BDD 背后的主要思想。BDD 是由
TDD 演进而来的一种软件开发方法。你可以从一个特性列表开始进行 BDD 实践。特性是使
用正式的业务语言编写的规范。这种语言能够被所有项目干系人理解。一旦大家对这些特性
达成一致并生成规范，开发人员就可以为这些特性语句开发步骤定义。一旦步骤定义创建完
成就可以创建用于实现该特性的外部项目并添加引用。最后，按照步骤定义实现该特性的应
用程序代码。

这种方法好处之一是程序员可以保证交付物符合业务需要，而不是程序员认为的业务
方的需要。这可以为企业节省大量的资金和时间。过去的历史表明，许多项目的失败是由于
业务团队和开发团队之间对需要交付的内容缺乏明确性。在开发新功能时，BDD 有助于减
轻这种潜在的威胁。

在本节中，我们将使用 SpecFlow，利用 BDD 软件开发方法开发一个简单的计算器。

首先编写特性文件，特性文件将作为验收标准的规范；而后，从特性文件中生成步骤
定义，这些步骤定义将会生成所需的方法；从步骤定义中生成所需的方法之后，我们将为其
编写代码完成特性。

创建一个类库项目，并添加以下包：NUnit、NUnit3TestAdapter、SpecFlow、SpecRun.
SpecFlow 和 SpecFlow.NUnit。在项目中添加 SpecFlow Feature 文件 Calculator：

```
Feature: Calculator
  In order to avoid silly mistakes
  As a math idiot
  I want to be told the sum of two numbers

@mytag
Scenario: Add two numbers
  Given I have entered 50 into the calculator
  And I have entered 70 into the calculator
  When I press add
  Then the result should be 120 on the screen
```

以上文本是在 Calculator.feature 文件创建时自动添加到文件中的。我们将以此
为起点使用 SpecFlow 学习 BDD。在撰写本书时，SpecFlow 和 SpecMap 已经被 Tricentis 收

购。Tricentis 指出，SpecFlow、SpecFlow+ 和 SpecMap 均会继续保持免费。因此，如果你还没有使用过 SpecFlow 和 SpecMap，那么不妨就从现在开始。

特性文件编写完成后，我们将创建步骤定义将特性需求绑定到代码上。右击代码编辑器，在弹出的上下文菜单中选择 Generate step definitions（生成步骤定义）。此时将弹出如图 6-10 所示的对话框。

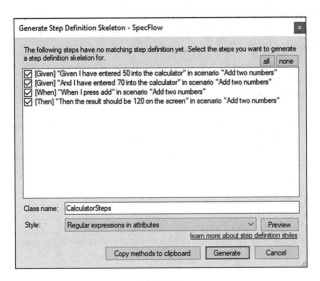

图　6-10

键入类名 CalculatorSteps，单击 Generate（生成）按钮以生成步骤定义并保存文件。打开 CalculatorSteps.cs 文件。其中代码如下所示：

```
using TechTalk.SpecFlow;

namespace CH06_SpecFlow
{
    [Binding]
    public class CalculatorSteps
    {
        [Given(@"I have entered (.*) into the calculator")]
        public void GivenIHaveEnteredIntoTheCalculator(int p0)
        {
            ScenarioContext.Current.Pending();
        }
        [When(@"I press add")]
        public void WhenIPressAdd()
        {
            ScenarioContext.Current.Pending();
        }
        [Then(@"the result should be (.*) on the screen")]
        public void ThenTheResultShouldBeOnTheScreen(int p0)
        {
            ScenarioContext.Current.Pending();
```

```
        }
    }
}
```

步骤文件的代码与特性文件的代码比较如图 6-11 所示。

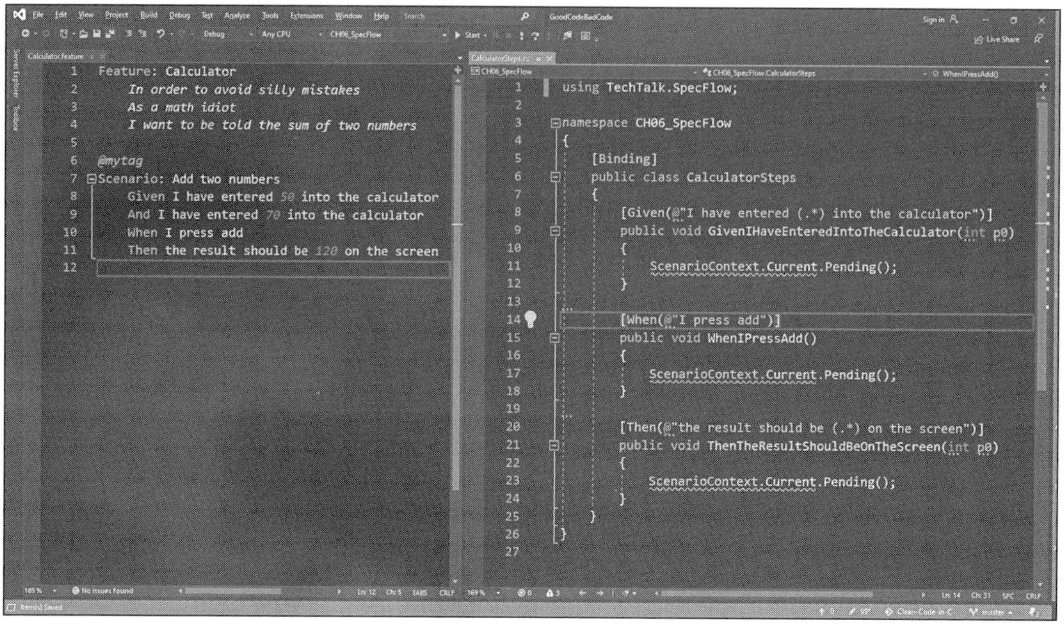

图　6-11

实现特性文件的代码必须位于独立文件中。创建新的类库项目，将其命名为 CH06_ SpecFlow.Implementation。添加文件 Calculator.cs。将该类库引用到 SpecFlow 项目中，并在 CalculatorSteps.cs 文件顶部添加如下代码。

```
private Calculator _calculator = new Calculator();
```

现在我们将扩展步骤定义的内容以实现应用程序代码。在 CalculatorSteps.cs 文件中，将 p0 参数替换为 number。这可以更加直观地展示参数需求。在 Calculator 类的上部，添加两个公有属性：FirstNumber 和 SecondNumber，如以下代码所示：

```
public int FirstNumber { get; set; }
public int SecondNumber { get; set; }
```

在 CalculatorSteps 类中，更新 GivenIHaveEnteredIntoTheCalculator() 方法的内容如下：

```
[Given(@"I have entered (.*) into the calculator")]
public void GivenIHaveEnteredIntoTheCalculator(int number)
{
    calculator.FirstNumber = number;
}
```

添加第二个方法（如果之前不存在该方法）`GivenIHaveAlsoEnteredIntoTheCal` `culator()`，并将 `number` 参数添加到 `calculator` 的 `SecondNumber` 中：

```
public void GivenIHaveAlsoEnteredIntoTheCalculator(int number)
{
    calculator.SecondNumber = number;
}
```

在 `CalculatorSteps` 类的上部，在任何步骤方法之前添加 `private int result;` 字段，并在 `Calculator` 类中添加 `Add()` 方法：

```
public int Add()
{
    return FirstNumber + SecondNumber;
}
```

更新 `CalculatorSteps` 类的 `WhenIPressAdd()` 方法并使用 `Add()` 方法的返回值更新 `result` 变量：

```
[When(@"I press add")]
public void WhenIPressAdd()
{
    _result = _calculator.Add();
}
```

最后，按如下方式修改 `ThenTheResultShouldBeOnTheScreen()` 方法中的代码：

```
[Then(@"the result should be (.*) on the screen")]
public void ThenTheResultShouldBeOnTheScreen(int expectedResult)
{
    Assert.AreEqual(expectedResult, _result);
}
```

构建工程并执行测试。可以看到所有的测试都是通过的。这样，我们不仅编写了特性需要的代码，而且代码还通过了测试。

关于 SpecFlow 的更多信息请参见 https://specflow.org/docs/。以上介绍了与代码的开发和测试相关的工具。接下来我们将用真实案例介绍如何使用 TDD 进行代码开发。首先编写失败的测试，接下来编写刚好够用的代码使测试通过。最终重构代码。

6.4 TDD 方法实践——失败、通过与重构

本节将介绍如何编写测试使其失败，随后编写刚好够用的代码使测试通过，此后根据需要执行重构操作。

在深入研究 TDD 实践案例之前，我们先来思考一下为何需要 TDD。上一节介绍了如何创建特性文件，并从中生成步骤文件以编写满足业务需要的代码。确保代码满足业务需求的另一种方法是使用 TDD，在 TDD 中，首先编写失败的测试，而后编写刚好够用的代码使测试通过，并根据需要对代码进行重构。重复此过程，直至完成所有特性。

但为何要使用 TDD 呢？

业务软件的规范是由业务分析人员和项目干系人一起通过设计新的软件或扩展或修改现有的软件形成的。一些软件地位很关键，无法容忍缺陷。这些软件包括：处理私人和商业投资的金融系统；医疗设备，如关键生命支持和扫描设备都需要功能正确的软件才能工作；交通管理和导航系统的运输信号系统；空间飞行系统以及武器系统。

TDD 适用于何种用途呢？

假设我们已经拿到了编写软件的规范。那么要做的第一件事情就是创建项目。此后，为需要实现的功能编写伪代码，继而为每一段伪代码编写测试。测试失败。随后编写使测试通过所需的代码，而后根据需要重构代码。以上工作即编写经过良好测试的健壮代码的过程。你可以保证这些代码可以在隔离状态下按预期执行。如果这段代码是一个更大系统的组件，那么测试团队（而不是你）将负责测试代码的集成状况。作为开发人员，你已经获得了将代码发布给测试团队的信心。若测试团队发现了之前被忽略的用例，则他们会把这些用例与你共享。你可以进一步编写测试令这些用例通过，而后继续向测试团队发布更新的代码。这样的工作方式可以确保代码保持较高水准，并在给定的输入下确定得到预期的输出。最后，TDD 可用于度量软件进度，这对管理者来说是一个好消息。

接下来将演示 TDD 的过程。在本例中，我们将使用 TDD 开发一个简单的日志应用程序。该应用程序可以处理内部异常，并将异常记录在带有时间戳的文本文件中。我们将编写程序使测试通过。当我们编写的程序通过所有测试时，将对代码进行重构令其更易重用和阅读。当然，在这个过程中我们仍然会确保测试维持通过状态。

1）创建一个控制台应用程序：CH06_FailPassRefactor。添加 UnitTests 类并编写以下伪代码：

```
using NUnit.Framework;

namespace CH06_FailPassRefactor
{
    [TestFixture]
    public class UnitTests
    {
        // The PseudoCode.
        // [1] Call a method to log an exception.
        // [2] Build up the text to log including
        // all inner exceptions.
        // [3] Write the text to a file with a timestamp.
    }
}
```

2）编写第一个测试满足条件 [1]。该单元测试将测试创建 Logger 变量，调用 Log() 方法并通过测试。其代码如下：

```
// [1] Call a method to log an exception.
[Test]
public void LogException()
{
    var logger = new Logger();
    var logFileName = logger.Log(new ArgumentException("Argument
```

```
cannot be null"));
    Assert.Pass();
}
```

由于尚未创建 Logger 类，项目无法构建因而测试也无法执行。即使在项目中添加一个内部类 Logger 并运行测试构建仍会失败。这是因为尚未定义 Log() 方法。在 Logger 类中添加 Log() 方法。之后再次尝试进行测试。此次，测试通过⊖。

3）该阶段将进行必要的重构。但是由于我们刚刚开始，因而没有任何需要重构的地方。可以继续编写下一个测试。

生成日志消息并将其存储到磁盘的代码将使用私有成员。在 NUnit 中不会对私有成员进行测试。一些流派认为如果测试私有成员，则说明代码必定存在问题。因此我们将继续进行下一个单元测试。它将确定日志文件是否存在。在编写单元测试之前，首先编写一个返回包含两层内部异常的方法；此后在单元测试中将该方法返回的异常传递给 Log() 方法：

```
private Exception GetException()
{
    return new Exception(
        "Exception: Main exception.",
        new Exception(
            "Exception: Inner Exception.",
            new Exception("Exception: Inner Exception Inner
Exception")
        )
    );
}
```

4）完成 GetException() 方法后就可以开始编写单元测试检查日志文件是否存在。

```
[Test]
public void CheckFileExists()
{
    var logger = new Logger();
    var logFile = logger.Log(GetException());
    FileAssert.Exists(logFile);
}
```

5）构建代码并执行 CheckFileExists() 测试，测试失败。接下来编写代码令测试通过。在 Logger 类中的起始部分添加 private StringBuilder _stringBuilder; 字段。按照如下代码所示在 Logger 类中更改 Log() 方法并添加新的方法：

```
private StringBuilder _stringBuilder;

public string Log(Exception ex)
{
    _stringBuilder = new StringBuilder();
    return SaveLog();
}

private string SaveLog()
```

⊖ TDD 所谓的测试失败并非编译失败。TDD 的失败要满足两个条件，第一、必须是构建成功的前提下测试运行失败；第二、失败的原因必须与预期一致。——译者注

```
{
    var fileName = $"LogFile{DateTime.UtcNow.GetHashCode()}.txt";
    var dir =
Environment.GetFolderPath(Environment.SpecialFolder.MyDocuments);
    var file = $"{dir}\\{fileName}";
    return file;
}
```

6）现在，调用 Log() 方法后将生成日志文件。现在剩下的工作就是将文本写入日志文件。根据伪代码，我们需要记录主异常和全部的内部异常。让我们编写测试验证日志文件是否包含以下消息："Exception: Inner Exception Inner Exception"。

```
[Test]
public void ContainsMessage()
{
    var logger = new Logger();
    var logFile = logger.Log(GetException());
    var msg = File.ReadAllText(logFile);
    Assert.IsTrue(msg.Contains("Exception: Inner Exception Inner
Exception"));
}
```

7）以上测试失败的原因是 StringBuilder 的内容仍然为空。因此需要在 Logger 类中添加方法接受该异常，并将异常消息记录到日志中。之后确认该异常是否含有内部异常。如果的确有内部异常，则进行递归调用并指定参数 isInnerException 的值：

```
private void BuildExceptionMessage(Exception ex, bool
isInnerException)
{
    if (isInnerException)
        _stringBuilder.Append("Inner Exception:
").AppendLine(ex.Message);
    else
        _stringBuilder.Append("Exception:
").AppendLine(ex.Message);
    if (ex.InnerException != null)
        BuildExceptionMessage(ex.InnerException, true);
}
```

8）最终，在 Logger 类的 Log() 方法中调用 BuildExceptionMessage() 方法：

```
public string Log(Exception ex)
{
    _stringBuilder = new StringBuilder();
    _stringBuilder.AppendLine("----------------------
    ----------------");
    BuildExceptionMessage(ex, false);
    _stringBuilder.AppendLine("----------------------
    ----------------");
    return SaveLog();
}
```

现在所有的测试均已通过，我们完成了一个完整的程序并实现了期望的功能。但是目前程序中有一处值得重构的地方。BuildExceptionMessage() 方法适合对程序进行调试，尤其适用于异常包含内部异常的情况。该方法值得进行重用。因此我们将该方法移动到独立的类中。注意，Log() 方法同样会创建日志文本的开头和结尾的分割线。我们会将这个部分的代码移动到 BuildExceptionMessage() 方法中。

1）创建 Text 类，添加私有成员变量 StringBuilder，并在构造器中对其初始化。接下来按照如下程序对该类进行修改：

```
public string ExceptionMessage => _stringBuilder.ToString();

public void BuildExceptionMessage(Exception ex, bool
isInnerException)
{
    if (isInnerException)
    {
        _stringBuilder.Append("Inner Exception:
").AppendLine(ex.Message);
    }
    else
    {
        _stringBuilder.AppendLine("------------------------------
---------------------------");
        _stringBuilder.Append("Exception:
").AppendLine(ex.Message);
    }
    if (ex.InnerException != null)
        BuildExceptionMessage(ex.InnerException, true);
    else
        _stringBuilder.AppendLine("------------------------------
---------------------------");
}
```

2）Text 类从包含内部异常的异常中返回可用的异常消息。但同时也需要重构 SaveLog() 方法。我们将生成不重复的哈希文件名称的代码提取到自己的方法中。在 Text 类中添加如下方法：

```
public string GetHashedTextFileName(string name, SpecialFolder
folder)
{
    var fileName = $"{name}-{DateTime.UtcNow.GetHashCode()}.txt";
    var dir = Environment.GetFolderPath(folder);
    return $"{dir}\\{fileName}";
}
```

3）GetHashedTextFileName() 方法会接受用户指定的文件名称与特殊文件夹。在文件名末尾添加连字符与当前 UTC 日期的哈希值。随后添加 .txt 文件扩展名并将该文本赋值到 fileName 变量上，而特殊文件夹的绝对路径则随后复制到 dir 变量。最终将路径和文件名返回给用户[○]。

4）在 Logger 类中添加如下代码：

```
private Text _text;

public string Log(Exception ex)
```

○ 上述方法无法保证返回唯一的文件名。因为 GetHashCode 可能会产生重复值。——译者注

```
{
    BuildMessage(ex);
    return SaveLog();
}

private void BuildMessage(Exception ex)
{
    _text = new Text();
    _text.BuildExceptionMessage(ex, false);
}

private string SaveLog()
{
    var filename = _text.GetHashedTextFileName("Log",
      Environment.SpecialFolder.MyDocuments);
    File.WriteAllText(filename, _text.ExceptionMessage);
    return filename;
}
```

上述类的功能没有改变，但是变得更加整洁小巧了。这是因为生成消息与文件名的逻辑移动到了独立的类中。运行代码可以发现其行为和更改之前是一致的。同样，运行测试可以发现测试是全部通过的。

本节中我们展示了如何编写测试使测试失败；编写代码使测试通过；此后重构代码使代码更加整洁，并可以在相同的项目中或不同的项目间复用。下一节我们将介绍冗余的测试。

6.5　删除冗余的测试、注释以及无用代码

本书关注于如何编写整洁的代码。随着程序、测试的不断膨胀和重构过程的执行，一些代码会成为冗余的代码。而那些既冗余又没有调用者的代码就是**无用代码**。无用代码一经发现就应当立即删除。它虽然不会在编译后执行，但是仍然是代码库的一部分，也需要维护。含有无用代码的文件比实际需要长。当然，除了令文件变长之外它还会给阅读代码造成困难，它可能会切断源代码自然的流程，令阅读代码的过程变得混乱冗长。不仅如此，任何新加入这个项目的程序员都会浪费宝贵的时间去理解这些永远不会被使用的无用代码。因此最好除之而后快。

程序中的注释若使用得当会起到很好的效果，而 API 注释则可以直接用于 API 文档的生成。但有些注释则会增加代码文件中的"噪声"，而相当多的程序员都会为这些注释所扰。一些程序员会注释所有的事情，而另一些则不会编写任何注释，因为他们认为代码本身就应当像一本书一样。还有人采取折中的做法，只在认为有必要理解的地方才对代码进行注释。

如果代码中出现如下注释"这段代码经常产生随机的 bug。我也不知道为什么，但是欢迎你来修理它！"，此时你就应当警惕了。编写这类注释的程序员应该更加关注他们的代码，直至搞清楚错误产生的条件并修正 bug。因此如果你知道是谁编写了这段注释，就应当将这段代码返回给相应人员修复 bug 并删除注释。我不止一次看到类似这种注释，并且网上有一

些人就这种形式的注释发表了观点鲜明的评论。上述做法是对待懒惰程序员的方式之一,当然,如果他们并不懒惰而只是缺乏经验,那么这就是一次学习如何诊断和解决问题的好机会。

此外,即使代码已经签入并审核通过,当我们遇到一段注释掉的代码时,也应当删除他们。删除的注释仍然会保留在版本控制系统的历史记录中,并可以根据需要随时恢复。

代码确实应当像一本书一样易于阅读,因此不应当仅仅为了好看或为了给同事留下深刻印象而将其写得晦涩难懂。因为我敢保证几周后当你再次查看自己的代码时,会挠头思考自己代码为什么会是这样。我见过很多初级程序员犯下这类错误。

冗余测试也应被删除。你只需执行必要的测试。冗余代码的测试不但没有价值还会浪费大量的时间。另外,如果你的公司在 CI/CD 流水线中运行测试,那么冗余测试和无用代码将会增加构建、测试和部署流水线的成本。上传、构建、测试和部署的代码行数越少,公司在运行成本上的开销就越小。请记录,在云中执行流程是有金钱开销的,而企业的目标则是增加收入但尽可能降低支出。

本章的内容到此结束,接下来让我们一起总结一下。

6.6　总结

本章开始讨论了开发人员通过编写单元测试来保证代码质量的重要性。理论上一些问题可能是由软件中的 bug 造成的,这些问题可能涉及生命损失以及昂贵的诉讼。此后我们讨论了单元测试以及什么是好的单元测试。我们指出,好的单元测试必须具备原子性、确定性、可重复性和快速性。

接下来我们介绍了开发人员可以使用哪些工具来辅助 TDD 和 BDD。我们介绍了 MSTest 和 NUnit 并举例说明如何进行 TDD。此后还说明了如何使用替身框架 Moq 和 NUnit 结合对替身进行测试。最后,我们介绍了 SpecFlow—— 一款 BDD 工具。该工具允许使用技术人员和非技术人员都能够理解的业务语言编写特性,确保业务所需即最终所得。

我们使用 NUnit 和一个简单的例子演示了 TDD(失败、通过并重构)的过程。而最后介绍了为什么应当删除无用的注释、冗余的测试以及无用代码。

本章最后列出了一些供大家参考的资料以及其他测试软件的资源。在下一章我们将介绍端到端测试。在这之前请回答本章习题来验证自己对单元测试相关知识的掌握程度。

6.7　习题

1)什么是良好的单元测试?

2)良好的单元测试不该有什么行为?

3)TDD 是什么意思?

4）BDD 是什么意思？

5）什么是单元测试？

6）什么是替身对象？

7）什么是伪造对象？

8）请说出一些单元测试框架的名称。

9）请说出一些替身框架的名称。

10）请说出一个 BDD 框架的名称。

11）哪些内容应当从代码文件中删除？

6.8　参考资料

- `http://softwaretestingfundamentals.com/unit-testing`。该文章对单元测试进行了简要的介绍，并附带了不同类型的单元测试（包括集成测试、验收测试）以及测试工作岗位要求的链接。
- `http://hibernatingrhinos.com/oss/rhino-mocks`。该链接为 Rhion Mocks 框架的主页。

第 7 章　*Chapter 7*

端到端系统测试

端到端（End-to-end，E2E）系统测试是一种针对完整系统执行的自动化测试。程序员对代码片段进行的单元测试对于一个大系统中来说只是沧海一粟。

本章涵盖如下主题：

❑ 执行 E2E 测试

❑ 编写并测试工厂代码

❑ 编写并测试依赖注入代码

❑ 模块化测试

学习目标：

❑ 能够定义 E2E 测试。

❑ 能够执行 E2E 测试。

❑ 解释何谓工厂，如何使用工厂。

❑ 理解何谓依赖注入，如何使用依赖注入。

❑ 理解什么是模块化，如何利用模块化。

7.1　端到端测试

我们最终完成了项目，并通过了所有的单元测试。但是这个项目是一个更大的系统中的一部分，整个系统仍然需要进行测试，以确保我们的代码和使用接口连接的其他代码都能够按照预期协同工作。隔离测试的代码在集成到更大的系统中时有可能发生错误，而现有系统也可能随着新代码的加入而产生问题，因此执行 E2E 测试（有时也称为**集成测试**）是非常重要的。

集成测试负责从头到尾测试整个程序流程。集成测试通常从需求收集阶段开始。首先收集和记录系统的各种需求，而后设计所有的组件并为每一个子系统设计测试，之后为整个系统设计 E2E 测试。接下来，根据需求编写代码并自行进行单元测试，一旦代码完成并且（单元）测试全部通过，那么代码就被集成到测试环境下的整体系统中进行 E2E 测试。虽然 E2E 测试在一些情况下也可以自动执行，但通常情况下它是手动执行的。图 7-1 展示了一个由两个子系统组成的系统，其中包含模块和数据库。在 E2E 测试中，所有这些模块都将被手动、自动或者同时使用两种方法进行测试。

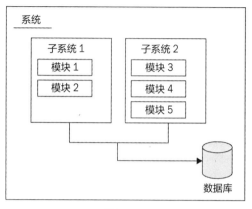

图　7-1

每一个系统的输入和输出都是测试的着眼点。我们需要不断提问：每个系统的输入和输出信息都是正确的吗？

此外，在构建 E2E 测试时，仍需考虑以下三个问题：

❑ 系统中有哪些用户功能，每一个功能将执行哪些步骤？

❑ 每个功能及其步骤有什么前提条件？

❑ 我们需要为哪些不同的场景构建测试用例？

每一个子系统都会提供一个或者多个功能，每一个功能需要按照一定的顺序进行多个操作。这些操作都需要接受输入并提供输出。同时还需要识别特性和功能之间的关系，之后确定该功能是否是一个可重用的功能或是一个独立功能。

考虑一个在线测验系统。教师和学生都将登录到该系统中。如果教师登录，则系统会将其导向管理控制界面；如果学生登录，则系统会将其导向考试菜单并执行一项或多项测验。因此这个场景实际上涉及了三个子系统：

❑ 登录系统

❑ 管理员系统

❑ 测验系统

上述系统中有两个执行流程，即管理流程和测验流程。因此我们需要为每一个流程建立测试用例。我们将在 E2E 示例中对该系统的登录场景进行简单评估。而在现实工作中，E2E 测试将需要比本章的示例更多的投入。本章的主要目的是思考什么是 E2E 测试以及如何最好地实现它，因此我们将尽可能地使用简单的情形而不会被复杂的细节（如手动测试相互交互的三个模块）蒙蔽双眼。

本节中将构建构成整个系统的三个控制台应用程序：登录模块、管理模块和测验模块。

在构建完成后，我们将对其进行手动测试。图 7-2 展示了各个系统之间的交互关系。我们将从登录模块开始。

7.1.1 登录模块（子系统）

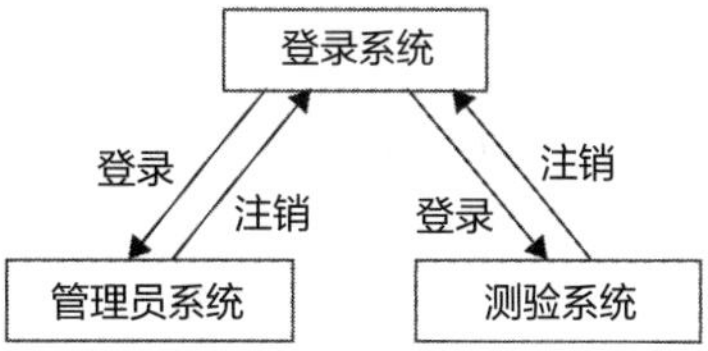

首先系统要求教师和学生都应该使用用户名和密码登录系统。其任务列表如下：

图 7-2 测试的系统

1）输入用户名。

2）输入密码。

3）如果点击 Cancel（取消）就清除已输入的用户名和密码。

4）单击 OK（确认）。

5）如果用户名不正确，则在登录页面上显示一条错误消息。

6）如果用户名正确则执行如下操作：

❑ 如果用户是教师，则加载管理员界面；

❑ 如果用户是学生，则加载测验界面。

首先创建控制台应用程序：CH07_Logon。在 Program.cs 类中编写如下代码：

```
using System;
using System.Collections.Generic;
using System.Diagnostics;
using System.Linq;

namespace CH07_Logon
{
    internal static class Program
    {
        private static void Main(string[] args)
        {
            DoLogin("Welcome to the test platform");
        }
    }
}
```

DoLogin() 方法将输入的字符串输出为标题。由于用户还未登录，因此最好将标题设置为 "Welcome to the test platform"。添加 DoLogin() 方法，其代码如下所示：

```
private static void DoLogin(string message)
{
    Console.WriteLine("---------------------------");
    Console.WriteLine(message);
    Console.WriteLine("---------------------------");
    Console.Write("Enter your username: ");
    var usr = Console.ReadLine();
    Console.Write("Enter your password: ");
    var pwd = ReadPassword();
    ValidateUser(usr, pwd);
}
```

以上代码接受一个消息，并将该消息输出到控制台窗口中。之后提示用户输入用户名和密码。`ReadPassword()` 方法读取用户的输入并将字符过滤替换为 * 来掩盖用户的输入。接下来调用 `ValidateUser()` 方法验证用户名和密码。

添加 `ReadPassword()` 方法，其代码如下所示：

```
public static string ReadPassword()
{
    return ReadPassword('*');
}
```

以上方法很简单，它调用同名的重载方法并传入密码掩码字符。接下来实现重载的 `ReadPassword()` 方法：

```
public static string ReadPassword(char mask)
{
    const int enter = 13, backspace = 8, controlBackspace = 127;
    int[] filtered = { 0, 27, 9, 10, 32 };
    var pass = new Stack<char>();
    char chr = (char)0;
    while ((chr = Console.ReadKey(true).KeyChar) != enter)
    {
        if (chr == backspace)
        {
            if (pass.Count > 0)
            {
                Console.Write("\b \b");
                pass.Pop();
            }
        }
        else if (chr == controlBackspace)
        {
            while (pass.Count > 0)
            {
                Console.Write("\b \b");
                pass.Pop();
            }
        }
        else if (filtered.Count(x => chr == x) <= 0)
        {
            pass.Push((char)chr);
            Console.Write(mask);
        }
    }
    Console.WriteLine();
    return new string(pass.Reverse().ToArray());
}
```

重载的 `ReadPassword()` 方法接受一个掩码参数。该方法将每个字符添加到栈中。如果当前输入的字符并非 Enter 键，那么就检查用户是否按下了 Delete 键。如果用户输入了 Delete 键，则最后输入的字符将从栈中删除。如果用户输入的字符也不在筛选列表中，则将该字符压入栈中，并将验码字符写入屏幕。当用户按下 Enter 键时，就将一个空行输出到控制台窗口，并将栈中的内容反转并以字符串形式返回。

该子系统需要编写的最后一个方法是 `ValidateUser()` 方法：

```
private static void ValidateUser(string usr, string pwd)
{
    if (usr.Equals("admin") && pwd.Equals("letmein"))
    {
        var process = new Process();
        process.StartInfo.FileName =
@"..\..\..\CH07_Admin\bin\Debug\CH07_Admin.exe";
        process.StartInfo.Arguments = "admin";
        process.Start();
    }
    else if (usr.Equals("student") && pwd.Equals("letmein"))
    {
        var process = new Process();
        process.StartInfo.FileName =
@"..\..\..\CH07_Test\bin\Debug\CH07_Test.exe";
        process.StartInfo.Arguments = "test";
        process.Start();
    }
    else
    {
        Console.Clear();
        DoLogin("Invalid username or password");
    }
}
```

ValidateUser() 方法检查用户名和密码。如果经验证当前用户是管理员，则加载管理员页面。如果当前用户是学生则加载学生页面。否则清除控制台内容并提示用户：当前登录凭据是错误的，请重新输入凭据。

用户登录成功之后将加载相关的子系统，并终止登录系统的执行。这样登录模块就编写完成了。接下来我们将实现管理员模块。

7.1.2　管理员模块（子系统）

管理员子系统是执行所有系统管理工作的地方。它包括以下功能：

❏ 导入学生
❏ 导出学生
❏ 添加学生
❏ 删除学生
❏ 编辑学生资料
❏ 为学员分配测验
❏ 更改管理员密码
❏ 备份数据
❏ 恢复数据
❏ 清除所有数据
❏ 查看报告
❏ 导出报告

❑ 保存报告

❑ 打印报告

❑ 退出登录

此次练习中我们不会具体实现这些特性。你可以尝试将其作为练习来自行实现。我们感兴趣的工作是管理模块需要在登录成功后加载，而如果在未登录的情况下加载管理模块，则会显示一条错误消息，当用户按下任意键后将返回登录模块。当用户以管理员身份成功登录时，登录工作结束，并使用相应的管理员参数调用管理员可执行文件。

在 Visual Studio 中创建一个控制台应用程序：CH07_Admin。其 Main() 方法的代码如下：

```
private static void Main(string[] args)
{
    if ((args.Count() > 0) && (args[0].Equals("admin")))
    {
        DisplayMainScreen();
    }
    else
    {
        DisplayMainScreenError();
    }
}
```

Main() 方法会检查参数数目是否大于 0，并且数组中第一个参数是否为管理员。如果是则调用 DisplayMainScreen() 方法显示（管理员）主屏幕。否则将调用 Display-MainScreenError() 方法，警告用户需要登录才能够访问系统。接下来我们编写 Display-MainScreen() 方法：

```
private static void DisplayMainScreen()
{
    Console.WriteLine("-----------------------------------");
    Console.WriteLine("Test Platform Administrator Console");
    Console.WriteLine("-----------------------------------");
    Console.WriteLine("Press any key to exit");
    Console.ReadKey();
    Process.Start(@"..\..\..\CH07_Logon\bin\Debug\CH07_Logon.exe");
}
```

如你所见，DisplayMainScreen() 方法非常简单。它显示一个标题，其中包含一条消息，可按任意键退出，然后等待按键。按键后，程序将弹出到登录模块并退出。现在，对于 DisplayMainScreenError() 方法：

```
private static void DisplayMainScreenError()
{
    Console.WriteLine("-----------------------------------");
    Console.WriteLine("Test Platform Administrator Console");
    Console.WriteLine("-----------------------------------");
    Console.WriteLine("You must login to use the admin module.");
    Console.WriteLine("Press any key to exit");
    Console.ReadKey();
    Process.Start(@"..\..\..\CH07_Logon\bin\Debug\CH07_Logon.exe");
}
```

上述方法表明，模块在未登录情况下是不允许启动的。当用户按下任意键时都将重定向到登录模块。用户可以从登录模块中登录，再使用管理员模块。至此，管理员模块编写完成，最后我们来编写测验模块。

7.1.3　测验模块（子系统）

测验模块将展示一个菜单。菜单中列出了一系列学生必须参加的测验，同时也包含一个退出测验模块的选项。该模块的功能包括：

- 在菜单中展示需要完成的测验。
- 在菜单中选择并开始测验。
- 在测验结束时保存结果并返回菜单界面。
- 当测验结束时从菜单中移除该测验。
- 当用户退出测验模块后返回登录模块。

与前面的模块一样。我们将上述功能的具体实现留给大家，而本节关注的内容是确保测试模块只能够在用户登录后运行。当模块退出时，重新加载登录模块。

测试模块和管理模块有着或多或少的相似性。因此我们将快速跳过相似的内容并实现需求。首先 Main() 方法的更新如下：

```
private static void Main(string[] args)
{
    if ((args.Count() > 0) && (args[0].Equals("test")))
    {
        DisplayMainScreen();
    }
    else
    {
        DisplayMainScreenError();
    }
}
```

而 DisplayMainScreen() 的方法内容如下：

```
private static void DisplayMainScreen()
{
    Console.WriteLine("----------------------------------");
    Console.WriteLine("Test Platform Student Console");
    Console.WriteLine("----------------------------------");
    Console.WriteLine("Press any key to exit");
    Console.ReadKey();
    Process.Start(@"..\..\..\CH07_Logon\bin\Debug\CH07_Logon.exe");
}
```

最后，编写 DisplayMainScreenError() 方法：

```
private static void DisplayMainScreenError()
{
    Console.WriteLine("----------------------------------");
    Console.WriteLine("Test Platform Student Console");
    Console.WriteLine("----------------------------------");
    Console.WriteLine("You must login to use the student module.");
```

```
    Console.WriteLine("Press any key to exit");
    Console.ReadKey();
    Process.Start(@"..\..\..\CH07_Logon\bin\Debug\CH07_Logon.exe");
}
```

我们已经实现了三个模块。在下一节将对其进行测试。

7.1.4 对三模块系统执行 E2E 测试

本节将对以上三模块系统执行手动 E2E 测试。我们将测试登录模块，确保只有有效的登录才能够访问管理员模块或测验模块。合法的管理员登录系统后应当看到管理员模块，同时卸载登录模块；而学生登录系统后则应当看到测验模块，同时卸载登录模块。

若我们在没有登录的情况下尝试加载管理员模块，应当得到提示消息，提示必须先登录。按下任意键后将卸载管理员模块并加载登录模块。在没有登录的情况下使用测验模块的行为应当与管理员模块的行为相同。按下任意键后应当加载登录模块并卸载测验模块。

其手动测试过程如下：

1）确保所有项目均已构建，启动登录模块。应当看到如图 7-3 所示界面：

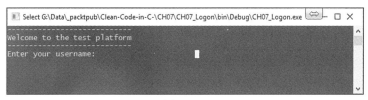

图　7-3

2）输入错误的用户名或密码，按下 Enter 键应当出现如图 7-4 所示界面：

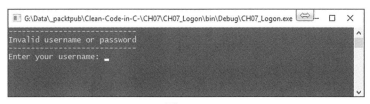

图　7-4

3）现在，输入用户名 admin，输入密码 letmein，按下 Enter 键，应当看到登录成功后出现管理员模块，如图 7-5 所示：

图　7-5

4）按任意键退出，应当可以再次看到登录模块，如图 7-6 所示：

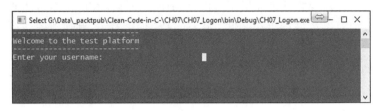

图 7-6

5）输入用户名 student，输入密码 letmein，按下 Enter 键，应当看到学生（测验）模块，如图 7-7 所示：

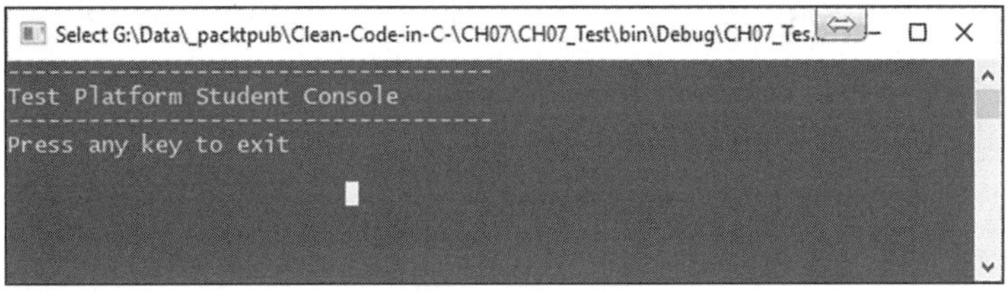

图 7-7

6）在未登录的情况下加载管理员模块，将看到如图 7-8 所示界面：

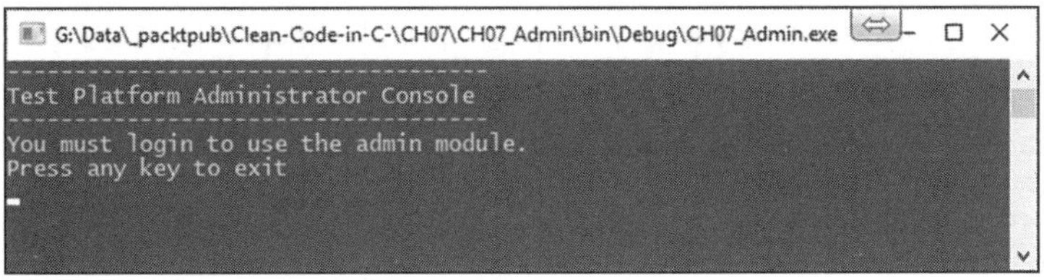

图 7-8

7）此时按任意键将回到登录模块。在未登录的情况下加载测验模块，可以看到如图 7-9 所示界面：

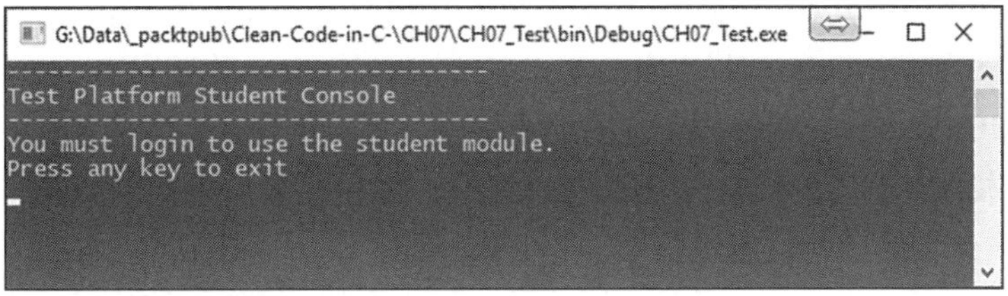

图 7-9

以上，我们成功地对这个三模块系统进行了 E2E 测试。目前，这是对运行时系统进行

E2E 测试的最佳方式。单元测试的存在简化了 E2E 测试的难度。因为当我们到达 E2E 阶段时，许多 bug 已经被发现并处理完毕了。但是和往常一样，我们仍然可能遇到问题，这就是为什么仍然需要对系统进行手动测试。这样可以通过交互，直观地确认系统的行为符合预期。

较大系统的开发往往会引入工厂与依赖注入技术。接下来我们将讨论这两个问题，首先从工厂开始。

7.2 工厂

工厂的实现使用了**工厂方法模式**。这种模式的初衷是在无须指出对象类的情况下创建对象。它是通过工厂方法实现的。工厂方法的主要目标就是创建类的实例。

我们在以下情形下可以使用工厂方法模式：

❏ 当类无法确认应该实例化何种类型时。

❏ 当子类必须指明需要实例化的对象类型时。

❏ 当类控制其对象的实例化时。

工厂方法如图 7-10 所示：

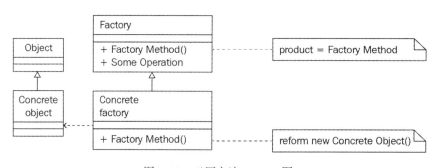

图 7-10　工厂方法：UML 图

如上图所示，图中有如下几个部分：

❏ Factory 为 FactoryMethod() 提供了接口并返回一种类型。

❏ ConcreteFactory 重写或实现 FactoryMethod() 并返回实际类型。

❏ ConcreteObject 继承或实现基类或接口。

举一个具体的例子。我们有三个不同的客户，每个客户后端存储数据使用的关系型数据库都不相同。他们使用的数据库是 Oracle Database、SQL Server 和 MySQL。

在 E2E 测试中，我们需要对每一种数据源进行测试。但是如何编写一个程序来应对所有数据库呢？这时就是使用工厂方法模式的时候了。

用户可以在安装过程中或者在应用程序初始配置过程中指定用作数据源的数据库。该信息可以用加密的数据库连接字符串保存在配置文件中。当应用程序启动时，它将读取数据库连接字符串并对其解密。此后，将数据库连接字符串传入工厂方法中。最后，工厂方法将选择并实例化适当的数据库连接对象，并将其返回供应用程序使用。

在拥有上述背景知识后，在 Visual Studio 中创建一个 .NET Framework 控制台应用程序，并将其命名为：CH07_Factories。其 App.config 文件的内容如下：

```xml
<?xml version="1.0" encoding="utf-8" ?>
<configuration>
  <startup>
    <supportedRuntime version="v4.0" sku=".NETFramework,Version=v4.8" />
  </startup>
  <connectionStrings>
    <clear />
    <add name="SqlServer"
        connectionString="Data Source=SqlInstanceName;Initial
Catalog=DbName;Integrated Security=True"
        providerName="System.Data.SqlClient"
    />
    <add name="Oracle"
        connectionString="Data Source=OracleInstance;User
Id=usr;Password=pwd;Integrated Security=no;"
        providerName="System.Data.OracleClient"
    />
    <add name="MySQL"
connectionString="Server=MySqlInstance;Database=MySqlDb;Uid=usr;Pwd=pwd;"
        providerName="System.Data.MySqlClient"
    />
  </connectionStrings>
</configuration>
```

可见，上述代码已经将 connectionStrings 元素添加到了配置文件中。首先清除该元素中现有的连接字符串，并添加用于该应用程序的三个连接字符串。为了简化本节的内容，我们采用了非加密的连接字符串，但在生产环境中，请确保你的连接字符串为加密过的字符串。

我们首先并不在 Program 类的 Main() 方法中添加代码。而是首先创建 Factory 类，如下所示：

```
namespace CH07_Factories
{
    public abstract class Factory
    {
        public abstract IDatabaseConnection FactoryMethod();
    }
}
```

以上代码定义了拥有一个抽象 FactoryMethod() 的抽象工厂。该方法返回类型为 IDatabaseConnection。接下来定义 IDatabaseConnection 接口：

```
namespace CH07_Factories
{
    public interface IDatabaseConnection
    {
```

```
        string ConnectionString { get; }
        void OpenConnection();
        void CloseConnection();
    }
}
```

该接口具有一个只读的连接字符串（属性）。其中的 OpenConnection() 方法将打开数据库连接，而 CloseConnection() 方法将关闭已经打开的数据库连接。以上定义了抽象的 Factory 类和 IDatabaseConnection 接口。接下来我们将创建具体的数据库连接类。首先从 SQL Server 数据库连接类开始：

```
public class SqlServerDbConnection : IDatabaseConnection
{
    public string ConnectionString { get; }
    public SqlServerDbConnection(string connectionString)
    {
        ConnectionString = connectionString;
    }
    public void CloseConnection()
    {
        Console.WriteLine("SQL Server Database Connection Closed.");
    }
    public void OpenConnection()
    {
        Console.WriteLine("SQL Server Database Connection Opened.");
    }
}
```

上述 SqlServerDbConnection 类完全实现了 IDatabaseConnection 接口。其构造器接受单一的 connectionString 参数，并将其赋值给 ConnectionString 属性。而 OpenConnection() 方法仅仅向控制台输出信息。

在实际实现中，连接字符串应当连接到其指定的有效的数据源上。当数据库连接打开后必须适时关闭。CloseConnection() 方法将关闭数据库连接。接下来我们重复上述过程创建 Oracle 和 MySQL 数据库连接（类）：

```
public class OracleDbConnection : IDatabaseConnection
{
    public string ConnectionString { get; }
    public OracleDbConnection(string connectionString)
    {
        ConnectionString = connectionString;
    }
    public void CloseConnection()
    {
        Console.WriteLine("Oracle Database Connection Closed.");
    }
    public void OpenConnection()
    {
        Console.WriteLine("Oracle Database Connection Opened.");
    }
}
```

OracleDbConnection 类的代码如上述代码所示，最后实现 MySqlDbConnection 类：

```
public class MySqlDbConnection : IDatabaseConnection
{
    public string ConnectionString { get; }
    public MySqlDbConnection(string connectionString)
    {
        ConnectionString = connectionString;
    }
    public void CloseConnection()
    {
        Console.WriteLine("MySQL Database Connection Closed.");
    }
    public void OpenConnection()
    {
        Console.WriteLine("MySQL Database Connection Closed.");
    }
}
```

所有具体类添加完毕后，唯一需要的工作就是创建 ConcreteFactory 类了。Concrete-
Factory 类继承了 Factory 抽象类。在实现时需要引用 System.Configuration.
ConfigurationManager NuGet 包：

```
using System.Configuration;

namespace CH07_Factories
{
    public class ConcreteFactory : Factory
    {
        private static ConnectionStringSettings _connectionStringSettings;

        public ConcreteFactory(string connectionStringName)
        {
            GetDbConnectionSettings(connectionStringName);
        }

        private static ConnectionStringSettings
GetDbConnectionSettings(string connectionStringName)
        {
            return
ConfigurationManager.ConnectionStrings[connectionStringName];
        }
    }
}
```

以上代码引用了 System.Configuration 命名空间。其中 ConnectionString-
Settings 的值存储在 _connectionStringSettings 成员变量中，它本应在构造器
中使用 connectionStringName 参数对其赋值，并同时作为参数传入 GetDbConne-
ctionSettings() 方法中。思维敏捷的你可能已经发现了构造器中存在的一处明显错误。

构造器中虽然调用了 GetDbConnectionSettings() 方法但是并没有设置成员变量
的值。但是现在我们尚未编写测试，在编写并运行测试时我们将发现这个疏漏并对其进行修
复。GetDbConnectionSettings() 方法使用 ConfigurationManager 从 Connection-
Strings 属性中读取所需的连接字符串。

接下来，实现 ConcreteFactory 类中的 FactoryMethod()：

```csharp
public override IDatabaseConnection FactoryMethod()
{
    var providerName = _connectionStringSettings.ProviderName;
    var connectionString = _connectionStringSettings.ConnectionString;
    switch (providerName)
    {
        case "System.Data.SqlClient":
            return new SqlServerDbConnection(connectionString);
        case "System.Data.OracleClient":
            return new OracleDbConnection(connectionString);
        case "System.Data.MySqlClient":
            return new MySqlDbConnection(connectionString);
        default:
            return null;
    }
}
```

FactoryMethod() 返回类型是实现了 IDatabaseConnection 的具体类。该方法首先读取字段的值，并存储在 providerName 和 connectionString 局部变量中。此后用 switch 语句确定应当创建并返回何种类型的数据库连接。

现在我们需要对工厂进行测试验证它是否能够和客户使用的不同类型的数据库协同工作。该测试可以手动执行，但是这和该练习的目的相悖，因此我们将为其编写自动化测试。

创建 NUnit 测试项目，引用 CH07_Factories 项目并添加 System.Configuration. ConfigurationManager NuGet 包。将测试类重命名为 UnitTests.cs，并添加第一个测试，如以下代码所示：

```csharp
[Test]
public void IsSqlServerDbConnection()
{
    var factory = new ConcreteFactory("SqlServer");
    var connection = factory.FactoryMethod();
    Assert.IsInstanceOf<SqlServerDbConnection>(connection);
}
```

该测试针对的是 SQL Server 数据库连接。它创建 ConcreteFactory 实例并将 connection-StringName 参数值设置为 "SqlServer"。接下来使用工厂的 FactoryMethod() 创建并返回正确的数据库连接对象。最终对数据库连接对象进行断言，确认它的类型为 Sql-ServerDbConnection。同样地，需要为其他两种数据库创建两个类似的测试方法，首先创建 Oracle 数据库连接测试：

```csharp
[Test]
public void IsOracleDbConnection()
{
    var factory = new ConcreteFactory("Oracle");
    var connection = factory.FactoryMethod();
    Assert.IsInstanceOf<OracleDbConnection>(connection);
}
```

该测试将 connectionStringName 的值设置为 "Oracle"，并断言返回的连接对象类型是 OracleDbConnection。最后来编写 MySQL 数据库连接的测试：

```
[Test]
public void IsMySqlDbConnection()
{
    var factory = new ConcreteFactory("MySQL");
    var connection = factory.FactoryMethod();
    Assert.IsInstanceOf<MySqlDbConnection>(connection);
}
```

该测试将 connectionStringName 参数的值设置为 "MySQL"，并断言返回的连接对象类型是 MySqlDbConnection。若我们运行该测试，测试将失败。这是因为我们并未对 _connectionStringSettings 字段进行赋值。现在我们修正该测试。修改 ConcreteFactory 的构造器代码：

```
public ConcreteFactory(string connectionStringName)
{
    _connectionStringSettings =
GetDbConnectionSettings(connectionStringName);
}
```

再次运行测试则测试全部通过。若连接字符串没有被 NUnit 读取，则程序将会从其他 App.config 文件（并非我们所希望的配置文件）中查找。因此，可以在读取连接字符串前添加如下语句：

```
var filepath =
ConfigurationManager.OpenExeConfiguration(ConfigurationUserLevel.None).File
Path;
```

该变量将在 NUnit 查找连接字符串设置时告知配置文件的位置。如果文件不存在，则可以手动创建文件并将主程序 App.config 文件的内容复制过来。但问题是该文件很可能在下一次构建时删除。为了确保上述更改，可以在测试项目的构建后事件中添加命令。

如需进行该操作，请右击测试项目并选择 Properties（属性）。在 Properties 选项卡中选择 Build Events（构建事件）。在构建后事件命令行中添加如下命令：

```
xcopy "$(ProjectDir)App.config" "$(ProjectDir)bin\Debug\netcoreapp3.1\" /Y
/I /R
```

图 7-11 展示了 Project Properties（项目属性）对话框的 Build Events 页面，并设置好了构建后事件命令行中的内容：

上述操作将在测试项目的输出目录下创建缺失的配置文件。这个文件的可能名称为：testhost.x86.dll.config（我的系统中的配置文件就是这个名称）。现在可以重新构建项目使其生效。

如果更改某一个具体的 FactoryMethod() 的返回类型将会导致测试失败。如图 7-12 所示。

而将类型修改为正确的返回类型后，测试通过。

以上我们讨论了如何手动对系统进行 E2E 测试；讨论了如何在软件中引入工厂（模式）以及如何使用自动化测试验证工厂的功能。接下来我们将介绍依赖注入并介绍对依赖注入进行 E2E 测试的方法。

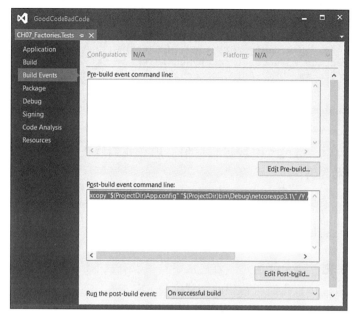

图　7-11

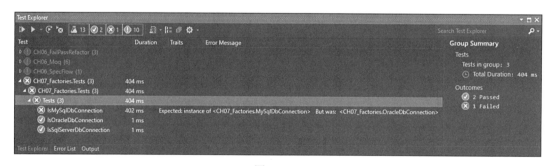

图　7-12

7.3　依赖注入

依赖注入（Dependency Injection，DI）通过将代码的行为与依赖项分离而产生低耦合的代码。这些代码可读性更高，并且更易于测试、扩展和维护。其代码的可读性高是由于它严格遵循单一职责原则。遵循单一职责原则会令代码更加短小，而短小的代码也更易于维护和测试。同时，由于代码依赖于抽象而非实现因此可以根据需要更容易地扩展代码。

以下是实现依赖注入的几种方式：

❑ 构造器注入

❑ 属性/setter 注入

❑ 方法注入

简单的依赖注入是不包含容器的。但是依赖注入的最佳实践推荐使用依赖注入容器。简单来说，依赖注入容器就是一种注册框架，它负责在需要时创建依赖的实例并执行注入操作。

我们将在依赖注入范例中自行编写依赖容器、接口、服务以及客户端，并为该依赖注入项目编写测试。虽然应当首先编写测试，但是我所遇到的大多数业务都是在软件编写完成后才编写测试的。因此在这个场景中，我们也将在软件编码完成后再进行测试的编写。在多团队管理时，通常会有一些团队使用 TDD 而另一些团队不使用 TDD，并且还可能使用没有测试代码的第三方代码。

之前提到过，由于自动执行 E2E 测试比较困难，因此 E2E 测试通常手动完成。但对于一些系统，尤其是需要对多数据源进行测试的场景，也可以使用自动化与手动相结合的方式对系统进行测试。

首先，我们需要准备一个依赖容器。依赖容器用于保存注册的类型和实例。类型必须先注册再使用，当需要使用对象实例时，就将其解析为变量并注入（传入）到构造器、方法或属性中。

创建一个新类库项目：CH07_DependencyInjection。添加 DependencyContainer 类，并添加如下代码：

```
public static readonly IDictionary<Type, Type> Types = new Dictionary<Type,
Type>();
public static readonly IDictionary<Type, object> Instances = new
Dictionary<Type, object>();

public static void Register<TContract, TImplementation>()
{
    Types[typeof(TContract)] = typeof(TImplementation);
}

public static void Register<TContract, TImplementation>(TImplementation
instance)
{
    Instances[typeof(TContract)] = instance;
}
```

上述代码中使用了两个字典来存储类型与实例，并同时提供了两个方法。其一用于注册类型，其二用于注册实例。在注册和存储类型与实例的方法编写完毕之后，我们需要找到一种方法在运行时对其进行解析。在 DependencyContainer 类中添加如下方法：

```
public static T Resolve<T>()
{
    return (T)Resolve(typeof(T));
}
```

该方法输入类型，并调用 Resolve() 方法解析该类型，返回该类型的实例。Resolve() 方法代码如下所示：

```
public static object Resolve(Type contract)
{
    if (Instances.ContainsKey(contract))
    {
        return Instances[contract];
    }
    else
    {
        Type implementation = Types[contract];
        ConstructorInfo constructor = implementation.GetConstructors()[0];
        ParameterInfo[] constructorParameters =
constructor.GetParameters();
        if (constructorParameters.Length == 0)
        {
            return Activator.CreateInstance(implementation);
        }
        List<object> parameters = new
List<object>(constructorParameters.Length);
        foreach (ParameterInfo parameterInfo in constructorParameters)
        {
            parameters.Add(Resolve(parameterInfo.ParameterType));
        }
        return constructor.Invoke(parameters.ToArray());
    }
}
```

Resolve() 方法检查 Instances 字典中是否包含与 contract 匹配的键对应的实例。如果包含则返回该实例，否则创建一个新的实例并返回该实例。

接下来我们需要定义一个用于注入服务实现的接口。不妨称之为 IService。该接口包含单一方法 WhoAreYou()，该方法将返回一个字符串。

```
public interface IService
{
    string WhoAreYou();
}
```

我们即将注入的服务将实现上述接口。第一个服务类 ServiceOne 将返回如下字符串："CH07_DependencyInjection.ServiceOne()"。

```
public class ServiceOne : IService
{
    public string WhoAreYou()
    {
        return "CH07_DependencyInjection.ServiceOne()";
    }
}
```

第二个服务类 ServiceTwo 和第一个相似，只是其方法返回 "CH07_Dependency-Injection.ServiceTwo()"。

```
public class ServiceTwo : IService
{
    public string WhoAreYou()
    {
        return "CH07_DependencyInjection.ServiceTwo()";
    }
}
```

以上我们创建了依赖容器、接口以及服务类。最终我们将添加客户端作为展示对象，并通过依赖注入使用以上服务。客户端类将展示构造器注入、属性注入和方法注入。在 Client 类中添加如下代码：

```
private IService _service;

public Client() { }
```

_service 成员变量用于存储注入的服务。默认构造器用于测试属性注入和方法注入的结果。而以下构造器接收 IService 类型参数，并将其赋值给成员：

```
public Client (IService service)
{
    _service = service;
}
```

接下来，添加如下属性以便对属性注入和构造器注入进行测试：

```
public IService Service
{
    get { return _service; }
    set
    {
        _service = value;
    }
}
```

Service 属性可以用于设置或者取得 _service 成员变量的值。最后，添加 Get-ServiceName() 方法调用注入对象的 WhoAreYou() 方法。

```
public string GetServiceName(IService service)
{
    return Service.WhoAreYou();
}
```

以上方法调用了注入的 IService 类实例上的 WhoAreYou() 方法，并返回传入服务的全名。接下来编写单元测试验证其功能。添加测试项目 CH07_DependencyInjection.Tests，引用依赖的项目，并将 UnitTest1 重命名为 UnitTests。

接下来编写测试验证注册功能和解析实例的功能，确保可以将正确类（的对象）通过构造器注入、setter 注入和方法注入的方式进行注入。具体的将对 ServiceOne 和 ServiceTwo 进行注入测试。首先编写 Setup() 方法：

```
[TestInitialize]
public void Setup()
{
    DependencyContainer.Register<ServiceOne, ServiceOne>();
    DependencyContainer.Register<ServiceTwo, ServiceTwo>();
}
```

Setup() 方法将 IService 类中的两个实现：ServiceOne 和 ServiceTwo 注册到依赖容器中。完成上述操作后就可以编写两个测试方法对依赖注入容器进行测试：

```
[TestMethod]
public void DependencyContainerTestServiceOne()
```

```
{
    var serviceOne = DependencyContainer.Resolve<ServiceOne>();
    Assert.IsInstanceOfType(serviceOne, typeof(ServiceOne));
}

[TestMethod]
public void DependencyContainerTestServiceTwo()
{
    var serviceTwo = DependencyContainer.Resolve<ServiceTwo>();
    Assert.IsInstanceOfType(serviceTwo, typeof(ServiceTwo));
}
```

上述两个方法均调用 Resolve() 方法，Resolve() 方法检查相应类型的实例是否存在，如果实例已然存在，则返回实例；否则创建实例并将其返回。接下来为 ServiceOne 和 ServiceTwo 编写构造器注入测试：

```
[TestMethod]
public void ConstructorInjectionTestServiceOne()
{
    var serviceOne = DependencyContainer.Resolve<ServiceOne>();
    var client = new Client(serviceOne);
    Assert.IsInstanceOfType(client.Service, typeof(ServiceOne));
}

[TestMethod]
public void ConstructorInjectionTestServiceTwo()
{
    var serviceTwo = DependencyContainer.Resolve<ServiceTwo>();
    var client = new Client(serviceTwo);
    Assert.IsInstanceOfType(client.Service, typeof(ServiceTwo));
}
```

上述构造器测试方法从容器的注册列表中解析相关的服务，并将服务对象传入构造器中。最终使用 Service 属性获得服务对象，并断言从构造器中传入的实例类型和期望的服务类型一致。在构造器注入测试编写完毕后，我们来编写测试验证属性 setter 注入的行为：

```
[TestMethod]
public void PropertyInjectTestServiceOne()
{
    var serviceOne = DependencyContainer.Resolve<ServiceOne>();
    var client = new Client();
    client.Service = serviceOne;
    Assert.IsInstanceOfType(client.Service, typeof(ServiceOne));
}

[TestMethod]
public void PropertyInjectTestServiceTwo()
{
    var serviceTwo = DependencyContainer.Resolve<ServiceTwo>();
    var client = new Client();
    client.Service = serviceTwo;
    Assert.IsInstanceOfType(client.Service, typeof(ServiceOne));
}
```

要测试 setter 注入是否正确解析了相应类型，需要使用默认构造器创建一个 Client 对象，之后使用解析好的实例对 Service 属性赋值，并断言对象的类型是期望的服务类型。最后，我们来测试方法注入：

```
[TestMethod]
public void MethodInjectionTestServiceOne()
{
    var serviceOne = DependencyContainer.Resolve<ServiceOne>();
    var client = new Client();
    Assert.AreEqual(client.GetServiceName(serviceOne),
"CH07_DependencyInjection.ServiceOne()");
}

[TestMethod]
public void MethodInjectionTestServiceTwo()
{
    var serviceTwo = DependencyContainer.Resolve<ServiceTwo>();
    var client = new Client();
    Assert.AreEqual(client.GetServiceName(serviceTwo),
"CH07_DependencyInjection.ServiceTwo()");
}
```

上述测试中仍然是先解析实例，而后使用默认构造器创建 Client 对象，并断言使用解析对象调用 GetServiceName() 方法所返回的传入实例的标识是正确的。

7.4　模块化

系统是由一个或者多个模块构成的。当一个系统包含两个或者多个模块时，就需要测试模块之间的交互以确保模块之间能够按照预期协同工作。请考虑如图 7-13 所示的 API 系统。

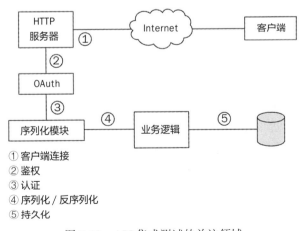

① 客户端连接
② 鉴权
③ 认证
④ 序列化 / 反序列化
⑤ 持久化

图 7-13　API 集成测试的关注领域

如上图所示，客户端通过 API 访问云端存储的数据。客户端向 HTTP 服务器发送请求，服务器首先对该请求进行身份验证，身份验证通过之后继续对请求进行 API 访问鉴权。此后反序列化客户端发送的数据并传递到业务层。业务层对数据执行读取、插入、更新或者删除操作。最后数据从数据库通过业务层回传，回到序列化层，最后返回客户端。

可见该系统拥有诸多相互交互的模块，它们是：

❑ **安全模块**（**认证**和**鉴权**）和序列化模块（**序列化**和**反序列化**）交互。

❑ 序列化模块和包含所有业务逻辑的业务层交互。

❑ **业务逻辑**层和数据存储模块交互。

根据上述三点描述，我们可以编写许多测试来自动化 E2E 的测试过程。大多数测试采用单元测试即可，我们可以将它们纳入集成测试套件。我们可以测试如下内容：

❑ 正确的登录

❑ 非法的登录

❑ 经过鉴权的访问

❑ 未经过鉴权的访问

❑ 数据序列化

❑ 数据反序列化

❑ 业务逻辑

❑ 数据库读取

❑ 数据库更新

❑ 向数据库中插入数据

❑ 从数据库中删除数据

上述测试均为单元测试而非集成测试。那么我们应该编写何种集成测试呢？可以考虑编写如下集成测试：

❑ 发送读取请求

❑ 发送插入请求

❑ 发送编辑请求

❑ 发送删除请求

在编写这四个测试时既可以使用正确的用户名和密码，并发送正确的数据请求；也可以使用非法的用户名和密码与非法的数据请求。

因此，我们可以通过单元测试来测试每一个模块中的代码；可以采用一次仅仅测试两个模块之间的交互的方式执行集成测试。你还可以编写完整的 E2E 操作测试。

尽管可以使用代码完成上述测试。但是仍必须手动运行系统以验证所有功能都按照预期工作。

所有测试都成功完成后。我们就有信心将代码发布到产品环境了。

以上我们讨论了 E2E 测试（也称为**集成测试**），接下来我们来总结一下本章的知识。

7.5　总结

本章介绍了什么是 E2E 测试。虽然我们能够编写自动化测试，但是我们也需要理解从最终用户角度手动测试完整应用程序的重要性。

我们使用数据库连接的范例介绍了工厂。在范例场景中，应用程序可以根据用户选择使用相应的数据库。首先加载连接字符串，其次根据连接字符串创建相应的数据库连接对象并将其返回以供使用。我们使用不同的数据库用例对工厂进行了测试。工厂可以用于多种不同场景，在本章学习结束后，我们不但了解了什么是工厂、如何使用工厂，并且最重要的是了解了如何对工厂进行测试。

依赖注入使单个类能够处理接口的多个不同实现。在自行编写依赖容器时我们实际地看到了这一点。我们创建的接口有两个实现类，它们均添加到了依赖容器中，并在依赖容器调用时进行解析。我们编写单元测试对不同的实现进行了构造器注入、属性注入和方法注入的测试。

最后我们讨论了模块。一个简单的应用程序可能只由一个模块组成。但随着应用程序复杂性的增加，构成应用程序的模块也会变得越来越多。而随着模块数目的增加，出现问题的机会也随之增加。因此测试模块间的交互是非常重要的。模块本身可以通过单元测试进行测试，而模块之间的交互可以通过涉及更多组成部分的、更加完整的与贯穿始终的测试进行验证。

下一章将介绍线程和并发相关的若干最佳实践。在进入下一章之前请回答本章习题，以验证学习成果。

7.6　习题

1）什么是 E2E 测试？

2）E2E 测试又称为？

3）执行 E2E 测试时应使用哪些方法？

4）什么是工厂？为什么使用工厂？

5）什么是依赖注入？

6）为什么使用依赖容器？

7.7　参考资料

● Manning 出版社的 *Dependency Injection in .NET* 介绍了 .NET 下的依赖注入的方式以及各种依赖注入框架。

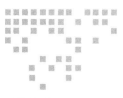

Chapter 8 第 8 章

线程与并发

进程本质上是在操作系统上执行的程序，它由多个执行线程组成，执行线程是由进程发出的一组命令。一次执行多个线程的能力称为**多线程**。本章中，我们将讨论多线程和并发相关的主题。

多个线程分配一定的执行时间后，每一个线程由线程调度器轮流执行。线程调度器使用一种称为**时间切片**的技术调度线程，然后将每一个线程传递给 CPU 并在计划的时间执行。

并发指在操作系统中，一个时间段中有几个程序都处于启动运行到运行完毕之间，且这几个程序都在同一个处理器上运行，但任一个时刻点上只有一个程序在处理器上运行。

在讨论并发和线程时，将遇到阻塞、死锁和竞态条件问题。我们将使用整洁编码的方式来克服这些问题。

本章涵盖如下主题：

- ❑ 理解线程的生命周期
- ❑ 为线程添加参数
- ❑ 使用线程池
- ❑ 使用互斥量进行线程同步
- ❑ 使用信号量处理并发线程
- ❑ 如何避免死锁
- ❑ 如何避免竞态条件
- ❑ 理解静态构造器和静态方法

❑ 可变性、不可变性和线程安全
❑ 同步方法依赖项
❑ 用于简单状态变化的 Interlocked 类
❑ 一些通用的建议

学习目标：

❑ 理解并讨论线程的生命周期。
❑ 理解前台线程和后台线程能力并使用两种线程。
❑ 能够控制线程的执行；为线程池指定处理器数目以便进行并发处理。
❑ 理解静态构造器和静态方法的作用以及它们和多线程与并发的关系。
❑ 综合考虑可变性和不可变性及其对线程安全的影响。
❑ 理解竞态条件的成因以及规避的方法。
❑ 理解死锁的成因以及规避的方法。
❑ 如何使用 Interlocked 类执行简单的状态变化。

本章的范例代码均在 .NET Framework 的控制台应用程序中执行。除非特殊说明，否则所有的代码都将位于 Program 类中。

8.1　理解线程的生命周期

C# 中的线程拥有生命周期，如图 8-1 所示：

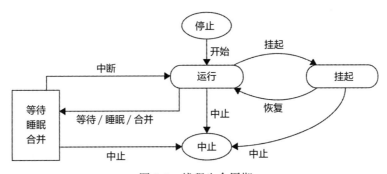

图 8-1　线程生命周期

当线程开始时即进入**运行**（Running）状态，线程执行状态下可以进入**等待**（wait）、**睡眠**（sleep）、**合并**（join）、**停止**（stop）或**挂起**（suspended）状态。线程可以中止。中止的线程会进入停止状态。调用 Suspend() 方法将挂起线程而调用 Resume() 方法将恢复线程。

调用 Monitor.Wait(object obj) 方法将令线程进入等待状态。而调用 Monitor.Pulse(object obj) 方法令线程恢复执行。调用 Thread.Sleep(int millisecondsTimeout) 方法将令线程进入睡眠状态。当指定时间段结束，线程将恢复运行状态。

调用 Thread.Join() 方法会使线程进入等待状态。合并完毕的线程将仍然处于等待状态直至所有依赖线程运行完毕，此后将重新进入运行状态。但是，如果依赖线程中止，则当前线程将同样中止并进入停止状态。

 运行完毕的或中止的线程无法重新运行。

线程可以在前台执行也可以在后台执行。接下来将从前台线程开始分别进行介绍：

❑ **前台线程**：线程默认情况下在前台执行。只要有一个运行中的前台线程存在，进程就将继续运行（即使 Main() 方法执行完毕），应用程序进程仍保持活动状态，直至前台线程终止。创建前台线程的方法非常简单，如以下代码所示：

```
var foregroundThread = new Thread(SomeMethodName);
foregroundThread.Start();
```

❑ **后台线程**：创建后台线程的方法和创建前台线程的方法一致，只不过需要显式地将线程设置为后台线程，如以下代码所示：

```
var backgroundThread = new Thread(SomeMethodName);
backgroundThread.IsBackground = true;
backgroundThread.Start();
```

后台线程用于执行后台任务并保持用户界面对用户的响应。当主进程终止时，任何正在执行的后台线程也将终止。但是，即使主进程终止，任何正在运行的前台线程都将继续运行直至运行结束。

在下一节，我们将介绍线程的参数。

8.2 添加线程参数

在线程中运行的方法通常拥有参数，因此需要了解在线程中执行方法时，如何将方法参数传入线程。

例如，以下方法将两个整数相加并返回和：

```
private static int Add(int a, int b)
{
 return a + b;
}
```

上述方法很简单，它有两个参数 a 和 b。而我们需要将这两个参数传入线程中以调用 Add() 方法。请观察以下方法：

```
private static void ThreadParametersExample()
{
    int result = 0;
    Thread thread = new Thread(() => { result = Add(1, 2); });
    thread.Start();
    thread.Join();
    Message($"The addition of 1 plus 2 is {result}.");
}
```

上述方法声明一个初始值为 0 的整数变量。之后创建了一个新线程，使用 1 和 2 作为参数调用 Add() 方法并将结果赋值给最初声明的整数变量。启动线程并调用 Join() 方法等待线程结束执行。最终将结果输出到控制台窗口。

添加 Message() 方法如下：

```
internal static void Message(string message)
{
    Console.WriteLine(message);
}
```

Message() 方法简单地将输入字符串输出到控制台窗口。编写的 Main() 方法如下：

```
static void Main(string[] args)
{
    ThreadParametersExample();
    Message("=== Press any Key to exit ===");
    Console.ReadKey();
}
```

Main() 方法调用 ThreadParameters-Example() 方法并在程序结束前等待用户输入。执行程序控制台输出如图 8-2 所示：

上述程序将 1 和 2 作为方法参数传递到求和方法中，并将结果 3 从线程中"返回"[⊖]。在下一节中我们将介绍线程池的使用方法。

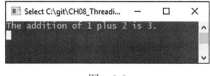

图 8-2

8.3 使用线程池

当应用程序需要使用线程时，就会将单一任务分配给线程池中的线程，任务将开始运行。当任务运行完毕之后线程将返回线程池以备复用。

由于 .NET 的线程创建操作开销较大，因此使用线程池可以改善性能。与 CPU 和内存一样，每一个进程根据系统可用资源的多少拥有固定数目上限的线程。但是我们可以使用线程池增加或减少线程的数目。因此最好令线程池决定线程的数目而非手动设置相应值。

创建线程池的方式有以下这些：

⊖ 这实际上是闭包内对外部变量赋值，而非返回。——译者注

❏ 使用**任务并行库**（Task Parallel Library，TPL）（.NET Framework 4.0 及其后续版本）
❏ 使用 `ThreadPool.QueueUserWorkItem()`
❏ 使用异步委托
❏ 使用 `BackgroundWorker`

根据经验，你应当只在服务器端应用程序中使用线程池。对于客户端应用程序应当根据需要使用前台和后台线程。

本书中我们仅仅关注 TPL 和 `QueueUserWorkItem()` 方法。对于其他两种方式请参见 http://www.albahari.com/threading/。下一节将介绍 TPL。

8.3.1 任务并行库

C# 使用任务代表一个异步操作[注]。C# 中的任务由 TPL 中的 `Task` 类表示。正如其名所示，任务并行性可以并发执行多个任务，我们将在接下来的小节中进行介绍。首先介绍 `Parallel` 类的 `Invoke()` 方法。

1. Parallel.Invoke()

在本节的第一个例子中，我们将使用 `Parallel.Invoke()` 方法调用三个独立的方法。以下是这三个方法的声明：

```
private static void MethodOne()
{
    Message($"MethodOne Executed: Thread
Id({Thread.CurrentThread.ManagedThreadId})");
}

private static void MethodTwo()
{
    Message($"MethodTwo Executed: Thread
Id({Thread.CurrentThread.ManagedThreadId})");
}

private static void MethodThree()
{
    Message($"MethodThree Executed: Thread
Id({Thread.CurrentThread.ManagedThreadId})");
}
```

上述程序中的三个方法除了名称和输出信息（使用之前编写的 `Message()` 方法）不同，其他几乎都是相同的。接下来在 `UsingTaskParallelLibrary()` 方法中并行调用上述三个方法：

⊖ 本节介绍的并非全部任务并行库，只是其中的 `Parallel` 类。——译者注

```
private static void UsingTaskParallelLibrary()
{
    Message($"UsingTaskParallelLibrary Started: Thread Id =
({Thread.CurrentThread.ManagedThreadId})");
    Parallel.Invoke(MethodOne, MethodTwo, MethodThree);
    Message("UsingTaskParallelLibrary Completed.");
}
```

该方法在测试前向控制台窗口输出信息提示方法开始执行，而后并行调用 MethodOne、MethodTwo 和 MethodThree。最后在控制台窗口输出信息提示方法执行结束，按任意键退出方法执行。运行上述代码的输出如图 8-3 所示：

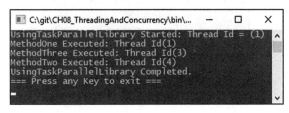

图　8-3

从图中可见，执行中复用了线程 1。下一节将介绍 Parallel.For() 循环。

2. Parallel.For()

以下 TPL 范例将简单示范 Parallel.For() 循环。创建 .NET Framework 控制台应用程序并在 Program 类中添加如下方法：

```
private static void Method()
{
    Message($"Method Executed: Thread
Id({Thread.CurrentThread.ManagedThreadId})");
}
```

该方法仅仅将字符串输出到控制台窗口。继续编写方法执行 Parallel.For() 循环：

```
private static void UsingTaskParallelLibraryFor()
{
    Message($"UsingTaskParallelLibraryFor Started: Thread Id =
({Thread.CurrentThread.ManagedThreadId})");
    Parallel.For(0, 1000, X => Method());
    Message("UsingTaskParallelLibraryFor Completed.");
}
```

该方法从 0 循环到 1000，并调用 Method()。从图 8-4 可以观察到线程在不同方法调用间的复用情况：

下一节将介绍 ThreadPool.QueueUserWorkItem() 方法。

8.3.2　ThreadPool.QueueUserWorkItem() 方法

ThreadPool.QueueUserWorkItem() 方法接收 WaitCallback 委托，并将其放入队列以备执行。WaitCallback 委托代表了将在线程池线程中执行的方法，当有线程可用时该方法即被执行。请看一个简单的范例，首先编写 WaitCallbackMethod：

```
private static void WaitCallbackMethod(Object _)
{
    Message("Hello from WaitCallBackMethod!");
}
```

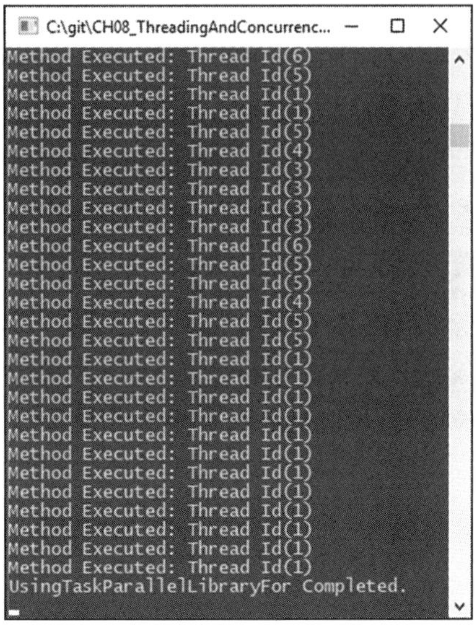

图 8-4

该方法接收 Object 类型参数。但是由于方法中并未使用该参数，因此声明为丢弃变量（_）。该方法向控制台窗口输出消息。调用该方法的代码如下：

```
private static void ThreadPoolQueueUserWorkItem()
{
    ThreadPool.QueueUserWorkItem(WaitCallbackMethod);
    Message("Main thread does some work, then sleeps.");
    Thread.Sleep(1000);
    Message("Main thread exits.");
}
```

以上代码调用 ThreadPool 类的 QueueUserWorkItem() 方法将 WaitCallback-Method() 方法放入线程池队列中。而后在主线程上进行一些工作，并令主线程"睡眠"。当线程池中有可用线程时即会调用 WaitCallBackMethod()。执行完毕后线程返回线程池以便复用。执行点返回到主线程中，执行完成后程序退出。

在下一节，我们将讨论线程中的锁对象：互斥量（Mutual Exclusion Object，mutex）。

8.4 使用互斥量同步线程

C# 中的互斥量是跨多个进程工作的线程锁对象。只有能够请求和释放资源的进程可以修改互斥量。当互斥量锁定时，进程就不得不在队列中等待。当互斥量解锁时就可以访问它。多个线程可以使用同一个互斥量，但只能以同步方式使用。

使用互斥量的作用是作为简单的锁在进入一段关键代码前获取它，并在关键代码退出后释放掉它。由于在任意时刻只有一个线程位于关键代码段中，因而不会造成竞态条件，其中的数据将保持一致的状态。

使用互斥量的缺点有如下几点：

❑ 当一个线程获得锁，但是却进入了睡眠状态或者被其他任务抢先执行（而导致其本身任务无法完成）时，另一个线程将无法继续执行而导致线程饥饿（thread starvation）。

❑ 当互斥量锁定后，只有获得锁的线程可以释放锁，而其他的线程无法获得锁或者释放锁。

❑ 互斥量一次只允许一个线程能够进入关键代码段，因此一般互斥量的实现可能导致 CPU 进入忙等待状态而浪费 CPU 时间。

我们将编写程序展示互斥量的使用方式。创建 .NET Framework 控制台应用程序并在类的顶部添加如下代码：

```
private static readonly Mutex _mutex = new Mutex();
```

该代码声明了名为 _mutex 的原语，我们将用它进行进程间同步。现在，添加一个方法展示使用互斥量进行线程同步：

```
private static void ThreadSynchronisationUsingMutex()
{
    try
    {
        _mutex.WaitOne();
        Message($"Domain Entered By: {Thread.CurrentThread.Name}");
        Thread.Sleep(500);
        Message($"Domain Left By: {Thread.CurrentThread.Name}");
    }
    finally
    {
        _mutex.ReleaseMutex();
    }
}
```

上述方法中，在等待的句柄收到信号前当前线程都将保持阻塞。在收到信号之后，另一个线程才得以安全进入。在执行结束时，其他线程会解除阻塞状态尝试获取互斥量的“主导权”。接下来添加 MutexExample() 方法：

```
private static void MutexExample()
{
    for (var i = 1; i <= 10; i++)
    {
        var thread = new Thread(ThreadSynchronisationUsingMutex)
        {
            Name = $"Mutex Example Thread: {i}"
        };
```

```
        thread.Start();
    }
}
```

该方法创建并启动 10 个线程。每一个线程都执行 `ThreadSynchronisationUsing Mutex()` 方法。最终 Main() 方法内容如下：

```
static void Main(string[] args)
{
    MutexExample();
    Console.ReadKey();
}
```

Main() 方法执行了上述互斥量范例。其输出如图 8-5 所示。

如果再次运行该示例则可能得到不同的线程编号，或线程编号出现的顺序可能不同。

以上是对于互斥量的介绍。接下来将介绍信号量。

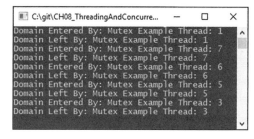

```
C:\git\CH08_ThreadingAndConcurre...    —    □    ×
Domain Entered By: Mutex Example Thread: 1
Domain Left By: Mutex Example Thread: 1
Domain Entered By: Mutex Example Thread: 7
Domain Left By: Mutex Example Thread: 7
Domain Entered By: Mutex Example Thread: 6
Domain Left By: Mutex Example Thread: 6
Domain Entered By: Mutex Example Thread: 5
Domain Left By: Mutex Example Thread: 5
Domain Entered By: Mutex Example Thread: 3
Domain Left By: Mutex Example Thread: 3
```

图　8-5

8.5　使用信号量处理并行线程

在多线程应用程序中，**信号量**是一个在线程间共享的非负整数，其值为 1 或 2。从同步的角度看，1 代表等待而 2 代表触发。我们可以将信号量与一系列缓冲区组合，每一个缓冲区都可以和不同的进程协作。

因此本质上，信号量是基于整数和二进制基元类型的信号触发机制，其值可以通过等待和触发操作来更改。如果没有空闲资源，那么需要资源的进程将执行等待操作直到信号量的值大于 0。信号量可以同时拥有多个线程，每个线程都可以对其进行更改，即获得或者释放资源。

信号量的优势在于多个线程均可以访问关键代码段。信号量一般在内核中执行，和机器无关。若使用信号量，则可以在多个进程中对关键代码段进行保护。与互斥量不同，信号量从不浪费处理时间和资源。

和互斥量一样，信号量也有自己的缺点。优先级反转就是其最大的缺点之一。在高优先级线程被迫等待拥有信号量的低优先级线程释放信号量时，优先级反转就会发生。

如果低优先级线程在释放之前被中优先级线程阻止，则该过程将会进一步复杂化。由于无法预测高优先级线程的延迟时间，因此该过程称为**无界优先级反转**（unbounded priority inversion）。操作系统必须跟踪所有等待和触发信号量的调用。

信号量应按约定使用而并非强制使用。你需要以正确的顺序执行等待和触发操作，否则代码可能会出现死锁。由于信号量的使用比较复杂，有时可能无法达到互斥的效果。信号量的另一个缺点是使大型系统失去模块化特性。此外，信号量容易出现编程错误，导致死锁和互斥冲突。

接下来我们使用范例展示信号量的使用方法：

```
private static readonly Semaphore _semaphore = new Semaphore(2, 4);
```

以上程序声明了信号量变量。其中第一个参数是可并发获取的信号量初始请求数目。第二个参数是可并发获取的最大信号量请求数目。接下来编写 StartSemaphore() 方法：

```
private static void StartSemaphore(object id)
{
    Console.WriteLine($"Object {id} wants semaphore access.");
 try
 {
 _semaphore.WaitOne();
 Console.WriteLine($"Object {id} gained semaphore access.");
 Thread.Sleep(1000);
 Console.WriteLine($"Object {id} has exited semaphore.");
 }
 finally
 {
 _semaphore.Release();
 }
}
```

上述方法将阻塞当前线程直至等待的句柄收到触发信号。此后线程将执行其任务。最终释放信号量，信号量的计数也将恢复其先前的值。编写 SemaphoreExample() 方法如下：

```
private static void SemaphoreExample()
{
    for (int i = 1; i <= 10; i++)
    {
        Thread t = new Thread(StartSemaphore);
        t.Start(i);
    }
}
```

上述方法创建了 10 个线程，每一个线程都执行 StartSemaphore() 方法。最后更新 Main() 方法以执行上述代码：

```
static void Main(string[] args)
{
    SemaphoreExample();
    Console.ReadKey();
}
```

Main() 方法调用 SemaphoreExample()，并在用户按任意键后退出程序。其输出如图 8-6 所示：

图 8-6

接下来将介绍如何限制线程池使用的处理器数目以及线程的数目。

8.6 限制线程池使用的处理器数目及线程数目

有时我们需要对计算机程序中线程池所使用的处理器数目和线程数目进行限制。

要减少程序使用的处理器数量，需要获得当前进程并设置其处理器的关联值。例如，对于一台四核心的计算机，如果希望仅仅使用前两个核心，则其二进制表示为 11，即整数 3。创建一个 .NET Framework 控制台应用程序并添加 AssignCores() 方法：

```
private static void AssignCores(int cores)
{
    Process.GetCurrentProcess().ProcessorAffinity = new IntPtr(cores);
}
```

该方法接收一个整数，并转换为 .NET Framework 的二进制数据。该二进制中相应位为 1 的核心将被使用，而相应位为 0 的核心则不被使用。由于机器代码就是以二进制表示的，因此 0110（6）使用第 2 和第 3 核心；0011（3）使用第 1 核心和第 2 核心，而 1100（12）则使用第 3 和第 4 核心。

如需了解有关二进制的知识，请参见：https://www.computerhope.com/jargon/b/binary.htm。

如需设置最大线程数目，可调用 ThreadPool 类的 SetMaxThreads() 方法。该方法接受两个整数参数。第一个参数是线程池中最大的工作线程数目，第二个参数是线程池中最大的异步 IO 线程数目。以下方法设置了线程池的最大的线程数目：

```
private static void SetMaxThreads(int workerThreads, int asyncIoThreads)
{
    ThreadPool.SetMaxThreads(workerThreads, asyncIoThreads);
}
```

可见，在程序中设置最大线程数目和处理器数目是非常简单的。当然大部分时候程序无须执行此类操作。只有在程序遇到性能问题时才考虑手动设置线程或处理器数目。如果你的程序并没有遇到此类问题，则最好不要设置线程或处理器数目。

下一节将介绍死锁。

8.7　避免死锁

当两个或者多个线程执行并等待对方完成时就会发生**死锁**。这个问题往往会导致计算机程序挂起。对最终用户来说更糟糕的是它有可能造成数据的损坏和丢失。例如执行两批数据输入，但是程序在事务执行到一半时崩溃且无法回滚，就会造成不良后果。我们举个例子来说明这种情况。

例如，我们需要进行一笔重大银行交易，该交易将从客户的商业银行账户中提取 100 万英镑，以支付**英国税务海关总署**（HMRC）的税单。这笔钱将从商业银行账户中提取，但是在存入 HMRC 银行账户之前发生了死锁且没有恢复选项，只能够终止并重新启动应用程序。此时，商业银行账户已经扣除了 100 万英镑但 HMRC 的税单仍未支付，客户仍未尽到支付税款的责任。这些已经扣除的款项该如何处理呢？由于死锁可能造成此类问题，因此消除死锁是非常必要的。

为了简单起见我们将处理两个线程，如图 8-7 所示。

我们将线程命名 Thread 1 和 Thread 2，并将资源称作 Resource 1 和 Resource 2。起初 Thread 1 获得了 Resource 1 的锁，并申请访问 Resource 2。但是 Thread 1 必须等待，因为 Thread 2 已经捷足先登获得了 Resource 2 的锁。此时，Thread 2 申请访问 Resource 1，但是由于 Thread 1 获得了 Resource 1 的锁，故而它只能等待。这导致了 Thread 1 和 Thread 2 都处于等待状态。由于双方均不会释放持有的资源而无法继续执行，因此两个线程处于**死锁状态**。计算机程序处于死锁状态时会呈现挂起状态，只得强制终止程

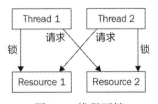

图 8-7　线程死锁

序运行。

用代码解释死锁是比较直观的。在下一节中我们将展示死锁的范例代码。

死锁代码范例

使用实际的范例是理解死锁的最佳方式。该范例中的代码由两个方法组成，每一个方法拥有一个不同的锁，它们都将持有另一个方法所需对象的锁。由于每一个线程都锁定了另一个线程所需的资源，因此它们将进入死锁状态。在死锁发生之后，我们将修改代码，将其从死锁中解脱出来并继续执行。

创建一个 .NET Framework 控制台应用程序：CH08_Deadlocks。创建两个 object 类型成员变量，例如：

```
static object _object1 = new object();
 static object _object2 = new object();
```

上述对象将作为锁对象存在。程序会执行两个线程，每一个线程都将执行自身的方法。首先为第一个线程编写 Thread1Method()：

```
private static void Thread1Method()
 {
     Console.WriteLine("Thread1Method: Thread1Method Entered.");
     lock (_object1)
     {
         Console.WriteLine("Thread1Method: Entered _object1 lock.
Sleeping...");
         Thread.Sleep(1000);
         Console.WriteLine("Thread1Method: Woke from sleep");
         lock (_object2)
         {
             Console.WriteLine("Thread1Method: Entered _object2 lock.");
         }
         Console.WriteLine("Thread1Method: Exited _object2 lock.");
     }
     Console.WriteLine("Thread1Method: Exited _object1 lock.");
 }
```

Thread1Method() 将获得 _object1 对象上的锁，并休眠 1 秒钟。当休眠结束后将尝试获得 _object2 对象上的锁。该方法最终释放两个锁并终止运行。

相应地，Thread2Method() 获得 _object2 对象上的锁，并休眠 1 秒钟。当休眠结束后将尝试获得 _object1 对象上的锁。该方法最终释放两个锁并终止运行。

```
private static void Thread2Method()
 {
     Console.WriteLine("Thread2Method: Thread1Method Entered.");
     lock (_object2)
     {
         Console.WriteLine("Thread2Method: Entered _object2 lock.
Sleeping...");
         Thread.Sleep(1000);
         Console.WriteLine("Thread2Method: Woke from sleep.");
         lock (_object1)
```

```
    {
        Console.WriteLine("Thread2Method: Entered _object1 lock.");
    }
        Console.WriteLine("Thread2Method: Exited _object1 lock.");
    }
        Console.WriteLine("Thread2Method: Exited _object2 lock.");
}
```

我们现在已经准备好演示死锁所需的两个方法了。接下来将调用这两个方法造成死锁。
添加 DeadlockNoRecovery() 方法：

```
private static void DeadlockNoRecovery()
{
    Thread thread1 = new Thread((ThreadStart)Thread1Method);
    Thread thread2 = new Thread((ThreadStart)Thread2Method);

    thread1.Start();
    thread2.Start();

    Console.WriteLine("Press any key to exit.");
    Console.ReadKey();
}
```

DeadlockNoRecovery() 方法创建了两个线程，并为每一个线程指定了不同的方
法。先后启动这两个线程，暂停程序，并等待用户按任意键。在 Main() 方法中调用该
代码：

```
static void Main()
{
    DeadlockNoRecovery();
}
```

启动程序，其输出如图 8-8 所示：

图　8-8

可见，由于 thread1 锁定了 _object1，因此 thread2 在获得 _object1 上的锁时
阻塞；同样，由于 thread2 锁定了 _object2，因此 thread1 在获得 _object2 上的锁
时阻塞。因而两个线程进入死锁状态，程序挂起。

接下来展示如何编写方法避免出现死锁。代码中将使用 Monitor.TryEnter() 方法
获得锁，并通过 Monitor.Exit() 释放成功获得的锁。

DeadlockWithRecovery() 方法的实现如下：

```
private static void DeadlockWithRecovery()
{
    Thread thread4 = new Thread((ThreadStart)Thread4Method);
    Thread thread5 = new Thread((ThreadStart)Thread5Method);

    thread4.Start();
    thread5.Start();

    Console.WriteLine("Press any key to exit.");
    Console.ReadKey();
}
```

DeadlockWithRecovery() 方法创建了两个前台线程。启动这两个线程并在控制台上输出信息，等待用户按任意键退出。其中 Thread4Method() 方法如下：

```
private static void Thread4Method()
{
    Console.WriteLine("Thread4Method: Entered _object1 lock.
Sleeping...");
    Thread.Sleep(1000);
    Console.WriteLine("Thread4Method: Woke from sleep");
    if (!Monitor.TryEnter(_object1))
    {
        Console.WriteLine("Thead4Method: Failed to lock _object1.");
        return;
    }
    try
    {
        if (!Monitor.TryEnter(_object2))
        {
            Console.WriteLine("Thread4Method: Failed to lock _object2.");
            return;
        }
        try
        {
            Console.WriteLine("Thread4Method: Doing work with _object2.");
        }
        finally
        {
            Monitor.Exit(_object2);
            Console.WriteLine("Thread4Method: Released _object2 lock.");
        }
    }
    finally
    {
        Monitor.Exit(_object1);
        Console.WriteLine("Thread4Method: Released _object2 lock.");
    }
}
```

Thread4Method() 方法休眠 1 秒钟，并尝试获得 _object1 对象上的锁。若操作失败，则方法返回。若成功获得 _object1 上的锁，则尝试获得 _object2 上的锁。若操作失败，则方法返回，否则在 _object2 上执行相应的操作，并释放 _object2 上的锁。最后释放 _object1 上的锁。

Thread5Method() 方法执行了完全相同的操作，只不过调换了 _object1 和 _object2 被锁定的顺序。

```
private static void Thread5Method()
{
    Console.WriteLine("Thread5Method: Entered _object2 lock.
Sleeping...");
    Thread.Sleep(1000);
    Console.WriteLine("Thread5Method: Woke from sleep");
    if (!Monitor.TryEnter(_object2))
    {
        Console.WriteLine("Thead5Method: Failed to lock _object2.");
        return;
    }
    try
    {
        if (!Monitor.TryEnter(_object1))
        {
            Console.WriteLine("Thread5Method: Failed to lock _object1.");
            return;
        }
        try
        {
            Console.WriteLine("Thread5Method: Doing work with _object1.");
        }
        finally
        {
            Monitor.Exit(_object1);
            Console.WriteLine("Thread5Method: Released _object1 lock.");
        }
    }
    finally
    {
        Monitor.Exit(_object2);
        Console.WriteLine("Thread5Method: Released _object2 lock.");
    }
}
```

在 Main() 方法中调用 DeadlockWithRecovery() 方法：

```
static void Main()
{
    DeadlockWithRecovery();
}
```

执行上述代码，在大部分时间内锁都能够顺利获得，如图 8-9 所示。此时，按任意键程序将退出。持续执行该程序会偶尔出现获取锁失败的情况。例如在 Thread5Method() 中，程序无法获得 _object2 上的锁。但是当按任意键时程序将退出。可见，使用 Monitor.TryEnter() 方法可以尝试锁定对象，但是如果无法获得对象上的锁，则可以执行其他的操作而避免程序挂起。

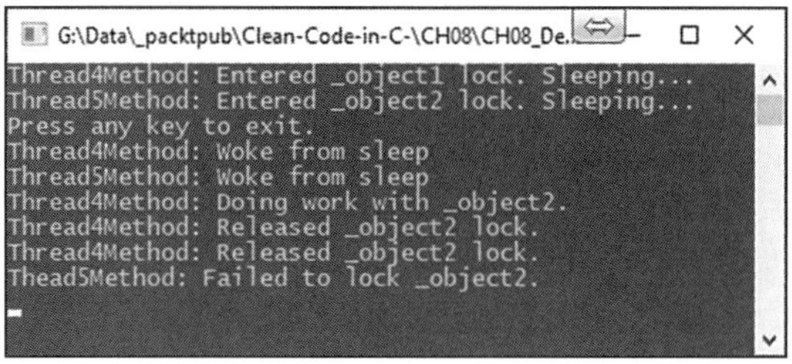

图 8-9

下一章，我们将学习避免竞态条件。

8.8 避免竞态条件

若多个线程使用同一个资源，并由于各个线程的时序不同而产生不同的输出，这种情况就称为**竞态条件**。本节中我们将使用实际代码演示竞态条件。

以下演示将创建两个线程。每个线程都调用相应方法打印字母表。其中，一个方法使用大写字母打印字母表；而另一个方法使用小写字母进行打印。从这个例子中，我们可以了解输出错误（实际上每一次运行都将得到错误的输出）的原因。

首先编写 `ThreadingRaceCondition()` 方法：

```
static void ThreadingRaceCondition()
{
    Thread T1 = new Thread(Method1);
    T1.Start();
    Thread T2 = new Thread(Method2);
    T2.Start();
}
```

`ThreadingRaceCondition()` 方法创建并启动了两个线程。它们引用了两个方法。`Method1()` 使用大写的方式打印字母表，而 `Method2()` 使用小写方式打印字母表。其实现如下：

```
private static void Method1()
{
    for (_alphabetCharacter = 'A'; _alphabetCharacter <= 'Z';
_alphabetCharacter ++)
    {
        Console.Write(_alphabetCharacter + " ");
    }
}

private static void Method2()
{
    for (_alphabetCharacter = 'a'; _alphabetCharacter <= 'z';
_alphabetCharacter++)
    {
        Console.Write(_alphabetCharacter + " ");
```

```
        }
    }
```

Method1() 和 Method2() 都引用了 _alphabetCharacter 变量。该变量定义
如下：

```
private static char _alphabetCharacter;
```

现在更新 Main() 方法：

```
static void Main(string[] args)
{
    Console.WriteLine("\n\nRace Condition:");
    ThreadingRaceCondition();
    Console.WriteLine("\n\nPress any key to exit.");
    Console.ReadKey();
}
```

代码准备就绪，现在可以来演示竞态条件了。多次运行该程序可以发现，程序并未输
出期待的结果。你甚至可以看到并不位于字母表中的字符，如图 8-10 所示。

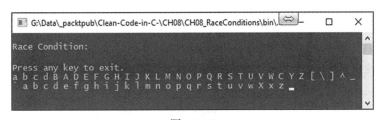

图　8-10

从图中可以看出，程序输出和我们期待的并不一致。

我们将使用 TPL（任务并行库）解决该问题。TPL 的目标是简化**并行**编程和**并发**编程。
当今的大多数计算机都拥有两个或者多个处理器。TPL 可以动态地扩展并发程度，并有效地
利用所有可用的处理器。

> TPL 中包含了工作划分、线程池中的线程调度、任务取消支持、状态管理等功能。
> 你可以在本章参考资料部分找到 TPL 的官方文档链接。

使用 TPL 解决上述问题的方式非常简单。首先创建运行 Method1() 的任务，在第一
个任务执行完毕后，继续执行 Method2()。最后调用 Wait() 方法等待任务执行完成。
ThreadingRaceConditionFixed() 方法的代码如下所示：

```
static void ThreadingRaceConditionFixed()
{
    Task
        .Run(() => Method1())
        .ContinueWith(task => Method2())
        .Wait();
}
```

更改 `Main()` 方法的代码：

```
static void Main(string[] args)
{
    //Console.WriteLine("\n\nRace Condition:");
    //ThreadingRaceCondition();
    Console.WriteLine("\n\nRace Condition Fixed:");
    ThreadingRaceConditionFixed();
    Console.WriteLine("\n\nPress any key to exit.");
    Console.ReadKey();
}
```

执行上述程序可见，不论运行多少次其输出总是相同的，如图 8-11 所示。

图　8-11

至此，我们已经了解了何谓线程，如何在前台和后台使用线程。我们还研究了死锁，并解释了如何使用 `Monitor.TryEnter()` 解决死锁问题。最后介绍了竞态条件以及如何使用 TPL 解决竞态条件问题。

在下一节中，我们将讨论静态构造器和静态方法。

8.9　理解静态构造器和静态方法

如果多个类需要同时访问类的实例属性，则其中一个线程将执行**静态构造器**（或称为类型初始化器）。在等待类型初始化器执行的过程中，其他线程都将被锁定。类型初始化器执行完毕后，即解锁锁定的线程，这些线程就可以访问实例属性了。

静态构造器是线程安全的，它在每一个应用程序域只会执行一次。在访问任何静态成员之前或在类实例化之前会调用静态构造器。

 如果在静态构造器中发生并抛出异常，则会生成 `TypeInitializationExce-ption`，从而导致 CLR 终止程序执行。

只有当静态初始化器 / 静态构造器执行完毕后，其他线程才能够访问该类。

静态方法只在类型级别上保存方法和数据的副本，因此不同的实例将共享相同的方法及其数据。应用程序中的每一个线程都有自己的栈。如果将值类型传入静态方法，则其值将在调用线程的栈上创建，因此是线程安全的。因此，如果两个线程调用相同的代码并传入相同的值，那么这个值将有两个副本，每一个线程的栈上各有一个，因而多个线程不会相互影响。

但是，如果静态方法访问了成员变量，那么它就不再是线程安全的了。两个不同的线程调用同一个方法时都可以访问相应的成员变量。线程之间会发生上下文切换，这将导致本章先前提到的竞态条件。

将引用类型传递到静态方法中也将遇到问题，因为不同的线程可以访问相同的引用类型，这也将导致竞态条件。

 当跨线程使用静态方法时，请避免访问成员变量，并且不要将引用类型传入到方法中。若传入基元类型并保持状态不变，静态方法就是线程安全的。

以上对静态构造器和静态方法进行了讨论，接下来我们将展示一些范例代码。

8.9.1 添加静态构造器

创建 .NET Framework 控制台应用程序。在项目中添加 StaticConstructor-TestClass 类，并添加一个只读静态字符串变量 _message：

```
public class StaticConstructorTestClass
{
    private readonly static string _message;
}
```

调用 Message() 方法将返回 _message 变量的内容。Message() 方法代码如下：

```
public static string Message()
{
    return $"Message: {_message}";
}
```

该方法返回 _message 变量中保存的内容。接下来我们编写构造器：

```
static StaticConstructorTestClass()
{
    Console.WriteLine("StaticConstructorTestClass static constructor
started.");
    _message = "Hello, World!";
    Thread.Sleep(1000);
    _message = "Goodbye, World!";
    Console.WriteLine("StaticConstructorTestClass static constructor
finished.");
}
```

上述构造器首先在屏幕上输出消息，设置成员变量的值。之后令线程睡眠 1 秒钟。此后重新设置消息并在屏幕上输出另一条消息。现在在 Program 类的 Main() 方法中编写如下代码：

```
static void Main(string[] args)
{
    var program = new Program();
    program.StaticConstructorExample();
    Thread.CurrentThread.Join();
}
```

Main() 方法创建了 Program 类的实例。之后调用 StaticConstructor-
Example() 方法。在程序挂起时我们可以观察其输出，在线程合并完毕后其输出如图 8-12
所示。

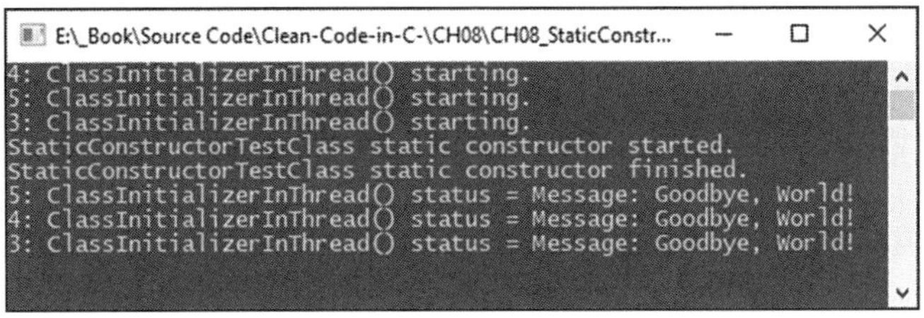

图　8-12

接下来展示静态方法的范例。

8.9.2　在代码中添加静态方法

本节将用实际代码展示线程安全的静态方法与线程不安全的静态方法。在 .NET Frame-
work 控制台应用程序中添加 StaticExampleClass 类，并编写如下代码：

```
public static class StaticExampleClass
{
    private static int _x = 1;
    private static int _y = 2;
    private static int _z = 3;
}
```

在类的起始部分添加三个整数：_x、_y 和 _z，并分别为其赋值为 1、2 和 3。这些变
量会被不同的线程更改。添加静态构造器输出这些变量的值：

```
static StaticExampleClass()
{
    Console.WriteLine($"Constructor: _x={_x}, _y={_y}, _z={_z}");
}
```

可见，静态构造器只是简单地将这些值输出到控制台窗口中。编写第一个线程安全的
方法 ThreadSafeMethod()：

```
internal static void ThreadSafeMethod(int x, int y, int z)
{
    Console.WriteLine($"ThreadSafeMethod: x={x}, y={y}, z={z}");
    Console.WriteLine($"ThreadSafeMethod: {x}+{y}+{z}={x+y+z}");
}
```

该方法是线程安全的，因为该方法仅仅操作了按值传递的参数值，并不会和成员变量

交互，也没有引入任何引用值。因此，不论传递何种参数，都会得到期望的结果。

这意味着不论只有一个线程访问该方法，还是有百万个线程访问该方法，也不论是否发生线程上下文切换，每一个线程的输出值都将是按照输入得出的期待值。图 8-13 展示了输出结果：

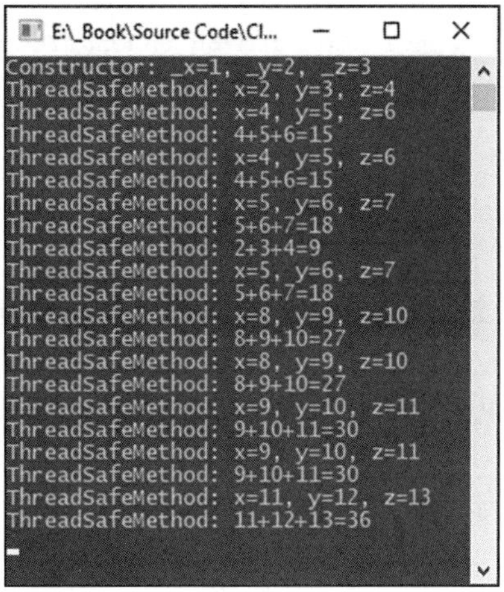

观察完线程安全的方法后，再来讨论非线程安全的方法。我们知道操作引用值或者静态成员变量的静态方法不是线程安全的[⊖]。

在以下例子中，我们将和 ThreadSafeMethod() 方法一样，编写一个含有三个参数的方法。但是此次我们将设置成员变量，输出信息，在睡眠一段时间后再重复输出变量的值。在 StaticExampleClass 中添加 NotThreadSafeMethod() 方法[⊖]：

图 8-13

```
internal static void NotThreadSafeMethod(int x, int y, int z)
{
    _x = x;
    _y = y;
    _z = z;
    Console.WriteLine(
        $"{Thread.CurrentThread.ManagedThreadId}-NotThreadSafeMethod:
_x={_x}, _y={_y}, _z={_z}"
    );
    Thread.Sleep(300);
    Console.WriteLine(
        $"{Thread.CurrentThread.ManagedThreadId}-ThreadSafeMethod:
{_x}+{_y}+{_z}={_x + _y + _z}"
    );
}
```

上述方法中，我们使用传入方法的值为成员变量赋值，然后将成员变量的值输出到控制台窗口。在睡眠 300 毫秒之后，再次打印这些成员变量的值。更改 Program 类中的 Main() 方法如下：

```
static void Main(string[] args)
{
    var program = new Program();
    program.ThreadUnsafeMethodCall();
    Console.ReadKey();
}
```

在 Main() 方法中，创建 Program 类的实例，调用 ThreadUnsafeMethodCall()

⊖ 到底是否线程安全还需要分析操作的方式。——译者注

⊖ 程序中第二个控制台输出是错误的，而且运行截图也是按照错误的代码进行输出的，请知晓。——译者注

并等待用户输入。最后退出程序。`Program` 类中的 `ThreadUnsafeMethodCall()` 的代码如下所示：

```
private void ThreadUnsafeMethodCall()
{
    for (var index = 0; index < 10; index++)
    {
        var thread = new Thread(() =>
        {
            StaticExampleClass.NotThreadSafeMethod(index + 1, index + 2,
index + 3);
        });
        thread.Start();
    }
}
```

该方法创建 10 个线程调用 `StaticExampleClass` 的 `NotThreadSafeMethod()`。当运行代码时将产生如图 8-14 所示的输出。

图　8-14

从图中可以看出，程序输出和我们期待的并不一致。这是由于不同的线程"污染"了数据。因此接下来我们将讨论可变性、不可变性以及线程安全间的关系。

8.10　可变性、不可变性与线程安全

可变性是多线程应用程序的问题之源。可变性造成的 bug 通常是由线程之间更新共享数据值而引起的数据相关的 bug。为了消除可变性造成 bug 的风险，最好使用**不可变类型**。若代码能够同时在多个线程中安全执行那么这段代码就是**线程安全**的。当使用多线程程序时，保证程序的线程安全性是很重要的。如果代码消除了竞态条件、死锁以及可变性引发的问题，那么代码就是线程安全的。

创建后无法修改的对象称为**不可变对象**。这种对象在创建完毕后，使用正确的线程同步方式在线程中传递，所有的线程都能够看到该对象的有效状态。不可变对象可以在线程之间安全地共享数据。

创建后可以修改的对象是可变对象。可变对象可以在线程间更改其数据值。这可能导致严重的数据损坏。因此，即使程序没有崩溃，也会使数据处于无效状态。因此，在处理多个执行线程时，对象的不可变性是很重要的。在第 3 章中，我们介绍了如何使用不可变数据结构创建不可变对象。

为了确保线程安全，请不要使用可变对象，按引用传递参数或者修改成员变量。请仅仅按值传递参数，并只对参数变量进行操作。不要更改成员变量。不可变的结构体是在线程间传递数据的一种良好且线程安全的方式。

接下来我们将使用范例对可变性、不可变性和线程安全性的关系进行展示。首先我们讨论可变性的线程安全性。

8.10.1　编写可变且线程不安全的代码

为了展示多线程应用程序的下的数据可变性的影响，首先创建一个新的 .NET Framework 控制台应用程序。添加一个新类：MutableClass，并添加如下代码：

```
internal class MutableClass
{
    private readonly int[] _intArray;

    public MutableClass(int[] intArray)
    {
        _intArray = intArray;
    }

    public int[] GetIntArray()
    {
        return _intArray;
    }
}
```

MutableClass 类的构造器接收一个整数数组参数。数组传入构造器之后赋值给整数数组成员。GetIntArray() 方法返回该整数数组成员变量。单纯观察这个类并不像可变类型。因为数组传入构造器后，类本身并没有提供修改数组的途径。但传入构造器的数组本身是可变的，而且 GetIntArray() 方法也返回了该可变数组的引用。

在 Program 类中添加 MutableExample() 方法来说明数组的可变性：

```
private static void MutableExample()
{
    int[] iar = { 0, 1, 2, 3, 4, 5, 6, 7, 8, 9 };
    var mutableClass = new MutableClass(iar);
```

```
        Console.WriteLine($"Initial Array: {iar[0]}, {iar[1]}, {iar[2]},
    {iar[3]}, {iar[4]}, {iar[5]}, {iar[6]}, {iar[7]}, {iar[8]}, {iar[9]}");

        for (var x = 0; x < 9; x++)
        {
            var thread = new Thread(() =>
                {
                    iar[x] = x + 1;
                    var ia = mutableClass.GetIntArray();
                    Console.WriteLine($"Array [{x}]: {ia[0]}, {ia[1]}, {ia[2]},
    {ia[3]}, {ia[4]}, {ia[5]}, {ia[6]}, {ia[7]}, {ia[8]}, {ia[9]}");
                });
            thread.Start();
        }
    }
```

在 MutableExample() 方法中声明并初始化了一个包含从 0 到 9 整数的整数数组。随后使用该整数数组创建 MutableClass 实例。接下来，在更改发生前输出数组的初始内容。随后循环 10 次。每一次迭代都将数组当前循环次数 x 位置的元素赋值为 x + 1。在此之后启动线程。程序 Main() 方法的代码如下：

```
static void Main(string[] args)
{
    MutableExample();
    Console.ReadKey();
}
```

Main() 方法调用 MutableExample()，并等待用户按键输入。运行代码将会看到类似如图 8-15 的输出。

可见，虽然我们只是在创建并运行线程之前创建了一个 MutableClass 实例，但更改局部数组变量仍然更改了 MutableClass 实例中的数组。这证明了实例中的数组是可变的。因此它不是线程安全的。

接下来我们将讨论不可变性的线程安全性。

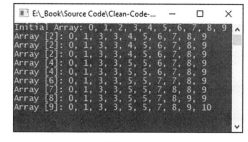

图　8-15

8.10.2　编写不可变且线程安全的代码

同样，我们将在不可变的范例中创建一个 .NET Framework 控制台应用程序并使用相同的数组。添加 ImmutableStruct 类并添加如下代码：

```
internal struct ImmutableStruct
{
    private ImmutableArray<int> _immutableArray;

    public ImmutableStruct(ImmutableArray<int> immutableArray)
    {
        _immutableArray = immutableArray;
    }

    public int[] GetIntArray()
```

```
    {
        return _immutableArray.ToArray<int>();
    }
}
```

代码中并没有使用普通的整数数组，而是 ImmutableArray。我们将非可变数组传入构造器中，并赋值给 _immutableArray 成员变量。GetIntArray() 方法中，由不可变数组创建了一个整数数组。

在 Program 类中添加如下 ImmutableExample() 方法：

```
private static void ImmutableExample()
{
    int[] iar = { 0, 1, 2, 3, 4, 5, 6, 7, 8, 9 };
    var immutableStruct = new ImmutableStruct(iar.ToImmutableArray<int>());

    Console.WriteLine($"Initial Array: {iar[0]}, {iar[1]}, {iar[2]},
{iar[3]}, {iar[4]}, {iar[5]}, {iar[6]}, {iar[7]}, {iar[8]}, {iar[9]}");

    for (var x = 0; x < 9; x++)
    {
        var thread = new Thread(() =>
        {
            iar[x] = x + 1;
            var ia = immutableStruct.GetIntArray();
            Console.WriteLine($"Array [{x}]: {ia[0]}, {ia[1]}, {ia[2]},
{ia[3]}, {ia[4]}, {ia[5]}, {ia[6]}, {ia[7]}, {ia[8]}, {ia[9]}");
        });
        thread.Start();
    }
}
```

ImmutableExample() 方法创建了一个整数数组。将整数数组传入 Immutable-Struct 中创建不可变数组后，在更改之前打印本地数组的内容。此后循环 9 次。每一次迭代都将数组当前循环次数位置的元素赋值为当前循环次数加一。

接下来，我们调用 GetIntArray() 将 im-mutableStruct 的数组副本赋值给局部变量，并输出数组中的值。最后启动线程。在 Main() 方法中调用 ImmutableExample()。执行程序，其输出结果如图 8-16 所示。

如图中所示，数组的内容并不会随着局部数组的更新而更新。因而表明此程序是线程安全的。

在下一节中我们将简要总结目前为止介绍的线程安全的知识。

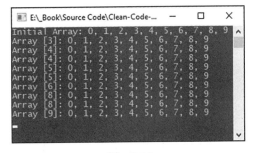

图 8-16

8.11 理解线程安全

从前两节的内容可知，编写多线程程序务必要小心谨慎。编写线程安全的代码，尤其是在大型项目中编写线程安全的代码可能是很困难的。在使用集合，通过引用传递参数以及访问静态类的成员变量时必须非常小心。编写多线程应用程序的最佳实践是只传递不可变类型，而非访问静态成员变量。如果必须执行非线程安全的代码，则需要用锁或者互斥量以及信号量锁定代码。之前上述内容均有对应实例，以下将使用一些代码片段快速回顾这些内容。

以下代码展示了如何使用 readonly struct 编写不可变类型：

```csharp
public readonly struct ImmutablePerson
{
    public ImmutablePerson(int id, string firstName, string lastName)
    {
        _id = id;
        _firstName = firstName;
        _lastName = lastName;
    }

    public int Id { get; }
    public string FirstName { get;
    public string LastName { get { return _lastName; } }
}
```

在上述 ImmutablePerson 结构体中。公有构造器接收整数类型的 ID 参数以及字符串类型的姓名参数，并将 id、firstName 和 lastName 参数赋值到只读变量中。这些数据只能通过只读属性访问。因此这些数据是无法更改的。由于创建完毕之后无法更改，因此它是线程安全的，无法被不同的线程更改。如需"更改"数据只能够使用新的数据创建新的结构体实例。

 和类一样，结构体是可变的。若希望传递数据并避免数据改变，则使用只读结构体是一个良好且轻量级的方案。当它作为类的一部分时才会在堆上分配空间，而其他情况会在栈上分配空间，因此其创建和销毁速度都更快。

之前的示例展示了集合是可变的。但是在 System.Collections.Immutable 命名空间中的集合是不可变集合。表 8-1 列出了此命名空间中的各种项。

表 8-1 System.Collections.Immutable 命名空间中的项

类	结构体	接口
ImmutableArray	ImmutableArray<T>.Enumerator	IImmutableDictionary<TKey, TValue>
ImmutableArray<T>.Builder	ImmutableArray<T>	ImmutableList<T>
ImmutableDictionary	ImmutableDictionary<TKey, TValue>.Enumerator	IImmutableQueue<T>
ImmutableDictionary<TKey, TValue>.Builder	ImmutableHashSet<T>.Enumerator	IImmutableSet<T>

（续）

类	结构体	接口
ImmutableDictionary<TKey, TValue>	ImmutableList<T>.Enumerator	IImmutableStack<T>
ImmutableHashSet	ImmutableQueue<T>.Enumerator	
ImmutableHashSet<T>.Builder	ImmutableSortedDictionary<TKey, TValue>.Enumerator	
ImmutableHashSet<T>	ImmutableSortedSet<T>.Enumerator	
ImmutableInterlocked	ImmutableStack<T>.Enumerator	
ImmutableList		
ImmutableList<T>.Builder		
ImmutableList<T>		
ImmutableQueue		
ImmutableQueue<T>		
ImmutableSortedDictionary		
ImmutableSortedDictionary<TKey, TValue>.Builder		
ImmutableSortedList		
ImmutableSortedList<T>.Builder		
ImmutableStack		
ImmutableStack<T>		

System.Collections.Immutable 命名空间包含一系列不可变集合。这些集合可以在线程间安全地使用。更多信息请参见：https://docs.microsoft.com/en-us/dotnet/api/system.collections.immutable?view=netcore-3.1。

在 C# 中使用锁的方式非常简单，如以下代码片段所示：

```
public class LockExample
{
    public object _lock = new object();

    public void UnsafeMethod()
    {
        lock(_lock)
        {
            // Execute unsafe code.
        }
    }
}
```

创建并实例化 _lock 成员变量。当要执行非线程安全的代码时将代码包裹在 lock 语句中并使用 _lock 变量作为锁对象。当线程进入 lock 语句块时，其他线程将禁止执行该代码直到该线程离开 lock 语句块。

我们可以使用同步原语进行跨进程同步操作。首先将以下代码添加到需要保护代码所在的类的顶部。

```
private static readonly Mutex _mutex = new Mutex();
```

使用互斥量时，将代码包裹在如下 try/catch 代码块中：

```
try
{
    _mutex.WaitOne();
    // ... Do work here ...
}
finally
{
    _mutex.ReleaseMutex();
}
```

上述代码中，WaitOne() 方法将阻塞当前线程直至等待句柄对象收到触发信号。在互斥量被触发后，WaitOne() 方法返回 true。则调用线程获得互斥量的所有权，并能够访问受保护的资源。当受保护的资源使用完毕后，调用 ReleaseMutex() 方法释放互斥量。ReleaseMutex() 在 finally 块中被调用，这样即使发生异常或其他问题，也能够避免资源被线程持续锁定。因此，应在 finally 块中释放互斥量。

保护资源访问的另一种机制是使用信号量。信号量和互斥量的使用方式相似，且在资源保护上扮演着相同的角色。信号量和互斥量的主要区别是互斥量是一种锁定机制，而信号量是一种触发机制。如需使用信号量替换锁或者互斥量，则可以在相应类中添加如下代码：

```
private static readonly Semaphore _semaphore = new Semaphore(2, 4);
```

上述代码添加了信号量变量。其中第一个参数是可并发获取的信号量初始请求数目。第二个参数是可并发获取的最大信号量请求数目。接下来就可以使用如下方式在方法中访问受保护的资源了：

```
try
{
    _semaphore.WaitOne();
    // ... Do work here ...
}
finally
{
    _semaphore.Release();
}
```

当前线程在等待句柄对象（此例中为信号量对象）收到触发信号前处于阻塞状态。在接到触发信号后，线程可以执行其工作。最终将信号量释放。

本章到目前为止介绍了如何使用锁、互斥量和信号量来锁定非线程安全的代码。在使用线程时请注意，后台线程会随着进程的终止而终止；但前台线程将继续运行直至执行完毕。如果你需要确保代码执行完毕而避免线程中途终止，那么最好使用前台线程而不要使用后台线程。

下一节将介绍同步方法。

8.12 同步方法依赖

如需对代码进行同步，除了使用前面小节中提到的锁之外还可以在项目中引入 System.Runtime.CompilerServices 命名空间，并在需要同步的方法和属性上标注 [MethodImpl(MethodImplOptions.Synchronized)] 特性[○]。

以下是一个在方法上应用 [MethodImpl(MethodImplOptions.Synchronized)] 标记的范例：

```
[MethodImpl(MethodImplOptions.Synchronized)]
public static void ThisIsASynchronisedMethod()
{
    Console.WriteLine("Synchronised method called.");
}
```

而以下是在属性上使用 [MethodImpl(MethodImplOptions.Synchronized)] 的范例：

```
private int i;
public int SomeProperty
{
    [MethodImpl(MethodImplOptions.Synchronized)]
    get { return i; }
    [MethodImpl(MethodImplOptions.Synchronized)]
    set { i = value; }
}
```

在下一节中，我们将介绍 Interlocked 类。

8.13 使用 Interlocked 类

多线程应用程序容易在线程调度器上下文切换的过程中悄然出现错误。其主要问题之一是不同线程更新相同的变量。mscorlib 程序集中的 System.Threading.Interlocked 类可以避免出现此类错误。Interlocked 类中的方法不会抛出异常，因此相比于之前介绍的 lock 语句，Interlocked 类可以用更加有效地处理简单的状态的更改。

Interlocked 类中有如下方法：

○ [MethodImpl(MethodImplOptions.Synchronized)] 锁定的对象对于实例方法来说就是当前对象，而对于静态方法来说则是相应的类型。请在使用中注意。——译者注

❑ CompareExchange：比较两个变量，如果其值相等，则替换第一个变量的值。

❑ Add：将两个 Int32 或者 Int64 值相加并将结果存储在第一个整数中。

❑ Decrement：递减 Int32 或者 Int64 整数变量的值并存储其结果。

❑ Increment：递增 Int32 或者 Int64 整数变量的值并存储其结果。

❑ Read：读取 Int64 类型整数变量的值。

❑ Exchange：设置变量的值。

接下来我们将使用一个简单的控制台应用程序展示上述方法的用法。首先创建 .NET Framework 控制台应用程序。在 Program 类中添加如下的代码：

```
private static long _value = long.MaxValue;
private static int _resourceInUse = 0;
```

_value 变量用于演示如何使用 Interlocked 来更新变量值。而 _resourceInUse 变量则表示资源是否处于使用状态。添加 CompareExchangeVariables() 方法：

```
private static void CompareExchangeVariables()
{
    Interlocked.CompareExchange(ref _value, 123, long.MaxValue);
}
```

CompareExchangeVariables() 方法调用了 CompareExchange() 方法比较 _value 和 long.MaxValue 的值。如果两个值相等，则 _value 的值将被替换为 123。继续添加 AddVariables() 方法：

```
private static void AddVariables()
{
    Interlocked.Add(ref _value, 321);
}
```

AddVariables() 方法调用了 Add() 方法访问 _value 成员变量的值，并将其更新为 _value 与 321 的和。接下来添加 DecrementVariable() 方法：

```
private static void DecrementVariable()
{
    Interlocked.Decrement(ref _value);
}
```

上述方法调用了 Decrement() 方法。它将 _value 成员变量的值减 1。接下来是 IncrementVariable() 方法：

```
private static void IncrementVariable()
{
    Interlocked.Increment(ref _value);
}
```

IncrementVariable() 方法调用 Increment() 方法将递增 _value 成员变量的值。以下是 ReadVariable() 方法：

```
private static long ReadVariable()
{
    // The Read method is unnecessary on 64-bit systems, because 64-bit
    // read operations are already atomic. On 32-bit systems, 64-bit read
```

```
        // operations are not atomic unless performed using Read.
        return Interlocked.Read(ref _value);
    }
```

对于 64 位系统来说，读操作已经是原子操作了，因此调用 Interlocked.Read()
方法是没有必要的。但是在 32 位系统中，64 位的读操作不是原子操作，因而需要调用
Interlocked.Read() 方法。接下来添加 PerformUnsafeCodeSafely() 方法：

```
private static void PerformUnsafeCodeSafely()
{
    for (int i = 0; i < 5; i++)
    {
        UseResource();
        Thread.Sleep(1000);
    }
}
```

PerformUnsafeCodeSafely() 方法循环 5 次，每次循环迭代都调用 UseResource()
方法，随后睡眠 1 秒钟。UseResource() 方法实现如下：

```
static bool UseResource()
{
    if (0 == Interlocked.Exchange(ref _resourceInUse, 1))
    {
        Console.WriteLine($"{Thread.CurrentThread.Name} acquired the
lock");
        NonThreadSafeResourceAccess();
        Thread.Sleep(500);
        Console.WriteLine($"{Thread.CurrentThread.Name} exiting lock");
        Interlocked.Exchange(ref _resourceInUse, 0);
        return true;
    }
    else
    {
        Console.WriteLine($"{Thread.CurrentThread.Name} was denied the
lock");
        return false;
    }
}
```

UseResource() 方法在获取资源时不会使用锁，如 _resourceInUse 变量所示。它
首先调用 Exchange() 方法将 _resourceInUse 成员变量的值设置为 1。将 Exchange()
方法返回的整数与 0 进行比较。如果 Exchange() 的返回值为 0，则说明并没有方法使用
该资源。

如果该资源已经被其他方法占用，则输出消息提醒用户当前线程无法获得锁。

若没有方法使用该资源，则输出一条消息提醒用户当前线程已经获得了锁。现在，可
以调用 NonThreadSafeResourceAccess() 方法，并令当前线程睡眠 0.5 秒钟来模拟工
作状态。

当线程"苏醒"时，输出信息提示用户当前线程即将释放锁。接下来调用 Exchange()
方法将 _resourceInUse 的值设置为 0。上述过程中提到的 NonThreadSafeRe-

sourceAccess() 方法代码如下：

```
private static void NonThreadSafeResourceAccess()
{
    Console.WriteLine("Non-thread-safe code executed.");
}
```

NonThreadSafeResourceAccess() 方法的代码是非线程安全的，但它可以安全地在锁的保护下运行。在上述例子中，该方法只是简单地向用户输出一条信息。最后在运行程序之前，我们需要在 Main() 方法中调用之前编写好的一系列方法：

```
static void Main(string[] args)
{
    CompareExchangeVariables();
    AddVariables();
    DecrementVariable();
    IncrementVariable();
    ReadVariable();
    PerformUnsafeCodeSafely();
}
```

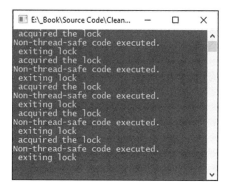

Main() 方法将调用若干 Interlocked 方法的测试方法。运行代码将产生类似如图 8-17 所示的输出。

接下来我们介绍一些关于多线程编程的通用建议。

图　8-17

8.14　通用建议

在本章最后，我们将介绍 Microsoft 在多线程编程领域的通用的建议。它们包括：

❑ 不要使用 Thread.Abort 中止其他线程。

❑ 使用 Mutex、ManualResetEvent、AutoResetEvent 以及 Monitor 来同步多个线程的活动。

❑ 如果需要，请使用线程池来管理工作线程。

❑ 如果任何工作线程处于阻塞状态，则可以使用 Monitor.PulseAll 将当前工作线程状态的更改通知所有线程。

❑ 不要使用 this、类型实例以及字符串实例（包括字符串字面量）作为锁对象。不要将类型用作锁对象。

❑ 实例（互）锁可能造成死锁，因此使用它们时请慎重。

❑ 在线程进入监视区域时使用 try/finally 代码块，并确保在 finally 代码块中调用 Monitor.Exit() 令线程退出监视区域。

❑ 对不同的资源使用不同的线程。

- 不要为相同的资源分配多个线程。
- 由于 I/O 任务执行时会阻塞，因此 I/O 任务应当拥有其自身线程。这样其他线程可以继续执行。
- 应当使用专门线程处理用户输入。
- 对于简单的状态修改可以使用 System.Threading.Interlocked 类而无须使用 lock 语句以改善性能。
- 不要对频繁执行的代码使用同步功能，以避免死锁或竞态条件。
- 确保静态数据在默认情况下是线程安全的。
- 实例数据默认情况下不应当是线程安全的，否则不但影响性能、加剧加锁争用，还有可能发生竞态条件或死锁。
- 不要使用会更改状态的静态方法，因为它们可能导致线程相关的 bug。

至此关于线程和并发的内容就介绍完毕了。让我们总结一下本章学到的内容。

8.15　总结

本章介绍了线程以及如何使用线程。我们通过实践讨论了死锁和竞态条件，以及如何使用锁和 TPL 库解决这些问题。本章还讨论了静态构造器、静态方法、不可变对象和可变对象的线程安全性，还展示了为何使用不可变对象可以安全地在线程间进行数据传递。最后介绍了使用线程的一些通用建议。

可见，确保代码的线程安全有很多益处。下一章将讨论如何设计有效的 API。在开始下一章内容之前请先完成本章后的习题，并可以从参考资料中的链接中获得更多相关信息。

8.16　习题

1）什么是线程？

2）单线程程序中有多少线程？

3）线程有几种类型？

4）哪一种类型的线程在程序结束后即行终止？

5）哪一种类型线程即使程序退出仍然会执行直至结束？

6）如何令当前线程睡眠 0.5 毫秒？

7）如何初始化线程并令其调用 Method1() 方法？

8）如何创建一个后台线程？

9）什么是死锁？

10）如何释放 Monitor.TryEnter(objectName) 获得的锁？

11）如何从死锁中恢复？

12）什么是竞态条件？

13）请说出防止竞态条件的方法之一。

14）如何令静态方法非线程安全？

15）静态构造器是线程安全的吗？

16）应使用何种方式来管理一组线程？

17）什么是不可变对象？

18）为什么（多）线程应用程序更倾向使用不可变对象而非可变对象？

8.17　参考资料

- https://www.c-sharpcorner.com/blogs/mutex-and-semaphore-in-thread 中提供了使用互斥量和信号量的实例。

- https://www.guru99.com/mutex-vs-semaphore.html 说明了互斥量和信号量的区别。

- https://docs.microsoft.com/en-us/dotnet/csharp/programming-guide/classes-and-structs/static-constructors 是 Microsoft 关于静态构造器的官方文档。

- https://docs.microsoft.com/en-us/dotnet/standard/threading/managed-threading-best-practices 是 Microsoft 官方关于线程管理最佳实践指南。

- https://docs.microsoft.com/en-us/dotnet/standard/parallel-programming/task-parallel-library-tpl 是 Microsoft 官方 TPL API 文档。

- https://www.c-sharpcorner.com/UploadFile/1d42da/interlocked-class-in-C-Sharp-threading/ 介绍了 C# 线程编程中的 Interlocked 类。

- http://geekswithblogs.net/BlackRabbitCoder/archive/2012/08/23/c.net-little-wonders-interlocked-read-and-exchange.aspx 使用范例讨论了 System.Threading.Interlocked。

- http://www.albahari.com/threading/ 是 Joseph Albahari 编写的介绍 C# 线程编程的免费电子书。

- https://docs.microsoft.com/en-us/dotnet/api/system.collections.immutable?view=netcore-3.1 是 Microsoft 介绍 System.Collections.Immutable 命名空间中的不可变集合的官方文档。

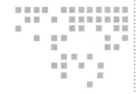

第 9 章 Chapter 9

API 的设计与开发

应用程序编程接口（Application Programming Interface，API）从未像今天这样在诸多方面都如此重要。API 用于连接政府和机构以共享数据，并以协作的方式处理商业和政府事务。它们可以在医生的手术室和医院之间实时共享患者数据。当我们每天使用 Microsoft Teams、Microsoft Azure、Amazon Web Service（AWS）和 Google Cloud Platform 发送邮件，或者和同事或客户进行协作时都在访问 API。

我们使用电脑或手机与他人聊天，或者接打视频电话都是在使用 API；使用流式视频会议，通过对话进行网站技术支持，收听喜欢的音乐或者观看视频也是在使用 API。因此，程序开发者需要精通 API 的概念，以及如何设计、开发、保护和部署 API。

本章将介绍 API 是什么，API 有什么好处，以及为何需要学习 API。本章还将讨论 API 代理、API 设计和开发指南，如何使用 RAML 设计 API，以及如何使用 Swagger 编写 API 文档。

本章涵盖如下主题：

❏ API 是什么

❏ API 代理

❏ API 设计准则

❏ 使用 RAML 设计 API

❏ Swagger API 开发

学习目标：

❏ 理解何谓 API 以及为何要学习 API。

❏ 理解 API 代理及其用途。

❏ 在自行设计 API 时注意遵守 API 设计准则。

❏ 使用 RAML 设计 API。

❏ 使用 Swagger 编写 API 文档。

在本章结束后你将学到设计良好 API 所需的基础知识，可以以这些知识为基础进一步提升 API 设计能力。理解何谓 API 是非常重要的，因此这也是本章的入手点。为了充分利用本章的内容，请首先确保达到以下技术要求。

9.1　技术要求

本章中我们将使用如下技术创建 API：

❏ Visual Studio 2019 Community Edition 或更高版本

❏ Swashbuckle.AspNetCore 5 或更高版本

❏ Swagger (`https://swagger.io/`)

❏ Atom (`http://atom.io/`)

❏ MuleSoft 出品的 API Workbench

9.2　什么是 API

API 是一组可以在不同的应用和程序中共享的可复用的程序库，它可以由 REST 服务提供（此类 API 即 RESTful API）。

 表述性状态传递（Representational State Transfer，REST）是 Roy Fielding 在 2000 年引入的。

REST 是一种架构风格，它由一系列约定构成。总体来说，在编写 REST 服务时要遵守六项约定，它们是：

❏ **统一接口**：接口用于识别资源，并使用表述来操作资源。消息使用超媒体（hypermedia）并且能够自行描述。超媒体作为**应用程序状态引擎**（Hypermedia as The Engine of Application State，HATEOAS）可用于包含客户端接下来能够执行操作的信息。

❏ **客户端 – 服务器**：该约定通过封装进行信息隐藏。因此只有客户端能够调用的 API 是可见的，而其他的 API 都是隐藏的。RESTful API 应该与系统的其他部分独立，实现松散的耦合。

❏ **无状态**：RESTful API 没有会话也没有历史。如果客户端需要会话和历史支持，那么客户端必须在对服务器进行请求时提供所有相关信息。

❏ **可缓存**：资源必须声明其缓存性，这样就可以更快地访问资源。因此 RESTful API

不但可以获得速度的提升还可以降低服务的负载。

❑ **分层系统**：分层系统约定即每一层仅仅具备一种职责。每一个组件都应当只知道执行自己的任务所需的部分，而不应该知道它无须使用的系统的其他部分信息。

❑ **可选的可执行代码**：可执行代码约定是可选的。它规定了服务器可以通过传输可执行代码临时扩展或者自定义客户端的功能。

因此，设计 API 时比较谨慎的做法是不要假定最终用户是具备特定级别经验的程序员。最终用户应当能够很容易地获得 API 信息，阅读 API 的文档然后快速使用 API 进行工作。

不必一次性创建完美的 API。API 通常会随着时间的推移而发展，如果你曾经使用过 Microsoft 的 API，就会知道这些 API 都会定期升级。如果 API 特性将来会被删除则通常会用特性进行注解。这些特性会提醒用户相应 API 将在未来版本中删除，因此不要使用这些属性和方法。它们通常在删除之前标记为"过时"，以便使用这些"过时"API 的用户及时进行应用更新。

为什么使用 REST 服务进行 API 访问呢？因为很多企业将其 API 发布到线上，并通过收费获得巨额利润。因此 RESTful API 成为高价值的资产。例如 Rapid API（`https://rapidapi.com/`）同时提供了免费和收费的 API。

API 可以永久有效。如果使用云提供商，那么 API 就可以拥有高度的伸缩性。你也可以通过免费开放或者订阅发布来保证 API 持续可用。你可以公开简单的 API 接口，仅仅接收必要的信息，来封装所有复杂操作。由于 API（数据量）很小并可以缓存，因此它们的访问速度很快。在下一节中，我们将介绍 API 代理，以及为何要使用 API 代理。

9.3　API 代理

API 代理是介于客户端和 API 中间的类。它实质上是你（API 开发者）和使用该 API 的开发人员之间的 API 契约。因此，开发人员不会直接访问 API 后端服务（因为这些服务会随着时间推移，由于重构或者扩展而发生重大变化），而是通过代理向 API 使用者保证即使后端服务发生变化，API 契约也会得到保证。

图 9-1 展示了客户端、API 代理、真正的 API 之间以及 API 与数据源之间的通信方式。

本节将使用控制台应用程序演示如何轻松实现代理模式。该范例将包含一个接口。API 将返回实际的消息，而代理将从 API 处得到该消息并将其发送给客户端。当然，代理可以做的远不止单纯调用 API 方法并返回

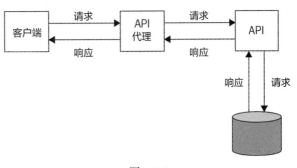

图　9-1

响应。它们可以根据用户凭据进行认证、鉴权、路由等操作。而我们的范例将使用最精简的方式展示代理模式。

创建 .NET Framework 控制台应用程序。添加 Apis、Interfaces 和 Proxies 目录，并在 Interfaces 目录下创建 HelloWorldInterface 接口：

```
public interface HelloWorldInterface
{
    string GetMessage();
}
```

接口中的 GetMessage() 方法返回字符串消息。代理和 API 类都会实现这个接口。HelloWorldApi 类位于 Apis 目录下，它实现 HelloWorldInterface：

```
internal class HelloWorldApi : HelloWorldInterface
{
    public string GetMessage()
    {
        return "Hello World!";
    }
}
```

API 类实现了接口并返回 "Hello World!" 消息。我们将其标记为 internal 类，避免外部调用者直接访问该类的内容。接下来在 Proxies 目录下添加 HelloWorldProxy 类：

```
public class HelloWorldProxy : HelloWorldInterface
{
    public string GetMessage()
    {
        return new HelloWorldApi().GetMessage();
    }
}
```

代理类是 public 类。客户端会直接访问该类。代理类调用 API 类的 GetMessage() 方法并将响应返回给调用者。最后在 Main() 方法中添加如下代码：

```
static void Main(string[] args)
{
    Console.WriteLine(new HelloWorldProxy().GetMessage());
    Console.ReadKey();
}
```

Main() 方法调用 HelloWorldProxy 代理类的 GetMessage() 方法。代理类则调用 API 类。最终将返回值输出到控制台窗口，并等待用户按下任意键退出程序。

执行代码并观察输出。至此我们已经成功地实现了一个 API 代理类。代理类可简可繁，可根据需要进行实现。以上代码可以作为一个基础。

9.4 API 设计准则

编写一个有效的 API 需要遵循一些基本准则——例如，资源应当使用复数形式的名词。例如，对于一个销售网站，其 URL 应该类似以下形式：

❑ http://wholesale-website.com/api/customers/1

❑ http://wholesale-website.com/api/products/20

上述 URL 遵循的控制器路由为 api/controller/id。URL 也应当反映在业务领域关系上，例如：http://wholesale-website.com/api/categories/12/products——调用该 API 将返回类别为 12 的所有产品。

如果需要在资源上使用动词则可以按照以下规则进行。当发送 HTTP 请求时，使用 GET 请求来获得资源，使用 HEAD 请求来获得头部信息，使用 POST 请求插入或者保存新的资源，使用 PUT 请求替换资源，使用 DELETE 请求来删除资源。通过使用查询参数保持资源精简。

当需要对结果分页时，应当向客户端提供一组现成的链接。RFC 5988 引入了**链接头**（link header）。在该规范中，**国际化资源标识符**（International Resource Identifier，IRI）是两个资源之间的类型化链接。更多信息请参见 https://www.greenbytes.de/tech/webdav/rfc5988.html。连接头请求的格式如下：

❑ <https://wholesale-website.com/api/products?page=10&per_page=100>; rel="next"

❑ <https://wholesale-website.com/api/products?page=11&per_page=100>; rel="last"

API 的版本可以在 URL 中体现。因此，每一种资源中相同资源都可以拥有不同的 URL。例如：

❑ https://wholesale-website.com/api/v1/cart

❑ https://wholesale-website.com/api/v2/cart

以这种方式来标识 API 的不同版本比较简便，而且也比较容易找到正确版本的 API。

目前，JSON 是首选的资源表述方式。它比 XML 更易读，而且在大小上也更轻量。当使用 POST、PUT 和 PATCH 动词时，应当将 Content-Type 头部信息设置为 application/json，若服务器无法支持相应的媒体类型则应返回 415 HTTP 状态码。Gzip是一种单文件／流式无损压缩程序。默认情况下开启 Gzip 可以节约可观的带宽，并应同时将 HTTP 的 Accept-Encoding 头部信息设置为 gzip。

应当始终为 API 启用 HTTPS（TLS），并且头部信息中应当始终包含调用者的标识信息。例如，我们的 API 需要在 x-api-key 头部中设置 API 的访问密钥。每个请求都应该经过认证和授权。未经授权的访问将导致 HTTP 403 Forbidden（拒绝访问）。另外，请使用正确的 HTTP 状态码。如果请求成功，则应当使用 200 状态码；如果找不到资源，请使用 404 状态码；以此类推。HTTP 状态码的详细列表请参见：https://httpstatuses.com/。OAuth2.0 是授权方面的行业标准协议，详细信息请参见 https://oauth.net/2/。

API 应当提供使用文档与范例。其文档应当时刻与当前版本保持一致，不但具有视觉效果而且容易阅读。我们将在本章靠后的位置介绍如何使用 Swagger（为 API）创建文档。

我们无法提前得知 API 何时需要进行扩展。因此应当从一开始就考虑这个因素。在下一章的股息日历 API 项目中我们将对 API 进行节流，确保每一个月只有一天能够进行一次 API 调用。当然，你可以根据自己的需要提出 1001 中不同的方法来有效地限制 API 的访问。但这些工作应当在项目开始时完成。总之，当开始一个新的项目时要考虑其伸缩性。

出于安全和性能的因素，可以考虑实现 API 代理。API 代理避免了客户端直接连接并访问 API。代理可以访问同一个项目内部的或者外部的 API。使用代理可以避免暴露数据库的架构。

发送到客户端的响应不应与数据库的结构一致，否则就是在给黑客开绿灯。除此之外，还应当对客户端隐藏标识符，因为客户端有可能使用这些标识符手动访问数据。

API 包含资源。而**资源**可以以某种方式进行操作。资源可以是文件或者数据。例如，学校数据库中，学生就是可以添加、编辑或者删除的资源；视频和音频文件可以获得并播放；图像也是资源；同样，报告模板也是资源，在将报告呈现给用户之前先要打开报告模板，进行某些操作，并向其中填充数据。

通常，资源会形成集合。例如对于学校数据库中的学生来说，Student 类型的集合称为 Students。资源可以由 URL 访问。URL 中包含资源的路径。

URL 称为 **API 终结点**（endpoint）。API 终结点是资源的地址。该资源可以由具有一个或者多个参数的 URL，抑或是不含任何参数的 URL 来访问。URL 中的资源名称只能够包含复数名词，不能包含动词或动作。参数可以用于标识集合中的单个资源。如果数据集非常大则应该进行分页处理。若请求的参数超过 URL 长度限制，则可以将参数放在 POST 请求的主体中。

动词是 HTTP 请求的一部分。POST 动词可用于添加资源；GET 动词用于检索一个或者多个资源；PUT 则用于更新或者替换一个或者多个资源；而 PATCH 则更新或修改一个资源或者资源集合；DELETE 动词用于删除一个资源或者资源集合。

数据的字段、方法与属性名称则可以使用任何约定，但必须保持一致并遵循公司的规定。JSON 通常使用驼峰命名法，因此在使用 C# 开发 API 时，最好遵循 C# 的标准命名约定。

由于 API 会随着时间的推移而演化，因此需要对其版本进行控制。版本控制允许消费者消费特定版本的 API。版本控制在新的 API 版本引入破坏性更改时，对后向兼容性的保持起着重要的作用。通常的做法是在 URL 中包含版本号（例如 v1 或者 v2）。无论使用何种方式标识 API 的版本，都需要保持一致的做法。

如果使用第三方 API，则需要妥善保存 API 的密钥。方法之一是将密钥保存在密钥仓库（key vault）中，例如 Azure Key Vault。这些密钥仓库通常都需要进行认证和鉴权。同样，自身的 API 也需要采取措施保护其安全。一个常用方法是使用 API 访问密钥。在下一章中我们将介绍如何使用 API 密钥，以及如何使用 Azure Key Vault 确保自身 API 与第三方密钥的安全。

9.4.1　明确定义软件边界

一般人都不会喜欢意大利面式的代码。它难以阅读、维护和扩展。因此，在设计 API 时，可以明确定义软件边界来克服该问题。在**领域驱动设计**中，明确定义的软件边界称为**限界上下文**。在业务术语中，限界上下文是一个业务操作单元，例如人力资源、财务、客户服务、基础设施等。多个业务操作单元称为**领域**。它们可以分解为更小的子域，而子域也仍然可以再细分为更小的子域。

通过将业务分解为业务操作单元，就可以在这些特定领域引入领域专家。在项目开始时可以确定通用语言，这样业务人员就可以理解 IT 术语而 IT 人员也相应地可以理解业务语言。当业务语言和 IT 语言一致之后，双方由于误解而造成错误的可能性就大大降低了。

把一个主项目分解成子域意味着可以使用更小的团队独立工作在特定项目上。这样就可以将大型开发团队划分为更小的团队同时工作在不同的项目上。

领域驱动开发本身就是一个大课题，因此本书不会过多涉及。大家可以参见本章参考资料中的链接来获得更多信息。

API 应当公开的唯一信息就是接口的契约以及 API 终结点，而其他的一切信息都不应当对订阅者和消费者可见。因此，大型数据库也可以进行分解，使得每一个 API 都有自己的数据库。以目前网站的复杂度来看，我们甚至可以利用拥有微型数据库和微前端的微服务。

微前端是网页的一个小的组成部分，该部分可以根据用户的交互动态地检索和修改。此类前端将与 API 交互来访问微型数据库。这种方式对**单页应用程序**（Single-Page Application，SPA）来说是非常理想的。

SPA 是由单一页面构成的网站。用户启动一个操作只会更新页面中所需部分的内容，而其余部分保持不变。例如，假设页面上有一个显示广告的侧边栏。这些广告作为 HTML 的一部分存储在数据库中。侧边栏每隔 5 秒钟自动更新一次。5 秒结束时，侧边栏将请求 API 为其分配一个新的广告。而 API 则使用现有算法从数据库中获得需要显示的广告，进而更新 HTML 文档，在侧边栏显示新的广告。图 9-2 展示了典型 SPA 的生命周期。

该侧边栏就是一个定义明确的软件边界。它无须知道所在的页面的其他部分的信息。它所关心的只是每隔 5 秒钟显示一个新的广告。

图 9-3 展示了 SPA 通过 API 代理与 RESTful API 通信的过程。而 API 则直接访问文档和数据库。

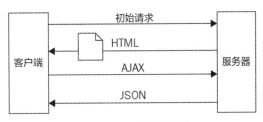

图 9-2　SPA 的生命周期

侧边栏包含的组件只有一个 HTML 文档片段、一个微服务和一个数据库。这些组件都可以由一个小团队使用其擅长的技术进行开发。而完整的 SPA 可以由数百个诸如此类的微文档、微服务和微数据库组成。关键是这些服务可以由任意技术开发，也可以由任何团队独立开发，且多个项目可以同时进行。

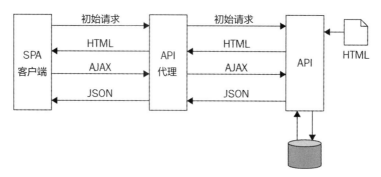

图 9-3　SPA 与访问数据和文档的 RESTful API 通信

在限界上下文中，可以使用如下技术改善代码质量：

❑ **单一职责原则**、**开闭原则**、**里氏替换原则**、**接口隔离原则**和**依赖倒置原则**（SOLID原则）

❑ DRY（Don't Repeat Yourself，不要编写重复代码）原则

❑ YAGNI（You Ain't Gonna Need It，你不会需要它，即除非绝对必要不应添加代码）原则

❑ KISS（Keep It Simple, Stupid，保持软件简单易懂）原则

结合使用以上方法将消除重复代码，防止编写不必要的代码，并保持对象和方法短小精悍。类和方法都仅仅具备一种职责并且能够出色地完成自己的职责。

应当使用命名空间来进行逻辑划分。命名空间也可以用来定义软件边界。命名空间的名称越具体，对程序员越有意义。有意义的命名空间可以帮助程序员划分代码，并快速找到所需代码。请使用命名空间对接口、类、结构体和枚举从逻辑上进行分类。

下一节将介绍如何使用 RAML 设计 API，并从 RAML 文件生成 C# API。

9.4.2　理解高质量 API 文档的重要性

在项目中，了解所有已存在的 API 是非常必要的，否则通常会重复编写已经存在的代码，耗时耗力。不仅如此，由于编写了现有功能的另一个版本，因此有了两份执行相同功能的代码副本。由于需要同时维护两个版本的代码，不但增加了软件的复杂性，而且增加了维护的开销。同时也增加了出现 bug 的可能性。

在拥有多项技术和代码库的大型项目中，当团队人员的周转率很高，并且文档记录不足时，代码重复会成为一个真正的问题。有时（整个项目）只有一两个领域专家，而团队中的大多数人根本不了解系统。我之前也经历过类似的项目，维护和扩展这些项目真的非常痛苦。

这就是为什么 API 文档对于大小项目都至关重要的原因。在软件开发领域，人才流动

是不可避免的，尤其是有更加合适的工作机会时。如果离开的人才是领域专家，那么他们还将带走相关的知识。如果此时没有文档存在，则项目上新的开发人员只能通过阅读代码来理解项目，这将会是一个陡峭的学习曲线。如果代码凌乱复杂，则会让新员工更加头疼。

因此，由于缺乏系统知识，又面临按时交付业务的压力，因此程序员将倾向于或多或少的从零开始编写必需的代码来完成工作。而这通常将导致代码的重复，而已有的代码无法重用。这使得软件变得复杂且容易出错，并且最终难以扩展和维护。

现在我们了解了为何需要为 API 编写文档。拥有良好文档的 API 更加易于程序员理解，因此程序员也会更倾向于重用，从而潜在地减少代码重复或避免产生难以扩展和阅读的代码。

除此之外还应当注意标记为弃用或过时的代码。这些弃用的代码将在未来版本中删除，而过时的代码将不再使用。如果你使用的 API 已经被标记为弃用或过时，那么应当优先处理这些代码。

综上所述，高质量的 API 文档是非常重要的。接下来我们将介绍 Swagger 工具。Swagger 是一个简单易用，用于生成美观高质量的 API 文档的工具。

Swagger API 开发

Swagger 提供了一系列针对 API 开发的功能强大的工具。它的用途如下：

❏ **设计**：设计 API，并确保 API 模型符合基于标准的规范。

❏ **创建**：使用 C# 创建文档可重用的 API。

❏ **编写文档**：为开发人员编写可交互的文档。

❏ **测试**：方便地对 API 进行测试。

❏ **标准化**：使用公司的规范对 API 架构进行约束。

我们将在 ASP.NET Core 3.0+ 项目中应用 Swagger。首先在 Visual Studio 2019 中创建项目。选择 Web API 项目，并选择 No Authentication（无须认证）设置。在继续之前特别需要指出的是，Swagger 只需要很少的代码设置就可以自动生成美观实用的文档，这也是很多新兴 API 项目使用它的原因。

在使用 Swagger 之前，我们必须首先为项目安装相应的组件。安装 Swagger 需要安装 Swashbuckle.AspNetCore 依赖包（版本 5 或者更高版本）。在本书编写时 NuGet 上的安装包版本为 5.3.3。在安装成功之后，我们需要将 Swagger 服务添加到服务集合中才能开始使用。在以下范例中，我们将仅仅使用 Swagger 编写 API 文档。因此在 Startup.cs 类的 ConfigureServices() 中添加如下的语句：

```
services.AddSwaggerGen(swagger =>
{
    swagger.SwaggerDoc("v1", new OpenApiInfo { Title = "Weather Forecast
API" });
});
```

上述代码将 Swagger 文档服务添加到服务集合中。我们的 API 版本为 v1，且标题为

Weather Forecast API（天气预报 API）。更新 `Configure()` 方法，添加 Swagger 中间件。

```
app.UseSwagger();
app.UseSwaggerUI(c =>
{
    c.SwaggerEndpoint("/swagger/v1/swagger.json", "Weather Forecast API");
});
```

在 `Configure()` 方法中，我们向应用程序中添加了 Swagger 和 Swagger UI，并为 Weather Forecast API 设置了 Swagger 终结点。接下来需要安装 Swashbuckle.AspNetCore. Newtonsoft NuGet 依赖包（在本书编写时其版本为 5.3.3），并在 `ConfigureServices()` 方法中添加如下代码：

```
services.AddSwaggerGenNewtonsoftSupport();
```

上述代码向 Swagger 文档生成工具中添加 Newtonsoft（JSON 序列化）支持。至此 Swagger 执行前的准备工作就结束了。启动项目并访问 `https://localhost:PORT_ NUMBER/swagger/index.html`。其页面应当如图 9-4 所示。

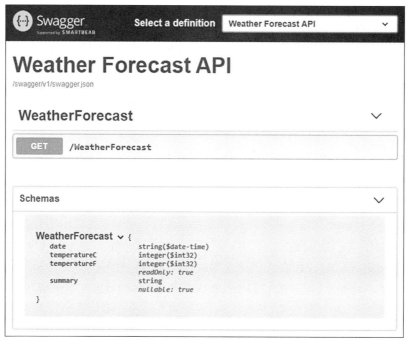

图 9-4

接下来，我们将讨论为何应当传递不可变结构体而非可变对象。

9.4.3 传递不可变结构体而非可变对象

本节中我们将编写程序处理一百万个对象和一百万个不可变结构体。我们将看到结构体比对象在性能上要快得多。这些代码可以在 1440 毫秒内处理一百万个对象而在 841 毫秒内处理一百万个结构体。两者相差 599 毫秒。如此小的时间单位差距看起来并不明显，但是若处理大量数据集，将可变对象替换为不可变结构将产生巨大的性能改善。

由于可变对象中的值可以在线程间修改，因此对业务非常不利。例如，你的银行账户上有 15 000 英镑的余额。现在，需要向房东支付 435 英镑的租金。该银行账户拥有可超支的透支限额。若在准备支付 435 英镑租金时，有另一个人支付 23 000 英镑购买了一辆新车。则该支付金额将由购车线程修改。最终结果是，你仍需要支付 435 英镑的租金，并背负 8000 英镑的债务。此次演示我们不会编写线程间更改可变数据的范例，相关范例请参考第 8 章。

 本节的重点在于结构体比对象运行更快并且不可变对象是线程安全的。

在创建和传递对象时，结构体比对象的性能更好。你还可以令结构体不可变以确保其线程安全性。接下来我们就开始编写范例程序。这个程序有两个方法——一个创建一百万个 `PersonObject`，另一个创建一百万个 `PersonStruct`。

创建一个 .NET Framework 控制台应用程序：`CH11_WellDefinedBoundaries`。添加 `PersonObject` 类：

```
public class PersonObject
{
    public string FirstName { get; set; }
    public string LastName { get; set; }
}
```

接下来我们将创建一百万个 `PersonObject` 对象。添加 `PersonStruct`：

```
public struct PersonStruct
{
    private readonly string _firstName;
    private readonly string _lastName;

    public PersonStruct(string firstName, string lastName)
    {
        _firstName = firstName;
        _lastName = lastName;
    }

    public string FirstName => _firstName;
    public string LastName => _lastName;
}
```

该结构体的字段是 `readonly` 的，它们在构造器中赋值。因此该结构体是不可变的。同样我们将创建一百万个结构体。接下来编写程序展示对象和结构体之间的性能差异。添加 `CreateObject()` 方法：

```
private static void CreateObjects()
{
    Stopwatch stopwatch = new Stopwatch();
    stopwatch.Start();
    var people = new List<PersonObject>();
    for (var i = 1; i <= 1000000; i++)
    {
        people.Add(new PersonObject { FirstName = "Person", LastName =
$"Number {i}" });
    }
    stopwatch.Stop();
    Console.WriteLine($"Object: {stopwatch.ElapsedMilliseconds}, Object
Count: {people.Count}");
    GC.Collect();
}
```

以上方法创建了计时器和列表，并向列表中添加一百万个 PersonObject 对象。随后停止计时器并将结果输出到窗口中。最后调用垃圾回收器清理资源。以下添加 CreateStructs() 方法：

```
private static void CreateStructs()
{
    Stopwatch stopwatch = new Stopwatch();
    stopwatch.Start();
    var people = new List<PersonStruct>();
    for (var i = 1; i <= 1000000; i++)
    {
        people.Add(new PersonStruct("Person", $"Number {i}"));
    }
    stopwatch.Stop();
    Console.WriteLine($"Struct: {stopwatch.ElapsedMilliseconds}, Struct
Count: {people.Count}");
    GC.Collect();
}
```

上述方法和 CreateObject() 方法类似。它创建了一个结构体列表，并向列表中添加一百万个 PersonStruct。最后 Main() 方法修改如下：

```
static void Main(string[] args)
{
    CreateObjects();
    CreateStructs();
    Console.WriteLine("Press any key to exit.");
    Console.ReadKey();
}
```

在 Main() 方法中调用上述两个方法并等待用户按任意键以结束程序。执行程序将产生如图 9-5 所示的输出。

从上图可以看出，创建一百万个对象并将其添加到对象列表中耗时 1440 毫秒，而创建一百万个结构体并将其添加到结构体列表中仅耗时 841 毫秒。

因此，结构体不仅可以设置为不可变的以

图 9-5

确保线程安全（因为它们无法在线程间进行修改），而且和对象比起来性能也好得多。因此如果需要处理大量数据，那么使用结构体可以节省大量的处理时间。不仅如此，如果云计算服务是按照执行时间周期收费的，那么使用结构体比使用对象更加节省资金。

接下来我们将讨论如何为需要使用的第三方 API 编写 API 测试。

9.4.4　测试第三方 API

你可能会问：为何需要对第三方 API 进行测试呢？这是一个好问题。测试第三方 API 的原因与测试我们自己的代码的原因是一样的。第三方 API 代码也可以造成程序错误。之前在为一家律师事务所开发文档处理网站时，我就遇到了一个棘手的问题。经过大量调查最终发现问题是由 Microsoft API 嵌入了错误的 JavaScript 造成的。图 9-6 是 Microsoft Cogitive Toolkit 在 GitHub 上的问题追踪页面，当时有 738 个未解决的问题。

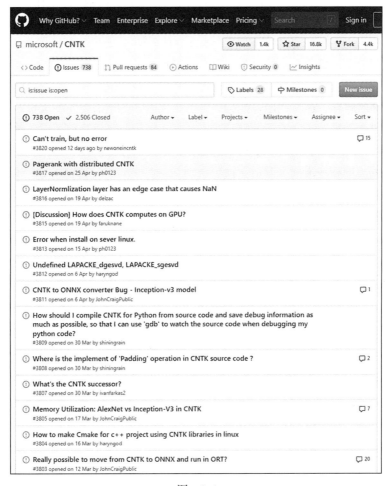

图　9-6

从上图中 Microsoft Cognitive Toolkit 的范例可知，第三方 API 会存在缺陷。因此作为程序员，你有责任确保所使用的第三方 API 工作正常。如果遇到错误，最好将错误通知第三方。如果 API 是开源的，并且你可以访问源代码，那么甚至可以签出代码并提交自己的修复程序。

若你在第三方代码中遇到了暂时无法解决的 bug，可以考虑编写一个具有相同构造函数、方法和属性的**包装类**，并令它们调用第三方代码中的相应的构造函数、方法和属性。但重新自行编写在第三方代码中包含缺陷的方法或属性以修正缺陷。我们将在第 11 章介绍代理模式或者装饰器模式，并说明如何使用这些模式编写包装类。

9.4.5 测试自己的 API

第 6 章和第 7 章用实例展示了如何测试自己的代码。为了确保对 API 质量的完全信任，应始终对自己的 API 执行测试。程序员在代码提交给质量保证人员之前，应始终对其进行单元测试。而质量保证部门则应当对 API 进行集成测试和回归测试以确保 API 符合公司定义的质量水平。

单从 API 的角度出发，我们自己的 API 也许能够完全满足业务的需要，完美无缺陷。但是当它和其他的系统集成在一起时是否会存在某种未测试的特殊情况呢？我们经常在开发团队中遇到这种情况：代码在一台机器上工作良好但是在其他环境下就会出问题，并且似乎并没有什么合理的解释。这些问题可能会令人沮丧之极，甚至需要花费大量时间才能够弄清真相。我们希望在代码发布之前，尤其是在将其发布到生产环境之前获得质量保证，解决这些问题。毕竟，处理客户遇到的 bug 可不总是什么愉快的经历。

测试自己编写的程序需要涉及以下内容：

❏ 当输入范围正确时，待测方法的输出也是正确的。

❏ 当输入范围错误时，待测方法也应当提供恰当的响应而不是直接崩溃。

请注意 API 应当只包含业务需要的信息而不能将内部细节公布给客户端。可以使用产品待办项（backlog，是 Scrum 项目管理方法的一部分）来应对这一问题。

产品待办项是开发团队即将要实现的新功能或偿还的技术债列表。其中的每一项都应当具备描述信息以及验收标准，如图 9-7 所示。

开发人员应当根据验收标准编写单元测试。单元测试包括正常执行路径和异常执行路径。以上图为例，该待办事项包含两个验收标准：

❏ 从第三方 API 成功获取数据。

❏ 将数据成功保存到 Cosmos DB 中。

从以上验收标准中可知，我们将调用 API 从第三方来获取数据，并在获得数据之后将其存储在数据库中。从表面上看，这个描述显得非常模糊。这种情况在现实中时常发生。

由于上述规范的描述比较模糊，我们假设它是具有一个通用描述的规范。我们假设该规范适用于不同的 API 调用，并且其返回数据类型为 JSON。同时，返回的 JSON 数据将以原始形式存储到 Cosmos DB 中。

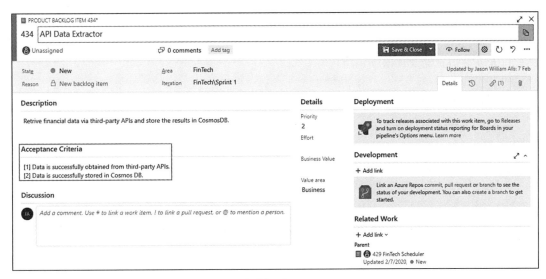

图　9-7

因此，对应第一条验收规则可以编写如下的单元测试：

1）给定一个带有参数列表的 URL。当提供了正确的信息时，我们断言第三方 API 返回的状态码为 200，并返回 JSON 数据。

2）若第三方 API 接收到未授权的请求，则返回的状态码应当为 401。

3）若当前认证用户不能够访问资源，则返回的状态码应当为 403。

4）如果第三方服务宕机，则应当返回状态码应当为 500。

对于第二条验收规则可以编写如下的单元测试：

1）未经授权的数据库访问应当被拒绝。

2）确保 API 能够正常处理数据库无法响应的状况。

3）具备权限的用户应当能够访问数据库。

4）应当能够将 JSON 数据成功插入数据库中。

因此，即便对于上述模糊的规范描述，我们也能够编写八个测试用例。这些测试用例测试了第三方服务成功进行交互进而操作数据库的过程。还测试了可能造成该过程失败的若干节点。如果这些测试全部通过，那么我们对该代码离开开发人员之后通过质量控制就拥有充分的信心。

在下一节中，我们将介绍如何用 RAML 进行 API 设计。

9.5　使用 RAML 设计 API

本节将介绍如何使用 RAML 设计 API。如需全面了解 RAML 详细内容请访问 RAML 的网站（https://raml.org/developers/design-your-api）。本节将使用 Atom

中的 API Workbench 和 RAML 的基本知识设计一个非常简单的 API[⊖]。首先介绍如何安装相关的软件。

首先安装编辑器及其依赖包。

9.5.1 安装 Atom 和 MuleSoft 的 Workbench 插件

安装相关软件的步骤如下：

1）从 http://atom.io 安装 Atom 编辑器。

2）在编辑器中点击 Install a Package，如图 9-8 所示。

3）搜索 api-workbench by mulesoft，并安装相应包，如图 9-9 所示。

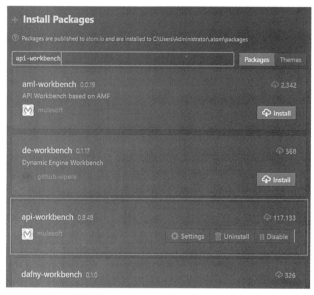

图 9-8   图 9-9

4）安装完毕后若在 Packages | Installed Packages 下找到相应的包则安装成功。

包安装成功后，接下来创建项目。

9.5.2 创建项目

创建项目的过程如下：

1）单击 File（文件）|Add Project Folder（添加项目目录）。

2）创建一个新的目录或者选中一个现有目录。此处我们创建一个新的目录：C:\Development\RAML，并打开该目录。

3）在项目目录中添加新文件：Shop.raml。

⊖ 本节介绍的工具已经不再继续维护了。——译者注

4）右击该文件并选择 Add New（添加新文件）| Create New API（创建新 API）。

5）输入期望的名称并单击 OK，创建第一个 API 设计。

现在检查 RAML 文件，可以发现其内容完全是易于阅读的文本。上一步创建的 API 是一个简单的 GET 请求，该请求返回字符串："Hello World"。

```
#%RAML 1.0
title: Pet Shop
types:
  TestType:
    type: object
    properties:
      id: number
      optional?: string
      expanded:
        type: object
        properties:
          count: number
/helloWorld:
  get:
    responses:
      200:
        body:
          application/json:
            example: |
              {
                "message" : "Hello World"
              }
```

从上述 RAML 代码可见，代码的格式和 JSON 非常类似：简单、易于阅读并有良好的缩进。删除该文件。从 Packages 菜单中选择 API Workbench | Create RAML Project（创建 RAML 项目）。在 Create RAML Project（创建 RAML 项目）对话框中填写如图 9-10 所示的信息：

图　9-10

上述配置将产生如下的 RAML 代码：

```
#%RAML 1.0
title: Pet Shop
version: v1
baseUri: /petshop
types:
  TestType:
    type: object
    properties:
      id: number
      optional?: string
      expanded:
        type: object
        properties:
          count: number
/helloWorld:
  get:
    responses:
      200:
        body:
          application/json:
            example: |
              {
                "message" : "Hello World"
              }
```

上述 RAML 和本节中的第一个 RAML 文件的区别在于上述 RAML 文件中添加了 version 和 baseUri 属性。这些设置上的变化同样会更改 Project 目录的内容，如图 9-11 所示。

至此，我们创建了一个与语言实现无关的设计。那么如何从该 API 设计生成 C# 代码呢？

图 9-11

9.5.3 从 RAML 语言无关设计规范生成 C# API 代码

要实践本节内容，至少需要安装 Visual Studio 2019 Community Edition。安装完毕后，关闭 Visual Studio，下载并安装 Visual Studio MuleSoftInc.RAMLToolsForNET 工具。在工具安装完毕之后，我们将基于之前创建的 API 规范生成代码框架。要生成代码框架，则需要添加 RAML/OAS 契约并导入上一节中的 RAML 文件：

1）在 Visual Studio 2019 中，创建新的 .NET Framework 控制台应用程序。

2）右击项目，选择 Add RAML/OAS Contract（添加 RAML/OAS 契约）打开如图 9-12 所示对话框。

3）单击 Upload，并选择之前创建的 RAML 文件。在 Import RAML/OAS（导入 RAML/OAS）对话框中填写如图 9-13 所示的内容，并单击 Import。

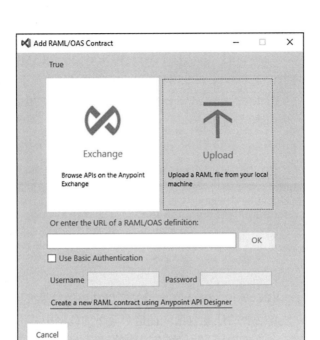

图　9-12

图　9-13

此时，项目将更新必需的依赖，在控制台应用程序中创建新的目录和文件。其中会创建三个顶级目录：Contracts、Controllers 和 Models。RAML 文件和 IV1Hello-WorldController 接口位于 Contracts 目录下。接口中仅包含一个方法：Task<IHttp-ActionResult> Get()。V1HelloWorldController 类实现了 IV1HelloWorldController 接口。该类中的 Get() 方法的实现如下：

```
/// <summary>
/// /helloWorld
/// </summary>
/// <returns>HelloWorldGet200</returns>
public async Task<IHttpActionResult> Get()
{
    // TODO: implement Get - route: helloWorld/helloWorld
    // var result = new HelloWorldGet200();
    // return Ok(result);
    return Ok();
}
```

上述代码注释掉了 HelloWorldGet200 类的实例并返回结果。HelloWorldGet200 类是模型类。其中可以包含需要的任意数据。在这个简单的范例中并不会过多关注。因此该范例仅仅返回 "Hello World!" 字符串。将方法中的最后一行代码修改如下：

```
return Ok("Hello World!");
```

Ok() 方法返回 OkNegotiatedContentResult<T> 类型的对象。最后，在 Program 类的 Main() 方法中调用 Get() 方法。其代码如下：

```
static void Main(string[] args)
{
    Task.Run(async () =>
    {
        var hwc = new v1HelloWorldController();
        var response = await hwc.Get() as
OkNegotiatedContentResult<string>;
        if (response is OkNegotiatedContentResult<string>)
        {
            var msg = response.Content;
            Console.WriteLine($"Message: {msg}");
        }
    }).GetAwaiter().GetResult();
    Console.ReadKey();
}
```

在静态方法中执行异步代码需要将工作添加到线程池中。然后执行代码并等待结果。当代码返回后，等待用户按下任意键并退出。

我们刚刚基于导入的 RAML 文件在控制台应用程序中创建并执行了 MVC API。对于 ASP.NET 和 ASP.NET Core 网站也可以按照以上步骤创建 API。接下来将介绍如何从现有的 API 中提取 RAML 文件。

打开 API 项目。右击项目并选择 Extract RAML（提取 RAML），提取结束后，运行项目，并访问 `http://localhost:44325/raml`⊖。提取过程中的代码生成阶段将在项目中添加 `RamlController` 类，并添加 RAML 视图，因此访问 RAML 视图就可以看到 API 文档，如图 9-14 所示。

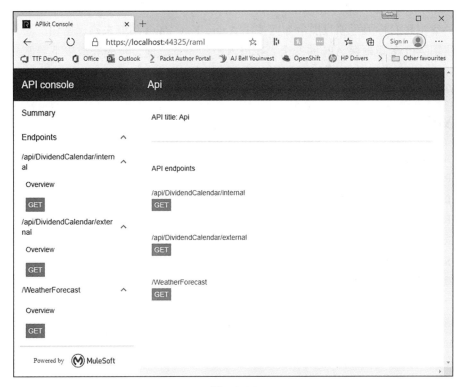

图　9-14

可见，我们也可以先设计 API 生成 API 结构。而后通过 RAML 工具对 API 实施反向工程。RAML 规范可以帮助我们设计 API 并通过更改 RAML 代码对 API 进行变更。如需了解更多信息以充分发挥 RAML 的能力，请访问 `http://raml.org`。

在本章结束前，让我们总结一下本章学到的内容。

9.6　总结

本章介绍了什么是 API。如何使用 API 代理作为 API 和 API 客户之间的契约，令 API 不能直接被第三方访问，以达到保护的 API 的目的。接下来介绍了若干改善 API 质量的设计规则。

⊖　实际端口号可能不同。——译者注

之后，我们介绍了 Swagger，并使用 Swagger 编写了天气预报 API 的文档。我们还介绍了如何对 API 进行测试，讨论了为什么要在项目中同时测试自己的代码与第三方的代码。最后，我们讨论了如何使用 RAML 设计和具体语言无关的 API，并将其转换为可执行的 C# 项目。

下一章中我们将编写项目展示如何使用 Azure Key Vault 功能来确保密钥的安全，并展示如何使用 API 密钥确保 API 的安全。在进入新的一章之前，请先完成以下习题测试学习效果。

9.7　习题

1）API 的全称是什么？

2）REST 的全称是什么？

3）REST 的六个约定分别是什么？

4）HATEOAS 的全称是什么？

5）RAML 是什么？

6）Swagger 是什么？

7）"设计良好的软件边界"是什么？

8）为什么要充分理解我们所用的 API？

9）结构体和对象哪一个性能更好？

10）为什么需要对第三方 API 进行测试？

11）为什么需要对自身 API 进行测试？

12）如何确定需要为自身代码编写哪些测试？

13）说出三种将为代码定义良好软件边界的途径。

9.8　参考资料

- https://weblogs.asp.net/sukumarraju/asp-net-web-api-testing-using-nunit-framework 给出了一个如何使用 NUnit 测试 Web API 的完整范例。
- https://raml.org/developers/design-your-api 展示了使用 RAML 设计 API 的方法。
- https://dotnetcoretutorials.com/2017/10/19/using-swagger-asp-net-core/ 是一个很好的 Swagger 入门材料。
- https://swagger.io/about/ 介绍了 Swagger 项目。
- https://httpstatuses.com/ 是一个 HTTP 状态码列表。
- https://www.greenbytes.de/tech/webdav/rfc5988.html 是 RFC 5988 网络链接规范。

- `https://oauth.net/2/` 是 OAuth2.0 的主页。
- `https://en.wikipedia.org/wiki/Domain-driven_design` 是领域驱动设计的维基百科页面。
- `https://www.packtpub.com/gb/application-development/hands-domain-driven-design-net-core` 是 *Hands-On Domain-Driven Design with .NET Core* 的图书介绍页面。
- `https://www.packtpub.com/gb/application-development/test-driven-development-c-and-net-core-mvc-video` 是 *Test-Driven Development with C# and .NET Core and MVC* 的图书介绍页面。

使用 API 密钥和 Azure Key Vault 保护 API

本章将介绍如何使用 Azure Key Vault 存储密钥，以及如何使用 API 密钥进行身份验证和基于角色的鉴权来保护我们自己的密钥。我们还将构建一个功能齐全的 FinTech API 来获得 API 安全方面的第一手经验。

我们的 API 将使用私钥（存储在 Azure Key Vault 中）来提取第三方 API 数据，并通过两个 API 密钥来保护自身 API 的安全。一个密钥由内部用户使用，而另一个密钥则由外部用户使用。

本章涵盖如下主题：

❑ 访问 Morningstar API

❑ 使用 Azure Key Vault 存储 Morningstar API 的密钥

❑ 在 Azure 中创建 ASP.NET Core 股息日历网络应用

❑ 发布网络应用

❑ 使用 API 密钥保护股息日历 API 的安全

❑ 测试 API 密钥的安全性

❑ 编写股息日历代码

❑ 对 API 进行限流

学习目标：

❑ 使用客户端 API 密钥确保 API 的安全。

❑ 使用 Azure Key Vault 存储并读取密钥。

❑ 使用 Postman 调用 API 发送并获取数据。

❑ 从 RapidAPI.com 申请并使用第三方 API。

❑ 对 API 进行限流。

❑ 利用在线经济数据编写 FinTech API。

在开始之前，为了充分利用本章的内容，请确保达到以下技术要求。

10.1　技术要求

本章中我们将使用如下技术编写 API：

❑ Visual Studio 2019 Community Edition 或更高版本

❑ 获取你的 Morningstar API 密钥

❑ RestSharp（`http://restsharp.dev`）

❑ Swashbuckle.AspNetCore 5 或更高版本

❑ Postman（`https://www.postman.com`）

❑ Swagger（`https://swagger.io/`）

10.2　范例 API 项目——股息日历

实践是学习的最佳途径，因此我们将创建一个可用的 API 并对其进行保护。该 API 并不完美，仍然有很多改进的空间。你可以自由实施这些改进，并根据意愿对该项目进行扩展。该项目的主要目标是创建一个目标明确，功能齐全的 API：返回公司本年度需要支付股息的财务数据列表。

本章构建的股息日历 API 将使用 **API 密钥**进行认证，并根据所用的密钥对用户是内部用户还是外部用户进行鉴权。而控制器将根据用户的类型执行合适的方法。本书将只实现内部用户的方法。你可以将外部用户的方法作为课后练习自行实现。

内部用户方法从 Azure Key Vault 中提取 API 密钥并对第三方 API 进行一系列调用。数据将以 **JSON**（JavaScript Object Notation，JavaScript 对象表示法）形式返回，反序列化为对象，处理之后提取未来需要支付的股息，并将其添加到股息列表中。该列表将同样以 JSON 格式返回给调用者。因此最终结果是一个包含当年股息支付计划列表的 JSON 文件。最终用户获得这些数据后可将其转换为用 LINQ 进行查询的股息列表。

本章的项目为 Web API 项目，它调用第三方金融 API 并返回处理之后的 JSON 数据。该项目将从证券交易所获得一份公司名单。我们将遍历这些公司以获取其股息数据，并处理生成本年度的股息数据，以 JSON 形式将这些数据返回到 API 调用方。该 JSON 数据将包含列表中的公司本年度预期的股息支付数据。最终用户可以将该 JSON 数据转换为 C# 对象，并使用 LINQ 对其进行查询。例如可以查询到下个月的除息或者本月到期的支付。

我们使用的 API 是 Morningstar API 的一部分。你可以注册一个免费的 Morningstar API 密钥。我们将通过登录系统（用户需要输入电子邮件地址和密码进行登录）来保护 API，并使用 Postman 来向股息日历 API 发送 `POST` 和 `GET` 请求。

该解决方案包含一个支持 .NET Core 3.1 及以上版本的 ASP.NET Core 应用程序。在开发之前，首先来解决访问 Morningstar API 的问题。

10.3　访问 Morningstar API

Morningstar API 是一个免费增值 API。因此该 API 在一定期限与一定次数的访问之内是免费的，而之后则需要进行付费。请仔细阅读 API 文档。注意其价格路线，并在接到 API 密钥后妥善保管。

我们感兴趣的 API 是以下两个：

❑ `GET /companies/list-by-exchange`：API 返回指定交易所的公司列表。

❑ `GET /dividends`：该 API 返回指定公司过去和当年的股息支付信息。

API 请求的第一个部分是 `GET` 动词，该动词用于获得资源。第二个部分是 `GET` 动词的所访问的资源，在本例中是：`/companies/list-by-exchange`。同样，以上列表中第二个 API 将获取 `/dividents` 资源。

我建议在进行接下来的操作之前，首先在浏览器中测试每一个 API 并查看返回的数据。这将帮助你了解接下来将要进行的工作。接下来的基本流程是先获得特定交易所的公司列表，而后循环遍历来获得股息数据。如果股息数据中包含未来支付股息的日期，则将该数据添加到日历中；否则丢弃该数据。不论一家公司有多少股息数据，我们仅仅对第一条记录感兴趣，因为那条数据就是最新的数据。

在按照以上流程操作并获得 API 密钥之后，你就可以开始构建 API 了。

将 Morningstar API 密钥保存在 Azure Key Vault 中

我们将在 ASP.NET Core Web 应用程序中使用 Azure Key Vault 与**托管服务标识**（Managed Service Identity，MSI）。因此首先需要拥有 Azure 订阅。Azure 订阅对新用户提供 12 个月的免费使用期。请参见：`https://azure.microsoft.com/en-us/free/`。

Web 开发者不应将密钥保存在代码中，因为代码可以经由反向工程来破解。如果项目是开源的，那么将个人或者企业的密钥上传到公共代码管理系统中是非常危险的。此时恰当的方式应当是确保密钥存储的安全，但这就产生了一个两难的局面：要访问密钥就需要进行认证。如何克服这个困局呢？

我们可以在 Azure 服务中启用 MSI 来克服这个难题。Azure 将生成一个服务主体。用户开发的应用程序将使用该服务主题访问 Microsoft Azure 上的资源。服务主体可以使用证书或用户名密码，并可以选择具有所需权限集的任意角色。

控制 Azure 账户的人可以控制每个服务可以执行的任务。通常建议最好从完全的限制开始，只在需要时添加功能。图 10-1 展示了我们的 ASP.NET Core Web 应用程序、MSI 和 Azure 服务之间的关系。

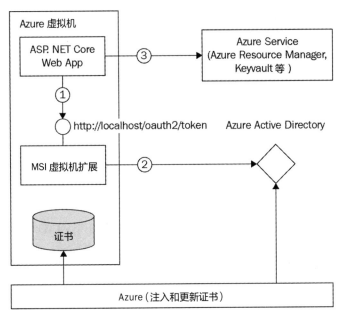

图　10-1

MSI 使用 Azure Active Directory（Azure AD）为服务实例注入服务主体，并使用一种称为**本地元数据服务**的 Azure 资源来获取访问令牌，用于验证对 Azure Key Vault 的服务访问。

然后，代码调用 Azure 资源上可用的本地元数据服务来获取访问令牌。之后，我们的代码使用从本地 MSI 端点提取的访问令牌向 Azure Key Vault 服务进行身份验证。

请打开 Azure CLI 并键入 `az login` 登录到 Azure。登录之后可以创建资源组。Azure 资源组是部署和管理 Azure 资源的逻辑容器。例如，以下命令在 East US 位置创建资源组：

```
az group create --name "<YourResourceGroupName>" --location "East US"
```

本章接下来的部分都将使用该资源组。接下来创建密钥仓库。创建密钥仓库需要以下信息：

❑ 密钥仓库的名称。该名称是一个长度为 3 个字符到 24 个字符的字符串，且其中字符只能包含 0～9、a～z、A～Z 以及 -（连字符）。

❑ 资源组的名称。

❑ 地理位置，例如 East US 或 West US。

在 Azure CLI 中输入以下命令：

```
az keyvault create --name "<YourKeyVaultName>" --resource-group
"<YourResourceGroupName> --location "East US"
```

在该阶段，只有通过鉴权的 Azure 账户才能够对新的密钥仓库执行操作。如果有必要可以添加其他账户来执行该操作。

我们的项目需要保存的主要密钥就是 `MorningstarApiKey`。如需将 Morningstar API 密钥添加到密钥仓库中，请输入以下指令：

```
az keyvault secret set --vault-name "<YourKeyVaultName>" --name
"MorningstarApiKey" --value "<YourMorningstarApiKey>"
```

现在 Morningstar API 密钥就存储在密钥仓库中。如需确认存储是否正确，请使用如下命令：

```
az keyvault secret show --name "MorningstarApiKey" --vault-name
"<YourKeyVaultName>"
```

上述命令会将密钥，即密钥的名称和值，显示在控制台窗口中。

10.4 在 Azure 中创建股息日历 ASP.NET Core Web 应用程序

如需完成本节的项目，需要安装 Visual Studio 2019 并安装 ASP.NET 与 Web 开发工具包。

1）创建 ASP.NET Core Web 应用程序，如图 10-2 所示。

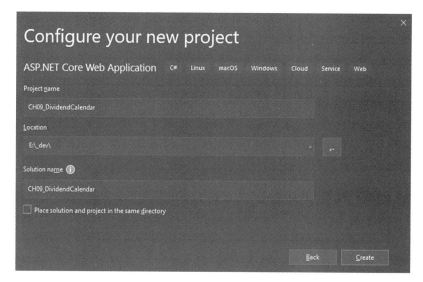

图 10-2

2）在创建项目时选择 API 项目，并选择 No Authentication，如图 10-3 所示。

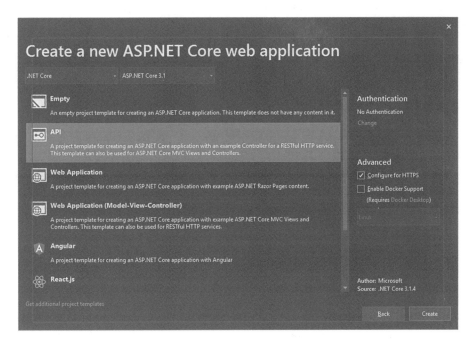

图　10-3

3）单击 **Create**（创建）按钮创建项目的脚手架，并运行该项目。默认情况下该项目会定义一个天气预报 API。其输出数据如浏览器窗口的 JSON 代码所示：

```
[{"date":"2020-04-13T20:02:22.8144942+01:00","temperatureC":0,"temperat
ureF":32,"summary":"Balmy"},{"date":"2020-04-14T20:02:22.8234349+01:00"
,"temperatureC":13,"temperatureF":55,"summary":"Warm"},{"date":"2020-04
-15T20:02:22.8234571+01:00","temperatureC":3,"temperatureF":37,"summary
":"Scorching"},{"date":"2020-04-16T20:02:22.8234587+01:00","temperature
C":-2,"temperatureF":29,"summary":"Sweltering"},{"date":"2020-04-17T20:
02:22.8234602+01:00","temperatureC":-13,"temperatureF":9,"summary":"Coo
l"}]
```

接下来我们将该应用程序发布到 Azure 中。

发布网络应用程序

在发布 Web 应用程序之前，首先要创建一个新的 Azure 应用服务（应用程序将发布到该服务中）。我们需要创建资源组来容纳 Azure 应用服务，同样还需要为应用程序的宿主制订托管计划，指定 Web 服务器农场（Web Server Farm）的所在地域、规模和功能。接下来我们将一一完成上述需求：

1）请在 Visual Studio 中登录 Azure 账户。如需创建应用服务，请右击刚刚创建的项目，并在菜单中选择 **Publish**（发布）。该操作将显示 **Pick a publish target**（选择发布目标）对话框，如图 10-4 所示。

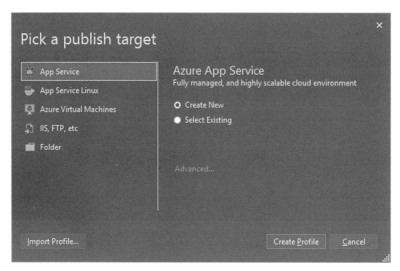

图 10-4

2）选择 App Service（应用服务）| Create New（新建），并单击 Create Profile（创建配置文件）来创建托管计划，如图 10-5 所示。

图 10-5

3）接下来确定服务的名称，选择订阅与资源组。建议在此同时设置 Application Insights 的相关配置，如图 10-6 所示。

4）单击 Create（创建）按钮创建应用服务。在应用服务创建完毕之后将显示 Publish（发布）页面，如图 10-7 所示。

图 10-6

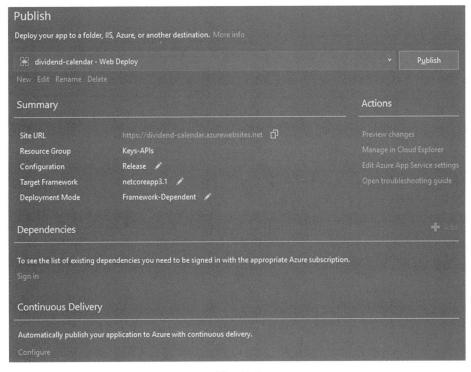

图 10-7

5）此时，单击站点的 URL 将在浏览器中打开该站点。如果服务配置和运行正常，则浏览器中将显示如图 10-8 所示页面。

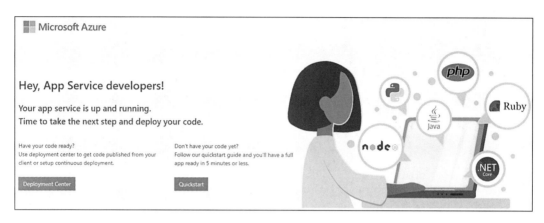

图　10-8

6）单击 Publish（发布）按钮发布 API 应用程序。此时若访问页面，则会显示错误页面。将 URL 更改为：https://dividend-calendar.azurewebsites.net/weatherforecast。

页面将显示天气预报 API 的 JSON 代码：

```
[{"date":"2020-04-13T19:36:26.9794202+00:00","temperatureC":40,"temperatureF":103,"summary":"Hot"},{"date":"2020-04-14T19:36:26.9797346+00:00","temperatureC":7,"temperatureF":44,"summary":"Bracing"},{"date":"2020-04-15T19:36:26.9797374+00:00","temperatureC":8,"temperatureF":46,"summary":"Scorching"},{"date":"2020-04-16T19:36:26.9797389+00:00","temperatureC":11,"temperatureF":51,"summary":"Freezing"},{"date":"2020-04-17T19:36:26.9797403+00:00","temperatureC":3,"temperatureF":37,"summary":"Hot"}]
```

至此，服务已经成功发布。此时，若登录到 Azure 主页并访问托管计划中的资源组，将观察到以下 4 个资源：

❑ App Service（应用服务）：dividend-calendar

❑ Application Insights（应用见解）：dividend-calendar

❑ App Service Plan（应用服务计划）：DividendCalendarHostingPlan

❑ Key Vault（密钥仓库）：在本例中我将其命名为 Keys-APIs（也可以自行命名为其他名称，如图 10-9 所示）

从 Azure 主页（https://portal.azure.com/#home）上点击应用服务就可以浏览相应的服务，还可以对应用服务执行停止、重新启动以及删除操作，如图 10-10 所示。

现在，项目已经发布就位，Application Insight 功能正确开启，Morningstar API 的密钥也得以安全保存。接下来开始创建股息日历应用。

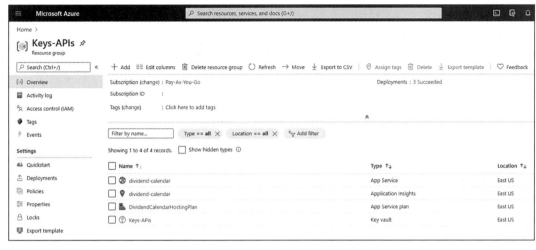

图 10-9

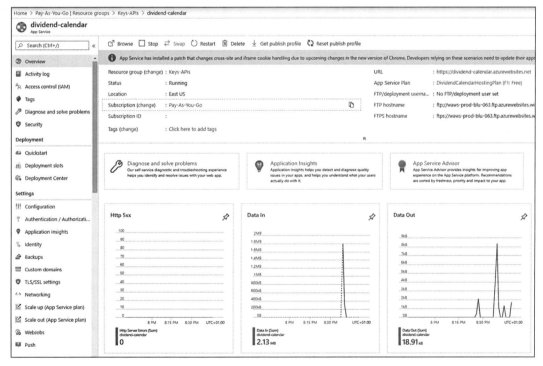

图 10-10

10.5 使用 API 密钥保护股息日历 API

我们将使用客户端 API 密钥来安全访问股息日历 API。将客户端密钥分发给客户端的方法有很多，但这并非我们讨论的重点。你可以自行选择策略。我们重点关注的是如何令经过身份验证和授权的客户端访问 API。

为了简单起见，我们将使用 repository 模式。repository 模式可以将程序和底层数据存储分离。它提高了程序的可维护性，允许你在不影响程序的情况下更改底层的数据存储。本例中的 repository 将密钥直接定义在类中，但在商业项目中应当将密钥存储在数据存储组件中，例如 Cosmos DB、SQL Server 或者 Azure Key Vault。你可以自行选择所需策略，这也是我们使用 repository 模式的原因。这样就可以根据需要控制底层的数据源。

10.5.1 创建 repository

接下来我们创建 repository（仓库）：

1）在项目中添加新目录：Repository。添加新的接口 IRepository 并添加其实现类 InMemoryRepository。接口定义如下：

```
using CH09_DividendCalendar.Security.Authentication;
using System.Threading.Tasks;

namespace CH09_DividendCalendar.Repository
{
    public interface IRepository
    {
        Task<ApiKey> GetApiKey(string providedApiKey);
    }
}
```

2）该接口定义了获取 API 密钥的方法。此时我们并没有定义 ApiKey 类，我们稍后再做定义。接下来实现 InMemoryRepository 类。添加如下的 using 语句：

```
using CH09_DividendCalendar.Security.Authentication;
using CH09_DividendCalendar.Security.Authorisation;
using System;
using System.Collections.Generic;
using System.Linq;
using System.Threading.Tasks;
```

3）创建 Security 命名空间并添加认证和鉴权类。为 InMemoryRepository 类实现 IRepository 接口。添加成员变量以存储 API 密钥，并添加 GetApiKey() 方法：

```
public class InMemoryRepository : IRepository
{
    private readonly IDictionary<string, ApiKey> _apiKeys;

    public Task<ApiKey> GetApiKey(string providedApiKey)
    {
        _apiKeys.TryGetValue(providedApiKey, out var key);
        return Task.FromResult(key);
    }
}
```

4）InMemoryRepository 类实现了 IRepository 接口的 GetApiKey() 方法。该方法从 API 密钥字典中返回密钥。密钥存储在字典类型的 _apiKeys 成员变量中。添加构造器（初始化该变量）：

```
public InMemoryRepository()
{
    var existingApiKeys = new List<ApiKey>
    {
        new ApiKey(1, "Internal", "C5BFF7F0-B4DF-475E-A331-
F737424F013C", new DateTime(2019, 01, 01),
            new List<string>
            {
                Roles.Internal
            }),
        new ApiKey(2, "External", "9218FACE-3EAC-6574-
C3F0-08357FEDABE9", new DateTime(2020, 4, 15),
            new List<string>
            {
                Roles.External
            })
    };

    _apiKeys = existingApiKeys.ToDictionary(x => x.Key, x => x);
}
```

5）上述构造器创建了一个 API 密钥列表（它包含了一个只为内部使用的 API 密钥和一个只为外部使用的 API 密钥），并将该列表转换为字典存储在 _apiKeys 变量中。repository 创建完毕。

6）我们将客户端的 API 密钥存储在 X-Api-Key HTTP 头部信息中，并将其传递到 API 中进行认证和鉴权。在项目中添加 Shared 目录，并添加文件 ApiKeyConstants。其内容如下：

```
namespace CH09_DividendCalendar.Shared
{
    public struct ApiKeyConstants
    {
        public const string HeaderName = "X-Api-Key";
        public const string MorningstarApiKeyUrl
            =
"https://<YOUR_KEY_VAULT_NAME>.vault.azure.net/secrets/MorningstarA
piKey";
    }
}
```

该文件包含两个常量：用于确认用户标识的头部信息的名称，以及用于获得 Morningstar API 密钥的 URL（该密钥之前已经创建好并存储在 Azure Key Vault 中）。

7）由于需要处理 JSON 数据，因此我们需要设置 JSON 命名规则。在项目中添加 Json 目录，并添加 DefaultJsonSerializerOptions 类：

```
using System.Text.Json;

namespace CH09_DividendCalendar.Json
{
    public static class DefaultJsonSerializerOptions
    {
```

```
        public static JsonSerializerOptions Options => new
JsonSerializerOptions
        {
            PropertyNamingPolicy = JsonNamingPolicy.CamelCase,
            IgnoreNullValues = true
        };
    }
}
```

上述 DefaultJsonSerializerOptions 类设置了 JSON 命名规则，忽略 null 值并使用驼峰命名法。

接下来我们将为 API 添加认证和鉴权功能。

10.5.2 设置认证和鉴权功能

本节将创建用于认证和鉴权的安全类。首先我们来区分认证和鉴权的含义。认证指确定用户是否有权访问我们的 API，而鉴权指当用户获得 API 访问权时确定他拥有何种权限。

1. 添加认证功能

在添加认证功能之前，首先在项目中创建 Security 目录，并在目录下添加 Authentication 和 Authorization 目录。接下来添加认证相关的类。首先在 Authentication 目录下添加 ApiKey 类，并在其中添加如下属性：

```
public int Id { get; }
public string Owner { get; }
public string Key { get; }
public DateTime Created { get; }
public IReadOnlyCollection<string> Roles { get; }
```

这些属性存储了与指定 API 密钥及其所有者相关的信息。这些属性是在构造器中进行设置的。

```
public ApiKey(int id, string owner, string key, DateTime created,
IReadOnlyCollection<string> roles)
{
    Id = id;
    Owner = owner ?? throw new ArgumentNullException(nameof(owner));
    Key = key ?? throw new ArgumentNullException(nameof(key));
    Created = created;
    Roles = roles ?? throw new ArgumentNullException(nameof(roles));
}
```

构造器设置 API 密钥属性。如果一个人身份验证失败，那么将收到 Error 403 Unauthorized 的消息。现在，让我们定义 UnauthorizedProblemDetails 类：

```
public class UnauthorizedProblemDetails : ProblemDetails
{
    public UnauthorizedProblemDetails(string details = null)
    {
        Title = "Forbidden";
        Detail = details;
        Status = 403;
```

```
            Type = "https://httpstatuses.com/403";
        }
    }
```

上述类继承自 `Microsoft.AspNetCore.Mvc.ProblemDetails` 类。构造器仅接收一个 `string` 类型的参数。该参数默认为 `null`。你可以按需在构造器中指定详细信息。接下来添加 `AuthenticationBuilderExtensions` 类：

```
public static class AuthenticationBuilderExtensions
{
    public static AuthenticationBuilder AddApiKeySupport(
        this AuthenticationBuilder authenticationBuilder,
        Action<ApiKeyAuthenticationOptions> options
    )
    {
        return authenticationBuilder
            .AddScheme<ApiKeyAuthenticationOptions,
ApiKeyAuthenticationHandler>
                (ApiKeyAuthenticationOptions.DefaultScheme, options);
    }
}
```

该扩展方法向认证服务添加 API 密钥支持。该扩展方法将在 Startup 类的 `Configu-reServices` 方法中调用。以下添加 `ApiKeyAuthenticationOptions` 类：

```
public class ApiKeyAuthenticationOptions : AuthenticationSchemeOptions
{
    public const string DefaultScheme = "API Key";
    public string Scheme => DefaultScheme;
    public string AuthenticationType = DefaultScheme;
}
```

`ApiKeyAuthenticationOptions` 类继承自 `AuthenticationSchemeOptions` 类。我们使用默认设置来进行 API 密钥认证。最后，构建 `ApiKeyAuthenticationHandler` 类。正如该类的名称所示，该类是验证 API 密钥的主要类。该类将确保客户端在访问 API 前进行认证。

```
public class ApiKeyAuthenticationHandler :
AuthenticationHandler<ApiKeyAuthenticationOptions>
{
    private const string ProblemDetailsContentType =
"application/problem+json";
    private readonly IRepository _repository;
}
```

`ApiKeyAuthenticationHandler` 继承自 `AuthenticationHandler`，并使用了先前定义的 `ApiKeyAuthenticationOptions`。其中将问题详细信息（即异常信息）的内容类型定义为 application/problem+json，并为 API 密钥仓库预留了 _repository 成员变量。接下来定义构造器：

```
public ApiKeyAuthenticationHandler(
    IOptionsMonitor<ApiKeyAuthenticationOptions> options,
    ILoggerFactory logger,
```

```
    UrlEncoder encoder,
    ISystemClock clock,
    IRepository repository
) : base(options, logger, encoder, clock)
{
    _repository = repository ?? throw new
ArgumentNullException(nameof(repository));
}
```

构造器将 ApiKeyAuthenticationOptions、ILoggerFactory、UrlEncoder 和 ISystemClock 参数传递给基类的构造器。我们显式地设置了密钥仓库变量。如果 repository 为 null，则抛出 ArgumentNullException 并提供 repository 变量的名称。接下来添加 HandleChallengeAsync() 方法：

```
protected override async Task HandleChallengeAsync(AuthenticationProperties
properties)
{
    Response.StatusCode = 401;
    Response.ContentType = ProblemDetailsContentType;
    var problemDetails = new UnauthorizedProblemDetails();
    await Response.WriteAsync(JsonSerializer.Serialize(problemDetails,
        DefaultJsonSerializerOptions.Options));
}
```

HandleChallengeAsync() 方法在用户质询失败时返回 Error 401 Unauthorized 响应。添加 HandleForbiddenAsync() 的方法如下：

```
protected override async Task HandleForbiddenAsync(AuthenticationProperties
properties)
{
    Response.StatusCode = 403;
    Response.ContentType = ProblemDetailsContentType;
    var problemDetails = new ForbiddenProblemDetails();
    await Response.WriteAsync(JsonSerializer.Serialize(problemDetails,
        DefaultJsonSerializerOptions.Options));
}
```

HandleForbiddenAsync() 方法则在用户权限验证失败时返回 Error 403 Forbidden 响应。最后添加方法返回 AuthenticationResult：

```
protected override async Task<AuthenticateResult> HandleAuthenticateAsync()
{
    if (!Request.Headers.TryGetValue(ApiKeyConstants.HeaderName, out var
apiKeyHeaderValues))
        return AuthenticateResult.NoResult();
    var providedApiKey = apiKeyHeaderValues.FirstOrDefault();
    if (apiKeyHeaderValues.Count == 0 ||
string.IsNullOrWhiteSpace(providedApiKey))
        return AuthenticateResult.NoResult();
    var existingApiKey = await _repository.GetApiKey(providedApiKey);
    if (existingApiKey != null) {
        var claims = new List<Claim> {new Claim(ClaimTypes.Name,
existingApiKey.Owner)};
        claims.AddRange(existingApiKey.Roles.Select(role => new
Claim(ClaimTypes.Role, role)));
        var identity = new ClaimsIdentity(claims,
```

```
Options.AuthenticationType);
        var identities = new List<ClaimsIdentity> { identity };
        var principal = new ClaimsPrincipal(identities);
        var ticket = new AuthenticationTicket(principal, Options.Scheme);
        return AuthenticateResult.Success(ticket);
    }
    return AuthenticateResult.Fail("Invalid API Key provided.");
}
```

以上代码首先检查头部信息是否存在。如果头部信息不存在则 `TryGetValue` 返回布尔值 `false`，此时整个方法返回 `AuthenticateResult.NoResult()`，表示不会为该请求提供任何信息。接下来检查头部信息是否有值，如果没有提供值，则同样返回 `NoResult()`，即不要为该请求提供任何信息；否则，使用客户端密钥从密钥库中获取服务端密钥。

若服务端密钥为 `null`，则说明提供的 API 密钥是不正确的。此时返回失败的 `AuthenticationResult` 实例，其 `Failure` 属性中的异常将指明其失败原因。否则，用户将通过认证并可继续访问 API。我们将为通过认证的用户设置身份声明，并返回成功的 `AuthenticateResult` 实例。

至此，我们完成了认证过程。接下来我们处理鉴权操作。

2. 添加鉴权操作

我们将和鉴权相关的类放在 `Authorization` 目录下。首先添加 `Roles` 结构体，其代码如下：

```
public struct Roles
{
    public const string Internal = "Internal";
    public const string External = "External";
}
```

我们希望这个 API 同时为内部和外部用户所用。但针对目前的最小需求，只需实现内部用户的部分即可。接下来添加 `Polices` 结构体：

```
public struct Policies
{
    public const string Internal = nameof(Internal);
    public const string External = nameof(External);
}
```

在 `Policies` 结构体中，我们添加两个规则分别供内部和外部客户端使用。现在添加 `ForbiddenProblemDetails` 类。

```
public class ForbiddenProblemDetails : ProblemDetails
{
    public ForbiddenProblemDetails(string details = null)
    {
        Title = "Forbidden";
        Detail = details;
        Status = 403;
        Type = "https://httpstatuses.com/403";
    }
}
```

该类在认证用户不具备一个或多个权限时可用于提供拒绝访问错误的详细信息。如有需要，可以在该类的构造器中传入字符串提供相关信息。

在鉴权过程中，我们需要为内部和外部客户端分别添加处理器来处理鉴权需求。首先添加 ExternalAuthorizationHandler 类：

```
public class ExternalAuthorizationHandler :
AuthorizationHandler<ExternalRequirement>
{
    protected override Task HandleRequirementAsync(
        AuthorizationHandlerContext context,
        ExternalRequirement requirement
    )
    {
        if (context.User.IsInRole(Roles.External))
            context.Succeed(requirement);
        return Task.CompletedTask;
    }
}
 public class ExternalRequirement : IAuthorizationRequirement
 {
 }
```

ExternalRequirement 类是一个空的类，它实现了 IAuthorizationRequirement 接口。接下来添加 InternalAuthorizationHandler 类。

```
public class InternalAuthorizationHandler :
AuthorizationHandler<InternalRequirement>
{
    protected override Task HandleRequirementAsync(
        AuthorizationHandlerContext context,
        InternalRequirement requirement
    )
    {
        if (context.User.IsInRole(Roles.Internal))
            context.Succeed(requirement);
        return Task.CompletedTask;
    }
}
```

InternalAuthorizationHandler 类处理 InternalRequirement。如果用户具有内部角色，则具有权限，否则将无权操作。其中 InternalRequirement 类如下：

```
public class InternalRequirement : IAuthorizationRequirement
{
}
```

InternalRequirement 类同样是一个实现了 IAuthorizationRequirement 接口的空类。

在认证和鉴权类编写完毕后，更新 Startup 类的代码，将上述安全相关类纳入其中。首先，修改 Configure() 方法：

```
public void Configure(IApplicationBuilder app, IHostEnvironment env)
{
    if (env.IsDevelopment())
    {
```

```
        app.UseDeveloperExceptionPage();
    }
    app.UseRouting();
    app.UseAuthentication();
    app.UseAuthorization();
    app.UseEndpoints(endpoints =>
    {
        endpoints.MapControllers();
    });
}
```

Configure() 方法在开发者模式下将异常页面设置为开发模式。之后为应用设置路由，将匹配的 URI 路由到控制器的相应方法上。此后配置应用程序使用我们的认证和鉴权方法。最终将应用程序的终结点映射到控制器上。

为了完成对 API 密钥的认证和鉴权，我们还需要更新 ConfigureServices() 方法。首先添加支持 API 密钥的认证服务：

```
services.AddAuthentication(options =>
{
    options.DefaultAuthenticateScheme =
ApiKeyAuthenticationOptions.DefaultScheme;
    options.DefaultChallengeScheme =
ApiKeyAuthenticationOptions.DefaultScheme;
}).AddApiKeySupport(options => { });
```

上述方法更新了默认的认证方案，我们使用自定义扩展键添加 AddApiKeySupport()。该方法是在 AuthenticationBuilderExtensions 类中定义的，该方法返回 Microsoft. AspNetCore.Authentication.AuthenticationBuilder，并将默认方案设置为 ApiKey-AuthenticationOptions 类中定义的 API Key。API Key 是一个常量，该常量意味着认证服务将使用 API 密钥认证。接下来添加鉴权服务：

```
services.AddAuthorization(options =>
{
    options.AddPolicy(Policies.Internal, policy =>
policy.Requirements.Add(new InternalRequirement()));
    options.AddPolicy(Policies.External, policy =>
policy.Requirements.Add(new ExternalRequirement()));
});
```

上述代码设置了内部和外部的策略与需求。这些策略和需求定义在 Policies、InternalRequirement 和 ExternalRequirement 类中。

以上我们添加了 API 密钥安全类。现在我们可以用 Postman 测试基于 API 密钥的认证和鉴权功能。

10.6　测试 API 密钥安全功能

在本节中我们将使用 Postman 测试 API 密钥认证和鉴权功能。在 Controllers 目录下添加 DividendCalendar 类，其代码如下：

```
[ApiController]
[Route("api/[controller]")]
public class DividendCalendar : ControllerBase
{
    [Authorize(Policy = Policies.Internal)]
    [HttpGet("internal")]
    public IActionResult GetDividendCalendar()
    {
        var message = $"Hello from {nameof(GetDividendCalendar)}.";
        return new ObjectResult(message);
    }

    [Authorize(Policy = Policies.External)]
    [HttpGet("external")]
    public IActionResult External()
    {
        var message = "External access is currently unavailable.";
        return new ObjectResult(message);
    }
}
```

上述类包含了股息日历 API 的所有功能性代码。虽然外部代码并不包含在最小可行产品（MVP）的初始版本中，但是我们仍然能够测试内部和外部的认证与鉴权功能。

1）打开 Postman 新建一个 GET 请求。在 URL 中输入 https://localhost:44325/api/dividendcalendar/internal。单击 Send（发送），如图 10-11 所示。

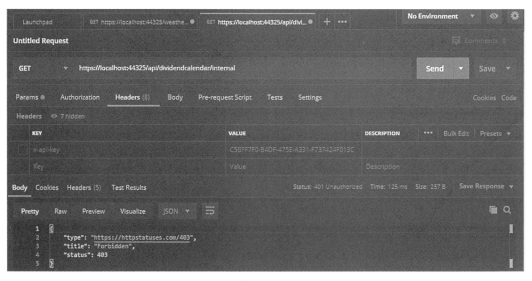

图　10-11

2）可见，若 API 请求中不包含 API 密钥，则会返回 401 Unauthorized 状态码以及在 ForbiddenProblemDetails 类中定义的拒绝访问的 JSON 内容。现在，我们添加 x-api-key 头部信息并输入 C5BFF7F0-B4DF-475E-A331-F737424F013C。再次单击 Send，如图 10-12 所示。

图　10-12

3）此次将得到 200 OK 状态码。这说明 API 请求已经获得成功。我们可以在响应主体中查看此次请求结果的详细信息。内部用户将得到 Hello from GetDividendCalendar。若将 URL 更改为外部用户的路由，即 https://localhost:44325/api/dividendcalendar/external，重新发送请求，如图 10-13 所示。

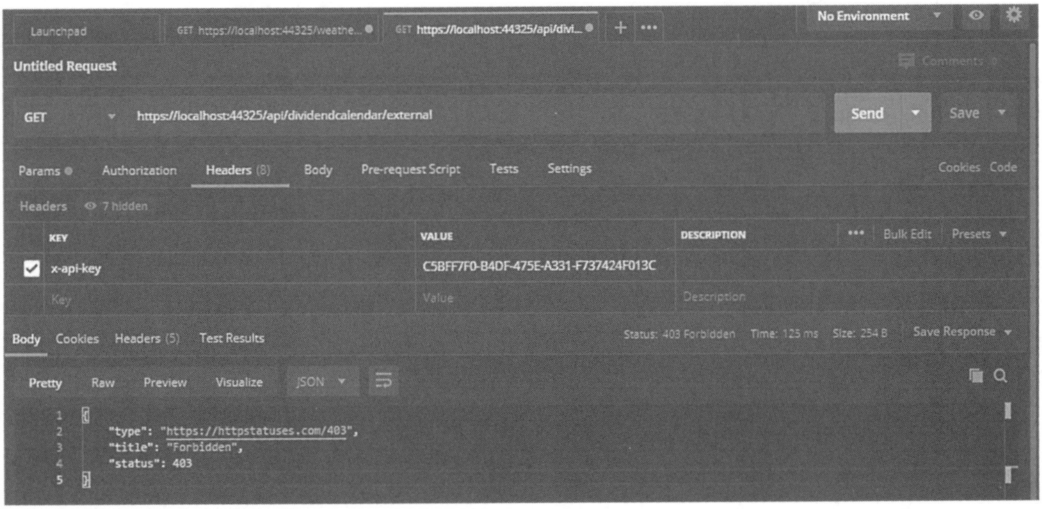

图　10-13

4）此次，我们将收到 403 Forbidden 状态码，并得到拒绝访问的 JSON。这是因为虽然 API 密钥是有效的，但是该路由是外部客户端访问路由，而内部客户端是无权访问外部 API 的。将 x-api-key 头部信息值更改为 9218FACE-3EAC-6574-C3F0-08357FEDABE9，并单击 Send，如图 10-14 所示。

图　10-14

此时响应的状态码为 200 OK。其主体为 External access is currently unavailable。

我们基于角色使用 API 密钥进行认证和鉴权的安全系统已经通过了测试，可喜可贺！因此，在实际添加 FinTech API 之前就已经实现了确保其安全的 API 密钥并进行了测试。我们在添加 API 的功能代码前就确保了 API 的安全。现在，我们可以放心地实现股息日历 API 的功能，而无须担心安全问题。

10.7　添加股息日历代码

股息日历内部 API 的目的只有一个，就是创建当年需要支付股息的数组。我们可以在项目中将 JSON 保存在文件中或存储在某种数据库中。这样每个月只需要做一次内部调用，以节省 API 调用的费用。而外部角色可以根据需要访问文件或数据库中的数据。

我们已经定义了股息日历的 API，并且对 API 进行了保护，防止未认证或未授权的用户访问内部的 GetDividendCalendar() API 终结点。剩余的工作即生成股息日历的 JSON 数据，并将数据返回。

请观察以下 JSON 响应。我们接下来的工作就是生成这些数据：

```
[{"Mic":"XLON","Ticker":"ABDP","CompanyName":"AB Dynamics
PLC","DividendYield":0.0,"Amount":0.0279,"ExDividendDate":"2020-01-02T00:00
:00","DeclarationDate":"2019-11-27T00:00:00","RecordDate":"2020-01-03T00:00
:00","PaymentDate":"2020-02-13T00:00:00","DividendType":null,"CurrencyCode"
:null},

...

{"Mic":"XLON","Ticker":"ZYT","CompanyName":"Zytronic
PLC","DividendYield":0.0,"Amount":0.152,"ExDividendDate":"2020-01-09T00:00:
00","DeclarationDate":"2019-12-10T00:00:00","RecordDate":"2020-01-10T00:00:
```

```
00","PaymentDate":"2020-02-07T00:00:00","DividendType":null,"CurrencyCode":
null}]
```

JSON 响应是股息的数组。单一股息是由 Mic、Ticker、CompanyName、Dividend-Yield、Amount、ExDividendDate、DeclarationDate、RecordDate、Payment-Date、DividendType 和 CurrencyCode 字段组成的。在项目中添加目录 Models，并添加如下 Dividend 类：

```
public class Dividend
{
    public string Mic { get; set; }
    public string Ticker { get; set; }
    public string CompanyName { get; set; }
    public float DividendYield { get; set; }
    public float Amount { get; set; }
    public DateTime? ExDividendDate { get; set; }
    public DateTime? DeclarationDate { get; set; }
    public DateTime? RecordDate { get; set; }
    public DateTime? PaymentDate { get; set; }
    public string DividendType { get; set; }
    public string CurrencyCode { get; set; }
}
```

这些字段的含义如下：

❑ Mic：ISO 10383 市场识别代码（Market Identification Code，MIC），即股票上市地。详细信息请参见：https://www.iso20022.org/10383/iso-10383-market-identifier-codes。

❑ Ticker：普通股的行情。

❑ CompanyName：持有股票的公司名称。

❑ DividendYield：公司年度股息和股价之比。股息率按照百分比计算，采用股息率＝年度股息／股价来计算。

❑ Amount：每股向股东支付的金额。

❑ ExDividendDate：为获得下一次股息而必须购买股份的日期。

❑ DeclarationDate：公司宣布支付股息的日期。

❑ RecordDate：公司从记录中确认谁将获得股息的日期。

❑ PaymentDate：股东收到股息的日期。

❑ DividendType：该字段的值可以为：Cash、Dividend、Property Dividend、Stock Dividend、Scrip Dividend 或 Liquidating Dividend。

❑ CurrencyCode：支付所使用的币种。

Models 目录下的另一个类是 Company 类：

```
public class Company
    {
        public string MIC { get; set; }
        public string Currency { get; set; }
        public string Ticker { get; set; }
```

```
        public string SecurityId { get; set; }
        public string CompanyName { get; set; }
    }
```

 Mic 和 Ticker 字段和 Dividend 类的相应字段是一致的。由于不同的 API 调用会使用不同的币种名称，因此 Company 类中有 Currency，Dividend 类中有 CurrencyCode。这样我们就可以使用对象映射的方式处理 JSON，且不会产生格式异常。

其中每一个字段的含义如下：

❑ Currency：用来给股票定价的货币。

❑ SecurityId：普通股的股市证券标识符。

❑ CompanyName：持有股票的公司名称。

Models 目录中的下一个类是 Companies 类。这个类将存储首次 Morningstar API 调用返回的公司信息。我们将在接下来的 API 调用中遍历列表中的公司，并获得每一个公司的记录以便进一步获得每个公司的股息。

```
public class Companies
{
    public int Total { get; set; }
    public int Offset { get; set; }
    public List<Company> Results { get; set; }
    public string ResponseStatus { get; set; }
}
```

其中属性的含义如下：

❑ Total：API 查询返回的记录总数。

❑ Offset：记录的偏移量。

❑ Results：返回的公司列表。

❑ ResponseStatus：详细的响应信息，尤其是响应发生错误时的信息。

接下来添加 Dividends 类。该类保存了 Morningstar 股息 API 返回的股息列表：

```
public class Dividends
{
        public int Total { get; set; }
        public int Offset { get; set; }
        public List<Dictionary<string, string>> Results { get; set; }
        public ResponseStatus ResponseStatus { get; set; }
    }
```

上述属性的含义与之前定义的相应属性一致。但 Results 属性除外，它在这里表示特定公司的股息支付列表。

Models 目录下的最后一个类是 ResponseStatus 类。该类主要用于存储错误信息：

```
public class ResponseStatus
{
```

```
    public string ErrorCode { get; set; }
    public string Message { get; set; }
    public string StackTrace { get; set; }
    public List<Dictionary<string, string>> Errors { get; set; }
    public List<Dictionary<string, string>> Meta { get; set; }
}
```

其中的属性含义如下：

❑ ErrorCode：错误代码。

❑ Message：错误信息。

❑ StackTraces：错误诊断信息。

❑ Errors：错误列表。

❑ Meta：错误元数据列表。

Models 中的类定义完毕，现在我们将在 API 调用中生成股息支付日历。在控制器中添加新方法 FormatStringDate()：

```
private DateTime? FormatStringDate(string date)
{
    return string.IsNullOrEmpty(date) ? (DateTime?)null :
DateTime.Parse(date);
}
```

该方法接收字符串类型的日期。如果字符串为 null 或者为空字符串，则该方法返回 null；否则解析字符串并返回解析后的可空 DateTime 值。我们还需定义方法从 Azure Key Vault 中获取 MorningStar API 的 API 密钥：

```
private async Task<string> GetMorningstarApiKey()
{
    try
    {
        AzureServiceTokenProvider azureServiceTokenProvider = new
AzureServiceTokenProvider();
        KeyVaultClient keyVaultClient = new KeyVaultClient(
            new KeyVaultClient.AuthenticationCallback(
                azureServiceTokenProvider.KeyVaultTokenCallback
            )
        );
        var secret = await
keyVaultClient.GetSecretAsync(ApiKeyConstants.MorningstarApiKeyUrl)
                                        .ConfigureAwait(false);
        return secret.Value;
    }
    catch (KeyVaultErrorException keyVaultException)
    {
        return keyVaultException.Message;
    }
}
```

GetMorningstarApiKey() 方法首先初始化 AzureServiceTokenProvider。之后创建 KeyVaultClient 类型实例来操作密钥。此后，从 Azure Key Vault 服务中请求 Morningstar 的 API 密钥并等待其响应。最终返回响应值。如果请求处理过程中发生错误则返回 KeyVaultErrorException.Message。

处理股息时，首先要从证券交易所获得一份公司名单。随后遍历公司名单，并再次调用 API 获得相应交易所每家公司的股息。因此我们首先要从 MIC（市场识别代码）获得公司列表。其中会用到 RestSharp 库。因此如果之前并没有安装相应的库，那么请先行安装。

```
private Companies GetCompanies(string mic)
{
    var client = new RestClient(
$"https://morningstar1.p.rapidapi.com/companies/list-by-exchange?Mic={mic}"
    );
    var request = new RestRequest(Method.GET);
    request.AddHeader("x-rapidapi-host", "morningstar1.p.rapidapi.com");
    request.AddHeader("x-rapidapi-key", GetMorningstarApiKey().Result);
    request.AddHeader("accept", "string");
    IRestResponse response = client.Execute(request);
    return JsonConvert.DeserializeObject<Companies>(response.Content);
}
```

GetCompanies() 方法创建 RestClient 实例，设置 API URL 准备检索在指定证券交易所上市的公司列表。该请求为 GET 请求，在请求中添加了三个额外头部信息：x-rapidapihost、x-rapidapi-key 和 accept。随后发送该请求并通过 Companies 模型返回反序列化的 JSON 数据。

接下来编写返回指定交易所和公司的股息信息的方法。添加 GetDividends() 方法：

```
private Dividends GetDividends(string mic, string ticker)
{
    var client = new RestClient(
$"https://morningstar1.p.rapidapi.com/dividends?Ticker={ticker}&Mic={mic}"
    );
    var request = new RestRequest(Method.GET);
    request.AddHeader("x-rapidapi-host", "morningstar1.p.rapidapi.com");
    request.AddHeader("x-rapidapi-key", GetMorningstarApiKey().Result);
    request.AddHeader("accept", "string");
    IRestResponse response = client.Execute(request);
    return JsonConvert.DeserializeObject<Dividends>(response.Content);
}
```

GetDividends() 方法和 GetCompanies() 方法相似，只不过请求返回的是指定交易所和公司的股息数据。该方法将其中的 JSON 数据反序列化为 Dividends 对象，并返回该对象。

最后，我们需要将上述 MVP（最小可行产品）加入 BuildDividendCalendar() 方法。此方法将生成 JSON 股息日历数据并将其返回给客户端。

```
private List<Dividend> BuildDividendCalendar()
{
    const string MIC = "XLON";
    var thisYearsDividends = new List<Dividend>();
    var companies = GetCompanies(MIC);
    foreach (var company in companies.Results)
    {
        var dividends = GetDividends(MIC, company.Ticker);
        if (dividends.Results == null)
```

```
        continue;
    var currentDividend = dividends.Results.FirstOrDefault();
    if (currentDividend == null || currentDividend["payableDt"] == null)
        continue;
    var dateDiff = DateTime.Compare(
        DateTime.Parse(currentDividend["payableDt"]),
        new DateTime(DateTime.Now.Year - 1, 12, 31)
    );
    if (dateDiff > 0)
    {
        var payableDate = DateTime.Parse(currentDividend["payableDt"]);
        var dividend = new Dividend()
        {
            Mic = MIC,
            Ticker = company.Ticker,
            CompanyName = company.CompanyName,
            ExDividendDate = FormatStringDate(currentDividend["exDividendDt"]),
            DeclarationDate = FormatStringDate(currentDividend["declarationDt"]),
            RecordDate = FormatStringDate(currentDividend["recordDt"]),
            PaymentDate = FormatStringDate(currentDividend["payableDt"]),
            Amount = float.Parse(currentDividend["amount"])
        };
        thisYearsDividends.Add(dividend);
    }
    }
    return thisYearsDividends;
}
```

在该版本的 API 中，我们将 MIC 硬编码为 "XLON"，即伦敦证券交易所。但是在未来的版本中可以考虑将 MIC 作为请求参数加入该公开终结点中。该方法使用一个列表变量保存今年的股息支付数据。此后调用 Morningstar API 获得指定 MIC 的公司列表。遍历列表中的公司，对每家公司再次调用 API 获得相应 MIC 与股票代码的完整股息记录。如果该公司没有股息记录，则我们将继续处理列表中的下一家公司。

如果公司拥有股息记录，则获取第一个记录，即最近的一次股息支付。检查支付日期是否为 null。如果支付日期为 null，则继续执行下一迭代，处理下一家公司。如果支付日期非 null，则检查支付日期是否大于上一年的 12 月 31 日。如果日期之差大于 0，则在今年的股息列表中添加一个新的 Dividend 对象。在按照以上规则遍历公司列表后，即可生成今年的股息列表。最后将该列表返回给调用方。

在最终执行该项目前，还需要更新 GetDividendCalendar() 方法，并在该方法中调用 BuildDividendCalendar() 方法：

```
[Authorize(Policy = Policies.Internal)]
[HttpGet("internal")]
public IActionResult GetDividendCalendar()
{
    return new
ObjectResult(JsonConvert.SerializeObject(BuildDividendCalendar()));
}
```

GetDividendCalendar() 方法将今年的股息列表序列化为 JSON 字符串并将其返回。若你在 Postman 中使用内部用户的 x-apikey 值访问该 API，则在大约 20 分钟后，将得到如下 JSON 数据：

[{"Mic":"XLON","Ticker":"ABDP","CompanyName":"AB Dynamics
PLC","DividendYield":0.0,"Amount":0.0279,"ExDividendDate":"2020-01-02T00:00
:00","DeclarationDate":"2019-11-27T00:00:00","RecordDate":"2020-01-03T00:00
:00","PaymentDate":"2020-02-13T00:00:00","DividendType":null,"CurrencyCode"
:null},

...

{"Mic":"XLON","Ticker":"ZYT","CompanyName":"Zytronic
PLC","DividendYield":0.0,"Amount":0.152,"ExDividendDate":"2020-01-09T00:00:
00","DeclarationDate":"2019-12-10T00:00:00","RecordDate":"2020-01-10T00:00:
00","PaymentDate":"2020-02-07T00:00:00","DividendType":null,"CurrencyCode":
null}]

上述调用的确会耗费大量的时间（大约 20 分钟）。其结果在一年内也将发生变化。因此，我们可以指定策略限制 API 每月调用一次，并将 JSON 结果存储在文件或数据库中。之后我们可以更新外部方法，在外部客户调用时将文件或数据库记录返回给外部客户端。接下来我们将限制 API 在一个月内仅执行一次。

10.8　限制 API 调用

当发布 API 时，我们需要对 API 的调用加以限制，限制 API 的方式有很多种，例如限制并发用户数目，限制固定时间段内的调用次数等。

在本节中，我们将对 API 的调用进行限制，即限制 API 只能够在每月的 25 日执行一次。首先，在 appsettings.json 文件中添加如下配置：

```
"MorningstarNextRunDate":  null,
```

该配置的值表示该 API 下一次的执行日期。在项目的根路径下添加 AppSettings 类，并在其中添加如下属性：

```
public DateTime? MorningstarNextRunDate { get; set; }
```

该属性将保存配置中 MorningstarNextRunDate 键所对应的值。添加以下静态方法来添加或者更新 appsetting.json 文件中的数据：

```
public static void AddOrUpdateAppSetting<T>(string sectionPathKey, T value)
{
    try
    {
        var filePath = Path.Combine(AppContext.BaseDirectory,
"appsettings.json");
        string json = File.ReadAllText(filePath);
        dynamic jsonObj =
Newtonsoft.Json.JsonConvert.DeserializeObject(json);
```

```
        SetValueRecursively(sectionPathKey, jsonObj, value);
        string output = Newtonsoft.Json.JsonConvert.SerializeObject(
            jsonObj,
            Newtonsoft.Json.Formatting.Indented
        );
        File.WriteAllText(filePath, output);
    }
    catch (Exception ex)
    {
        Console.WriteLine("Error writing app settings | {0}", ex.Message);
    }
}
```

AddOrUpdateAppSetting() 方法会尝试获取 appsettings.json 文件的文件路径。从文件中读取 JSON 数据，并将 JSON 反序列化为动态对象。此后，调用方法按需递归赋值。完成后将 JSON 写回原文件。如过程中发生错误，则向控制台输出错误信息。接下来编写 SetValueRecursively() 方法：

```
private static void SetValueRecursively<T>(string sectionPathKey, dynamic
jsonObj, T value)
{
    var remainingSections = sectionPathKey.Split(":", 2);
    var currentSection = remainingSections[0];
    if (remainingSections.Length > 1)
    {
        var nextSection = remainingSections[1];
        SetValueRecursively(nextSection, jsonObj[currentSection], value);
    }
    else
    {
        jsonObj[currentSection] = value;
    }
}
```

SetValueRecursively() 方法在第一个分隔符号处分割字符串，而后继续递归处理沿 JSON 树继续向下移动。当它找到所需的位置时（即找到所需的值时）就会进行赋值，该方法随即返回。以下程序在 ApiKeyConstants 结构体中添加 ThrottleMonthDay 常量：

```
public const int ThrottleMonthDay = 25;
```

在 API 接到请求时将使用该常量检查当天是否为每月的特定日期。在 Dividend-CalendarController 类中添加 ThrottleMessage() 方法：

```
private string ThrottleMessage()
{
    return "This API call can only be made once on the 25th of each
month.";
}
```

ThrottleMessage() 方法仅仅返回 "This API call can only be made once on the 25th of each month."。在 DividendCalendarController 类中添加构造器：

```
public DividendCalendarController(IOptions<AppSettings> appSettings)
{
    _appSettings = appSettings.Value;
}
```

我们将在该构造器中访问 appsettings.json 文件中的内容。在 Startup.Confi-gureServices() 方法的最后添加如下两行代码：

```
var appSettingsSection = Configuration.GetSection("AppSettings");
services.Configure<AppSettings>(appSettingsSection);
```

这两行代码将在需要时将 AppSettings 类动态注入控制器。在 DividendCalendarController 类中添加 SetMorningstarNextRunDate() 方法。

```
private DateTime? SetMorningstarNextRunDate()
{
    int month;
    if (DateTime.Now.Day < 25)
        month = DateTime.Now.Month;
    else
        month = DateTime.Now.AddMonths(1).Month;
    var date = new DateTime(DateTime.Now.Year, month,
ApiKeyConstants.ThrottleMonthDay);
    AppSettings.AddOrUpdateAppSetting<DateTime?>(
        "MorningstarNextRunDate",
        date
    );
    return date;
}
```

SetMorningstarNextRunDate() 方法检查当前日期是否小于当月 25 日。如果是，则将月份设置为当月以便在 25 日时执行 API；若当前日期已过 25 日，则将月份设置为下月。月份设置完毕后合并日期并更新 appsettings.json 文件中 MorningstarNext-RunDate 的值，并返回可空 DateTime 值。

```
private bool CanExecuteApiRequest()
{
    DateTime? nextRunDate = _appSettings.MorningstarNextRunDate;
    if (!nextRunDate.HasValue)
        nextRunDate = SetMorningstarNextRunDate();
    if (DateTime.Now.Day == ApiKeyConstants.ThrottleMonthDay) {
        if (nextRunDate.Value.Month == DateTime.Now.Month) {
            SetMorningstarNextRunDate();
            return true;
        }
        else {
            return false;
        }
    }
    else {
        return false;
    }
}
```

CanExecuteApiRequest() 方法从 AppSettings 类中获取 MorningstarNext-RunDate 的值。如果 DateTime? 没有值，则设置该值并将其赋值给局部变量 nextRunDate。如果当前月份的日期不等于 ThrottleMonthDay 则返回 false，否则将下一次 API 的执行时间设置为下月 25 日并返回 true。

最后更新 GetDividendCalendar() 方法如下：

```
[Authorize(Policy = Policies.Internal)]
[HttpGet("internal")]
public IActionResult GetDividendCalendar()
{
    if (CanExecuteApiRequest())
        return new
ObjectResult(JsonConvert.SerializeObject(BuildDividendCalendar()));
    else
        return new ObjectResult(ThrottleMessage());
}
```

当内部用户调用 API 时，API 将验证请求确定是否能够继续执行。如果可以执行则会将股息日历序列化为 JSON 并返回，否则将返回限流后的消息。

该项目到此就全部完成了。

虽然项目完成了，但显然它并不完美。我们可以继续对它进行改进和扩展。下一步将编写 API 文档，并部署 API 和文档。此外还应当记录日志并监视 API 的运行。

记录日志不但有助于保存异常的细节与跟踪 API 的使用，还可以监视 API 的健康状况，并在出现问题时及时发出警告。这样我们就可以主动保证 API 的正常运行。我们将这些扩展工作留给读者。希望大家不要错过这个难得的练习机会。

 下一章将介绍如何处理切面关注点。我们将学习如何使用"方面"和"特性"来处理日志和监控功能。

现在，让我们总结一下本章的学习内容。

10.9　总结

在本章中，我们注册了第三方 API 并收到了自己的密钥。我们将 API 密钥保存在 Azure Key Vault 中来保证其安全，防止未经授权的客户端访问密钥。此后我们创建了 ASP.NET Core 网络应用程序，将其发布在 Azure 中。之后使用身份验证和基于角色的授权来保护应用的安全。

权限的验证是通过 API 密钥来实施的。该项目使用两种密钥，一个由内部用户使用，另一个则由外部用户使用。我们使用 Postman 对 API 和 API 密钥的安全性进行了测试。Postman 是一个优秀工具，可以对各种 HTTP 动词的请求和响应进行测试。

接下来，我们添加了股息日历 API 的代码，基于 API 密钥，内部用户和外部用户都被允许进行访问。该项目执行了一系列 API 调用来构建向投资者支付股息的公司列表。之后将该对象序列化为 JSON 格式返回客户端。最后我们限制该 API 每月只能运行一次。

我们通过本章的学习，创建了每月执行一次的 FinTech API，该 API 将提供本年度的股息支付信息。客户端可以将得到的数据反序列化，通过 LINQ 查询来获得满足特定需求的数据。

在下一章中，我们将使用 PostSharp 实现**面向方面的编程**（Aspect-Oriented Programming，

AOP）。在 AOP 框架的支持下，我们将学习如何管理应用程序中的通用功能，例如异常处理、日志记录、安全和事务。但在这之前，先来验证一下本章的学习效果。

10.10　习题

1）哪个网站可用于托管自己的 API 并访问第三方 API ？

2）保护 API 安全所需的两个部分分别是什么？

3）什么是身份声明，为什么需要使用身份声明？

4）Postman 的功能是什么？

5）为什么使用 repository 模式开发数据存储功能？

10.11　参考资料

- https://docs.microsoft.com/en-us/aspnet/web-api/overview/security/individual-accounts-in-web-api 是 Microsoft Web API 安全的详细指南。

- https://docs.microsoft.com/en-us/aspnet/web-forms/overview/older-versions-security/membership/creating-the-membership-schema-in-sql-server-vb 介绍了如何创建 ASP.NET 用户成员数据库。

- https://www.iso20022.org/10383/iso-10383-market-identifier-codes 包含了 ISO 10383 MIC 的详细列表。

- https://docs.microsoft.com/en-gb/azure/key-vault/general/vs-key-vault-add-connected-service 介绍了如何使用 Visual Studio Conected Services 在密钥仓库中添加 Web 应用程序的密钥。

- https://aka.ms/installazurecliwindows 是 Azure CLI MSI 安装包的下载地址。

- https://docs.microsoft.com/en-us/azure/key-vault/service-to-service-authentication 是 Azure 应用认证客户端的文档。

- https://azure.microsoft.com/en-gb/free/?WT.mc_id=A261C142F 你可以在该页面注册并领取 12 个月的免费 Azure 订阅（新用户有效）。

- https://docs.microsoft.com/en-us/azure/key-vault/basic-concepts 介绍了 Azure Key Vault 的基础概念。

- https://docs.microsoft.com/en-us/azure/app-service/app-service-web-get-started-dotnet 介绍了如何在 Azure 中创建 .NET Core 应用程序。

- https://docs.microsoft.com/en-gb/azure/app-service/overview-hosting-plans 简要介绍了 Azure 应用服务。

- https://docs.microsoft.com/en-us/azure/key-vault/tutorial-net-create-vault-azure-web-app 展示了如何在 Azure .NET 网络应用中使用 Azure Key Vault。

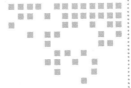

第 11 章 *Chapter 11*

处理切面关注点

在编写整洁代码时有两类关注点——核心关注点与切面关注点。**核心关注点**是开发软件的原因。而**切面关注点**虽然不属于业务需求和核心关注点，但所有的代码领域都需要处理相关的问题。如图 11-1 所示。

本章中我们将创建一个可重用的类库来讨论切面关注点。你可以根据自己的意愿修改或扩展类库。切面关注点包括配置管理、日志记录、审计、安全、验证、异常处理、检测、事务、资源池、缓存、线程和并发。我们将结合解码器模式与 PostSharp Aspect Framework 来构建可重用的类库，并在编译期将其注入代码。

在阅读本章时，你将看到基于特性的编程不但可以减少样板代码量，还可以令代码更加简洁、易读、容易维护和扩展。这样方法中的代码将仅包含业务代码和样板代码。

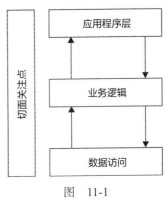

图　11-1

 我们在本书中反复提及上述思路。这里再次提出是因为它们和切面关注点相关。

本章涵盖如下主题：
❑ 装饰器模式
❑ 代理模式
❑ 使用 PostSharp 进行**面向方面编程**（AOP）

❑ 构建处理切面关注点的可复用程序库

学习目标：

❑ 实现装饰器模式。

❑ 实现代理模式。

❑ 使用 PostSharp 实现 AOP。

❑ 自行创建可复用的 AOP 程序库处理切面关注点。

11.1　技术要求

本章内容需要安装 Visual Studio 2019 和 PostSharp。本章代码可以从 `https://github.com/PacktPublishing/Clean-Code-in-C-/tree/master/CH11` 下载。首先介绍装饰器模式。

11.2　装饰器模式

装饰器模式是一个结构化模式，它可以在现有对象上添加新的功能，而不改变其结构。它将原始类包装在装饰器类中，并且在运行时向其中添加新的行为和操作，如图 11-2 所示。

ConcreteComponent 类和 Decorator 类实现了 Component 接口及其中成员。ConcreteComponent 实现了 Component 接口。Decorator 类是实现了 Component 接口的抽象类，其中包含了对 Component 实例的引用。Decorator 类是各个装饰组件的基类。ConcreteDecorator 类继承自 Decorator 类并装饰组件。

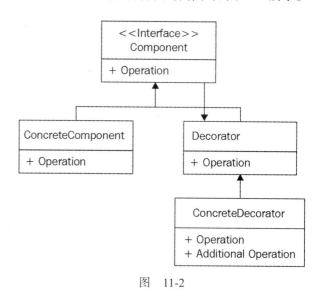

图　11-2

在接下来的范例中，我们将编写程序将操作包装在 try/catch 块中。其中，try 和 catch 都将向控制台输出字符串。创建 .NET 4.8 控制台应用程序 CH11_AddressingCrossCutting-Concerns。在项目中添加目录 DecoratorPattern，并添加 IComponent 接口：

```
public interface IComponent {
    void Operation();
}
```

为了简单起见，我们的接口只提供了一个操作，并且其返回值为 void。接口定义完毕之后，添加实现接口的抽象类。创建抽象类 Decorator，令其实现 IComponent 接口，并在其中添加变量来保存 IComponent 对象。

```
private IComponent _component;
```

_component 成员变量保存了 IComponent 对象。该变量在构造器中赋值：

```
public Decorator(IComponent component) {
    _component = component;
}
```

上述代码在构造器中设置了需要装饰的组件。接下来实现接口方法：

```
public virtual void Operation() {
    _component.Operation();
}
```

我们将上述 Operation() 方法声明为 virtual，以便今后可以在派生类中重写该方法。接下来创建 ConcreteComponent 类，该类同样实现 IComponent 接口：

```
public class ConcreteComponent : IComponent {
    public void Operation() {
        throw new NotImplementedException();
    }
}
```

上述类也仅有一个方法，它抛出 NotImplementedException 异常。接下来编写 ConcreteDecorator 类：

```
public class ConcreteDecorator : Decorator {
    public ConcreteDecorator(IComponent component) : base(component) { }
}
```

ConcreteDecorator 类继承自 Decorator 类。它的构造器接收 IComponent 类型参数并将该参数传递给基类构造器，并在基类构造器中将其设置为成员变量。接下来我们将重写 Operation() 方法：

```
public override void Operation() {
    try {
        Console.WriteLine("Operation: try block.");
        base.Operation();
    } catch(Exception ex)  {
        Console.WriteLine("Operation: catch block.");
        Console.WriteLine(ex.Message);
    }
}
```

上述重写方法中有一个 try/catch 块，try 块中的代码向控制台输出消息，并执行基类的 Operation() 方法。catch 块中的代码在异常发生时会写入消息，并输出错误消息。在运行代码之前，先来更新 Program 类。在 Program 类中添加 Decorator-PatternExample() 方法：

```
private static void DecoratorPatternExample() {
    var concreteComponent = new ConcreteComponent();
    var concreteDecorator = new ConcreteDecorator(concreteComponent);
    concreteDecorator.Operation();
}
```

DecoratorPatternExample() 方法首先创建一个 ConcreteComponent 对象，并将其传入 ConcreteDecorator 的构造器中。之后，调用 ConcreteDecorator 对象的 Operation() 方法。在 Main() 方法中添加如下两行代码：

```
DecoratorPatternExample();
Console.ReadKey();
```

上述两行代码执行范例代码，等待用户输入任意键后退出。执行上述代码应当得到类似如图 11-3 所示的输出。

以上我们介绍了装饰器模式。接下来我们介绍代理模式。

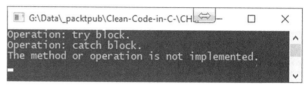

图　11-3

11.3　代理模式

代理模式是一种结构类型的设计模式，它所提供的对象可以替代客户端使用的实际服务对象。代理接收客户端请求，执行所需的工作，然后将请求传递给服务对象。由于代理对象和服务共享相同的接口，因此它们是可以互换的，如图 11-4 所示。

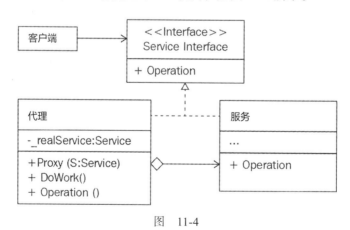

图　11-4

例如，当有一个无法更改的类，但是确实需要对其添加其他功能时，就可以使用代理模式。代理会将工作委托给其他对象，除非代理本身就是服务的派生类，否则代理方法最终会引用 Service 对象。

接下来我们将研究代理模式的一个简单实现。在本章的项目的根路径上新建一个目录
ProxyPattern。添加 IService 接口，并添加该接口中唯一的方法：

```
public interface IService {
    void Request();
}
```

其中 Request() 方法执行请求所指的工作。代理和服务都会实现该接口以使用
Request() 方法。我们先添加 Service 类并实现 IService 接口：

```
public class Service : IService {
    public void Request() {
        Console.WriteLine("Service: Request();");
    }
}
```

Service 类实现了 IService 接口并在 Request() 方法中处理实际的请求。而我们
希望先调用 Proxy 类的 Request() 方法。因而最后我们来编写 Proxy 类实现代理模式：

```
public class Proxy : IService {
    private IService _service;

    public Proxy(IService service) {
        _service = service;
    }

    public void Request() {
        Console.WriteLine("Proxy: Request();");
        _service.Request();
    }
}
```

上述 Proxy 类实现了 IService 接口。其构造器接收单一的 IService 类型参数。客户端
首先调用 Proxy 类的 Request() 方法。Proxy.Request() 方法将首先执行它需要的操作，并
负责调用 _service.Request() 方法。为了实际看到运行效果，更改 Program 类的代码，在
Main() 方法中调用 ProxyPatternExample() 方法。ProxyPatternExample() 方法如下：

```
private static void ProxyPatternExample() {
    Console.WriteLine("### Calling the Service directly. ###");
    var service = new Service();
    service.Request();
    Console.WriteLine("## Calling the Service via a Proxy. ###");
    new Proxy(service).Request();
}
```

上述测试方法首先运行 Service 类
的 Request() 方法，之后通过 Proxy
类的 Request() 方法执行相同的操作。
运行项目会得到如图 11-5 所示的输出。

以上我们通过范例理解了装饰器
模式和代理模式，接下来我们将介绍
如何使用 PostSharp 实现 AOP。

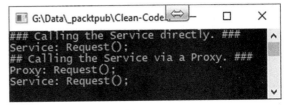

图 11-5

11.4　使用 PostSharp 实现 AOP

面向方面编程（AOP）可以和面向对象编程（OOP）结合使用。其中"方面"是应用在类、方法、参数和属性上的特性。这些特性将在编译期将代码编织到应用它的类、方法、参数或属性中。这种方式可以将程序的切面关注点从业务代码移动到类库。切面关注点将作为特性添加到需要的位置，而后编译器会织入运行时代码。这样业务代码将小巧易读。本节我们将使用 PostSharp 进行说明。你可以从 `https://www.postsharp.net/download` 下载 PostSharp。

如何在 PostSharp 中实现 AOP 呢？

首先，将 PostSharp 包添加到项目中。其次，利用特性标记代码。C# 编译器将代码构建为二进制输出后，PostSharp 将分析二进制内容并注入"方面"的实现。尽管二进制文件在编译时会因代码注入而修改，但项目的源代码仍将保持不变。因此，你不仅可以保持代码良好、整洁和简单，还能持续地维护、复用与扩展现有代码。

PostSharp 提供了一些优秀的成型的使用模式。它们包括 Model-View-ViewModel（MVVM）、缓存、多线程、日志与架构验证等功能。如果上述模式仍不符合需要，还可以扩展"方面"框架或"架构"框架来自动执行自定义的模式。

"方面"框架可用于开发简单的或符合的"方面"功能，将其应用到代码上并且验证其使用状况。"架构"框架可用于开发自定义架构约束。在深入研究切面关注点前，我们首先简单介绍如何扩展"方面"与"架构"框架。

> 在编写"方面"与特性之前，需要先安装 `PostSharp.Redist` NuGet 包。安装完毕后，如果特性和"方面"仍然工作不正常，则请右击项目并选择 Add PostSharp to Project（将 PostSharp 添加到项目）。操作完成后就可以正常使用"方面"相关的功能了。

11.4.1　扩展"方面"框架

在本节中，我们将创建一个简单的"方面"，将其应用到代码中并验证"方面"的使用效果。

创建"方面"

我们将创建一个仅包含单一转换功能的简单"方面"。首先，我们将从基础"方面"类中派生我们的自定义"方面"类。其次，重写其中的方法（这些方法统称为 advice 方法）。如果希望了解如何创建复合"方面"，请参见：`https://doc.postsharp.net/complex-aspects`。

在方法执行前后注入行为

OnMethodBoundaryAspect 实现了装饰器模式。先前我们介绍了如何实现装饰器模式。该"方面"可以在执行目标方法前后执行特定逻辑。表 11-1 列出了 OnMethodBoundaryAspect 类中可用的 advice 方法。

表 11-1　可用的 advice 方法

方法	描述
OnEntry(MethodExecutionArgs)	在方法执行时，用户代码执行前执行
OnSuccess(MethodExecutionArgs)	在方法执行成功后（即方法返回且没有抛出任何异常），用户代码执行完毕后执行
OnException(MethodExecutionArgs)	在方法执行失败并抛出异常后，用户代码执行完毕后执行。它相当于 catch 块
OnExit(MethodExecutionArgs)	在方法执行退出时（不论成功还是抛出异常）使用。在用户代码执行完毕，且当前"方面"的 OnSuccess(MethodExecutionArgs) 或 OnException(MethodExecutionArgs) 方法执行完毕后执行。它相当于 finally 块

我们在简单"方面"范例中将讨论上述所有的方法。在开始之前，要先将 PostSharp 添加到项目中。如果 PostSharp 已经下载完毕，则可以右键单击项目并选择 Add PostSharp to Project（将 PostSharp 添加到项目）。此后，在项目中添加目录 Aspects，并新建 LoggingAspect 类：

```
[PSerializable]
public class LoggingAspect : OnMethodBoundaryAspect { }
```

[PSerializable] 特性是一个自定义特性。当将该特性应用到类型上时，PostSharp 就会为其生成一个序列化器，并为 PortableFormatter 所用。现在，我们先重写 OnEntry() 方法：

```
public override void OnEntry(MethodExecutionArgs args) {
    Console.WriteLine("The {0} method has been entered.",
args.Method.Name);
}
```

OnEntry() 方法会在任何用户代码执行前执行。现在重写 OnSuccess() 方法：

```
public override void OnSuccess(MethodExecutionArgs args) {
    Console.WriteLine("The {0} method executed successfully.",
args.Method.Name);
}
```

OnSuccess() 方法会在用户代码执行完毕并且不抛出异常的情况下执行。重写 OnExit() 方法：

```
public override void OnExit(MethodExecutionArgs args) {
    Console.WriteLine("The {0} method has exited.", args.Method.Name);
}
```

OnExit() 方法在用户方法成功结束或失败并退出时执行。它相当于 finally 块。最后重写 OnException() 方法：

```
public override void OnException(MethodExecutionArgs args) {
    Console.WriteLine("An exception was thrown in {0}.", args.Method.Name);
}
```

OnException() 方法在方法执行失败并抛出异常后，用户代码执行完毕后执行。它相当于 catch 块。

下一步，编写两个方法，并在其上应用 LoggingAspect。首先添加 SuccessfulMethod()：

```
[LoggingAspect]
private static void SuccessfulMethod() {
    Console.WriteLine("Hello World, I am a success!");
}
```

SuccessfulMethod() 使用 LoggingAspect 在控制台输出消息。接下来添加 Failed-Method()：

```
[LoggingAspect]
private static void FailedMethod() {
    Console.WriteLine("Hello World, I am a failure!");
    var x = 1;
    var y = 0;
    var z = x / y;
}
```

FailedMethod() 同样使用 LoggingAspect 在控制台输出信息。该方法执行被零除操作，致使抛出 DivideByZeroException。在 Main() 方法中调用上述两个方法。运行该项目将得到如图 11-6 所示的输出。

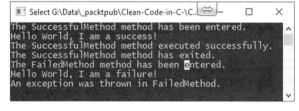

图　11-6

得到以上结果后，调试器令程序退出。从上述程序可见，创建所需的自定义的 PostSharp "方面" 的流程是比较简单的。接下来我们将介绍如何添加自定义架构约束。

11.4.2　扩展架构框架

架构约束是所有模块都需要遵守的自定义设计模式。本节将实现一个标量约束，对代码中的元素进行验证。

该标量约束称为 BusinessRulePatternValidation，它会验证任何从 BusinessRule 类派生的类必须都具有一个名为 Factory 的嵌套类。首先添加 BusinessRulePattern-Validation 类：

```
[MulticastAttributeUsage(MulticastTargets.Class, Inheritance =
MulticastInheritance.Strict)]
public class BusinessRulePatternValidation : ScalarConstraint { }
```

MulticastAttributeUsage 特性指定了该验证"方面"仅适用于类及其继承类。现在，重写 ValidateCode() 方法：

```
public override void CodeValidation(object target)  {
    var targetType = (Type)target;
    if (targetType.GetNestedType("Factory") == null) {
        Message.Write(
            targetType, SeverityType.Warning,
            "10",
            "You must include a 'Factory' as a nested type for {0}.",
            targetType.DeclaringType,
            targetType.Name);
    }
}
```

ValidateCode() 方法检查目标对象是否具有嵌套的 Factory 类型。如果 Factory 类型不存在，则将异常信息写入输出窗口。接下来添加 BusinessRule 类：

```
[BusinessRulePatternValidation]
public class BusinessRule  { }
```

BusinessRule 类是空的，且没有定义 Factory。其上标记了 BusinessRule-PatternValidation 特性。该特性是一个架构约束。如果此时构建项目，则可以在输出窗口看到消息提示。在下一节，我们将构建一个可重用的类库。你可以在项目中使用并扩展该类库，用 AOP 和装饰器模式解决切面关注点问题。

11.5　创建可重用的解决切面关注点问题的类库

本节将编写一个解决多种切面关注点问题的程序库。虽然它的功能有限，但是我们可以利用此过程涉及的知识，根据自身需要进一步扩展该项目。该程序库是一个 .NET Standard 的程序库。它不但支持 .NET Framework 应用程序也支持 .NET Core 应用程序。我们将创建 .NET Framework 控制台应用程序以查看正在运行的该类库。

首先创建一个 .NET Standard 类库：CrossCuttingConcerns。在解决方案中添加 .NET Framework 控制台应用程序 TestHarness。接下来我们将向类库中添加针对各种切面关注点问题的可重用功能。首先添加缓存功能。

11.5.1　添加缓存关注点

缓存是提高各种资源访问性能的存储技术。使用的缓存可以是内存、文件系统或数据库。具体使用的缓存类型取决于项目需要。简单起见，在以下范例中我们将使用内存缓存。

在 CrossCuttingConcerns 项目中添加 Caching 目录。添加 MemoryCache 类，并在项目中添加如下 NuGet 包依赖：

❑ PostSharp
❑ PostSharp.Patterns.Common

❑ PostSharp.Patterns.Diagnostics

❑ System.Runtime.Caching

更新 MemoryCache 类的代码：

```
public static class MemoryCache {
    public static T GetItem<T>(string itemName, TimeSpan timeInCache,
Func<T> itemCacheFunction) {
        var cache = System.Runtime.Caching.MemoryCache.Default;
        var cachedItem = (T) cache[itemName];
        if (cachedItem != null) return cachedItem;
        var policy = new CacheItemPolicy {AbsoluteExpiration =
DateTimeOffset.Now.Add(timeInCache)};
        cachedItem = itemCacheFunction();
        cache.Set(itemName, cachedItem, policy);
        return cachedItem;
    }
}
```

GetItem() 方法接收缓存项的名称：itemName，项目在缓存中缓存的时间：timeIn-Cache，以及如果缓存中不存在该项目时将项目放入缓存前调用的函数：itemCache-Function。在 TestHarness 项目中新建类 TestClass，并在其中添加 GetCachedItem() 和 GetMessage() 方法：

```
public string GetCachedItem() {
    return MemoryCache.GetItem<string>("Message", TimeSpan.FromSeconds(30),
GetMessage);
}

private string GetMessage() {
    return "Hello, world of cache!";
}
```

GetCachedItem() 方法试图从缓存中得到名为 "Message" 的字符串。如果字符串并不在缓存中，则将调用 GetMessage() 方法并将结果缓存 30 秒钟。

更新 Program 类的 Main() 方法来调用 GetCachedItem() 方法：

```
var harness = new TestClass();
Console.WriteLine(harness.GetCachedItem());
Console.WriteLine(harness.GetCachedItem());
Thread.Sleep(TimeSpan.FromSeconds(1));
Console.WriteLine(harness.GetCachedItem());
```

第一次调用 GetCachedItem() 方法会将相应的项缓存起来并返回。而第二次调用则会直接从缓存中取出该项。线程的睡眠将导致缓存失效，因此在最后一次调用中首先需要将项目保存在缓存中，然后再返回。

11.5.2 添加文件日志功能

在该项目中，我们将会把日志、审计信息以及检测过程输出到一个文本文件中。因此我们需要一个类在文件不存在时创建文件，并将输出添加并保存到这些文件中。在类库中添加 FileSystem 目录。在其中添加 LogFile 类。将类设置为 public static，并添加

如下成员变量:

```
private static string _location = string.Empty;
private static string _filename = string.Empty;
private static string _file = string.Empty;
```

其中 _location 变量是入口程序集所在的目录。_filename 变量是文件的名称 (带有扩展名)。我们需要在运行时创建 Logs 目录 (如果目录不存在), 因此接下来在 LogFile 类中添加 AddDirectory() 方法:

```
private static void AddDirectory() {
    if (!Directory.Exists(_location))
        Directory.CreateDirectory("Logs");
}
```

AddDirectory() 方法首先检查目录是否存在, 如果不存在, 则创建目录。接下来如果文件不存在, 则创建文件。添加 AddFile() 方法:

```
private static void AddFile() {
    _file = Path.Combine(_location, _filename);
    if (File.Exists(_file)) return;
    using (File.Create($"Logs\\{_filename}")) {

    }
}
```

在 AddFile() 方法中, 我们组合路径和文件名称, 如果同名文件已经存在, 则方法退出, 否则创建文件。如果这里不使用 using 语句, 则创建第一条记录时就会发生 IOException, using 可以保证 FileStream 及时得到释放, 但并无法保证后续保存一定成功。因此通过 using 语句就可以避免异常并记录数据。现在我们来编写方法真正地将数据保存在文件中。添加 AppendTextToFile() 方法:

```
public static void AppendTextToFile(string filename, string text) {
    _location =
$"{Path.GetDirectoryName(Assembly.GetEntryAssembly()?.Location)}\\Logs";
    _filename = filename;
    AddDirectory();
    AddFile();
    File.AppendAllText(_file, text);
}
```

AppendTextToFile() 方法接收文件名以及文本, 并从入口程序集的地址生成文件地址。在确保文件与目录存在的前提下, 将文本储存在文件中。现在文件日志记录功能已经完成。我们可以继续研究日志记录的切面关注点。

11.5.3　添加日志关注点

大部分程序都需要进行某种形式的日志记录。通常的方法是记录到控制台、文件系统、事件日志与数据库中。我们的项目仅仅把日志记录到控制台和文本文件中。在类库项目中新建 Logging 目录。添加 ConsoleLoggingAspect 文件并更新其内容:

```
[PSerializable]
public class ConsoleLoggingAspect : OnMethodBoundaryAspect { }
```

[PSerializable] 属性会令 PostSharp 生成一个序列化器以供 PortableFormatter 使用。ConsoleLoggingAspect 继承自 OnMethodBoundaryAspect。OnMethodBoundaryAspect 类提供了一些可以重写的方法，这些方法会在目标方法体执行之前、之后、成功时以及发生异常时执行。我们将重写这些方法向控制台输出消息。这个工具对调试工作很有帮助。我们可以查看代码是否真的被调用了，是否成功完成或者是遇到了异常。首先重写 OnEntry() 方法：

```
public override void OnEntry(MethodExecutionArgs args) {
    Console.WriteLine($"Method: {args.Method.Name}, OnEntry().");
}
```

OnEntry() 方法在目标方法的方法体执行之前执行。重写该方法，输出目标方法的名称和其自身的方法名称。接下来重写 OnExit() 方法：

```
public override void OnExit(MethodExecutionArgs args) {
    Console.WriteLine($"Method: {args.Method.Name}, OnExit().");
}
```

OnExit() 方法在目标方法的方法体执行完毕后执行。重写该方法，输出已经执行的目标方法的名称和其自身方法名称。添加 OnSuccess() 方法：

```
public override void OnSuccess(MethodExecutionArgs args) {
    Console.WriteLine($"Method: {args.Method.Name}, OnSuccess().");
}
```

OnSuccess() 方法在目标方法体执行结束并无异常返回的情况下执行。当重写方法执行时，将打印已经执行的方法名称和其自身方法名称。最后，重写 OnException() 方法：

```
public override void OnException(MethodExecutionArgs args) {
    Console.WriteLine($"An exception was thrown in {args.Method.Name}.
{args}");
}
```

OnException() 方法会在异常出现时执行。在重写方法中，我们将输出方法的名称和参数对象。如需使用该特性，则可以标记 [ConsoleLoggingAspect]。如需将日志记录在文件中，只需添加 TextFileLoggingAspect 类。TextFileLoggingAspect 类和 ConsoleLoggingAspect 类是一样的，只不过其重写方法的内容不同。OnEntry()、OnExit() 和 OnSuccess() 方法将调用 LogFile.AppendTextToFile() 方法将日志内容记录在 Log.txt 文件中。OnException() 方法和其他方法一样，只不过它会将日志内容记录在 Exception.log 文件中。以下是 OnEntry() 方法的代码：

```
public override void OnEntry(MethodExecutionArgs args) {
    LogFile.AppendTextToFile("Log.txt", $"\nMethod: {args.Method.Name},
OnEntry().");
}
```

至此，日志关注点编写完成。接下来我们添加异常处理关注点。

11.5.4　添加异常处理关注点

软件用户不可避免地会遇到异常。因此需要有某种方法来记录这些异常。记录异常的通常方式是将错误保存在用户系统的文件中，例如 Exception.log 文件。本节我们将实现该功能。我们将继承 OnExceptionAspect 类，并将异常数据写入应用程序目录中 Logs 目录下的 Exception.log 文件中。OnExceptionAspect 会将被标记方法包裹在 try / catch 块中。在类库中添加 Exceptions 目录并在其中添加 ExceptionAspect 文件，其代码如下：

```
[PSerializable]
public class ExceptionAspect : OnExceptionAspect {
    public string Message { get; set; }
    public Type ExceptionType { get; set; }
    public FlowBehavior Behavior { get; set; }

    public override void OnException(MethodExecutionArgs args) {
        var message = args.Exception != null ? args.Exception.Message :
"Unknown error occured.";
        LogFile.AppendTextToFile(
            "Exceptions.log", $"\n{DateTime.Now}: Method: {args.Method},
Exception: {message}"
        );
        args.FlowBehavior = FlowBehavior.Continue;
    }

    public override Type GetExceptionType(System.Reflection.MethodBase
targetMethod) {
        return ExceptionType;
    }
}
```

ExceptionAspect 类同样也标记为 [PSerializable]，并从 OnExceptionAspect 派生。其中共有三个属性：Message、ExceptionType 和 FlowBehavior。Message 包含异常的消息，ExceptionType 是产生异常的类型，FlowBehavior 则决定在异常处理完毕后是否继续执行或终止进程。GetExceptionType() 方法返回抛出异常的类型。OnException 方法首先构造错误消息，接下来调用 LogFile.AppendTextToFile() 将异常记录在文件中。最后将异常行为的流程设置为继续执行。

如需使用 [ExceptionAspect]，仅需要将该特性添加到所需的方法上即可。以上我们完成了异常处理功能。接下来我们继续添加安全切面关注点。

11.5.5　添加安全关注点

每个具体项目的安全需求都不尽相同。最常见的关注点是对用户进行身份验证和授权用户访问并使用系统的各个部分。在本节中我们将使用装饰器模式，通过基于角色的方法实现一个安全组件。

安全是一个非常大的主题，其内容已经超出了本书的讲述范围。和安全相关的 API
有很多，例如，https://docs.microsoft.com/en-us/dotnet/standard/
security/ 列出了 Microsoft 提供的 API。而 https://oauth.net/code/dotnet/
则介绍了和 OAuth 2.0 相关的 API。本章中，我们将仅仅使用装饰器模式添加自定义
的安全特性，你可以使用它作为实现上述安全方法的基础。

添加 Security 目录，在其中添加 ISecureComponent 接口：

```csharp
public interface ISecureComponent {
    void AddData(dynamic data);
    int EditData(dynamic data);
    int DeleteData(dynamic data);
    dynamic GetData(dynamic data);
}
```

安全组件接口包含上述四个方法，各个方法的含义不言自明。dynamic 关键字意味着
我们可以将任何类型的数据作为参数传入方法中，且 GetData() 方法可以返回任何类型的
数据。接下来，实现该接口的抽象类。添加 DecoratorBase 类，其代码如下：

```csharp
public abstract class DecoratorBase : ISecureComponent {
    private readonly ISecureComponent _secureComponent;

    public DecoratorBase(ISecureComponent secureComponent) {
        _secureComponent = secureComponent;
    }
}
```

DecoratorBase 类实现了 ISecureComponent 接口。我们在其中声明了 ISecure-
Component 类型的成员变量，并在默认构造器中对其赋值。我们还需要添加 ISecurity-
Component 中的其他方法。添加 AddData() 方法：

```csharp
public virtual void AddData(dynamic data) {
    _secureComponent.AddData(data);
}
```

该方法可以接收任何类型的数据，并将其传递给 _secureComponent 的 AddData()
方法。继续添加 EditData()、DeleteData() 和 GetData() 方法。现在添加 Concrete-
SecureComponent 类，它也实现了 ISecureComponent。且其中的每一个方法都向控
制台输出一条消息。DeleteData() 和 EditData() 方法还会返回 1。而 GetData() 返
回 "Hi!"。ConcreteSecureComponent 类将执行我们关心的安全工作。

我们需要一种方式来验证用户并获取其角色。在执行任何方法前都验证其角色。因此，
我们添加如下的结构体：

```csharp
public readonly struct Credentials {
    public static string Role { get; private set; }

    public Credentials(string username, string password) {
        switch (username)
```

```
    {
        case "System" when password == "Administrator":
            Role = "Administrator";
            break;
        case "End" when password == "User":
            Role = "Restricted";
            break;
        default:
            Role = "Imposter";
            break;
    }
}
}
```

为了简单起见，该结构体接收用户名和密码并设置合理的角色。受限的用户比管理员的权限要少得多。最后一个安全关注点类是 ConcreteDecorator 类。添加该类，其代码如下：

```
public class ConcreteDecorator : DecoratorBase {
    public ConcreteDecorator(ISecureComponent secureComponent) :
base(secureComponent) { }
}
```

ConcreteDecorator 类继承自 DecoratorBase 类。构造器接收 ISecureComponent 类型的参数并将其传递给基类。其 AddData() 方法如下：

```
public override void AddData(dynamic data) {
    if (Credentials.Role.Contains("Administrator") ||
Credentials.Role.Contains("Restricted")) {
        base.AddData((object)data);
    } else {
        throw new UnauthorizedAccessException("Unauthorized");
    }
}
```

AddMethod() 将检查用户是否是 Administrator 角色或 Restricted 角色。如果用户是这些角色之一，则执行基类的 AddData() 方法。否则抛出 UnauthorizedAccess-Exception 异常。其他的方法也同样采取上述模式。重写其他的方法，但是需要注意 DeleteData() 方法只允许管理员操作。

我们现在可以执行安全关注点的功能了。在 Program 类中添加如下的代码：

```
private static readonly ConcreteDecorator ConcreteDecorator = new
ConcreteDecorator(
    new ConcreteSecureComponent()
);
```

我们声明并创建了一个具体装饰器对象实例，并接收具体的安全对象。装饰器对象中的方法将引用安全对象中操作数据的方法。在 Main() 方法中添加如下代码：

```
private static void Main(string[] _) {
    // ReSharper disable once ObjectCreationAsStatement
    new Credentials("End", "User");
    DoSecureWork();
```

```
    Console.WriteLine("Press any key to exit.");
    Console.ReadKey();
}
```

上述方法中，我们将用户名和密码赋值给 Credentials 结构体。这将确定用户的 Role。而后调用 DoWork() 方法。DoWork() 方法负责调用数据相关的方法。最后等待用户按任意键退出。DoWork() 方法的代码如下：

```
private static void DoSecureWork() {
    AddData();
    EditData();
    DeleteData();
    GetData();
}
```

DoSecureWork() 方法调用每一个数据相关的方法。而每一个方法都调用具体的装饰器中的相应方法。例如 AddData() 方法的代码如下：

```
[ExceptionAspect(consoleOutput: true)]
private static void AddData() {
    ConcreteDecorator.AddData("Hello, world!");
}
```

我们将 [ExceptionAspect] 特性应用到 AddData() 方法上。这样任何异常都将记录在 Exceptions.log 文件中。其 consoleOutput 参数设置为 true，因此错误消息还会输出到控制台上。该方法本身调用 ConcreteDecorator 类的 AddData() 方法。按照上述流程添加其余方法。之后执行程序将得到如图 11-7 所示的输出：

图 11-7

现在我们就完成了一个支持角色验证且包含异常处理的对象。接下来我们实现验证关注点。

11.5.6 添加验证关注点

任何用户输入的数据都有可能是恶意的、不完整的或格式错误的，都应当经过验证。我们需要确保数据的整洁，确保它们不会造成问题。本节将演示如何实现 null 验证的关注点。首先在类库项目中添加 Validation 目录，并在其中添加 AllowNullAttribute 类：

```
[AttributeUsage(AttributeTargets.Parameter | AttributeTargets.ReturnValue |
AttributeTargets.Property)]
public class AllowNullAttribute : Attribute { }
```

该特性允许参数、返回值和属性值为 null。在同名文件中添加 ValidationFlags
枚举。

```
[Flags]
public enum ValidationFlags {
    Properties = 1,
    Methods = 2,
    Arguments = 4,
    OutValues = 8,
    ReturnValues = 16,
    NonPublic = 32,
    AllPublicArguments = Properties | Methods | Arguments,
    AllPublic = AllPublicArguments | OutValues | ReturnValues,
    All = AllPublic | NonPublic
}
```

这些标志用于确认"方面"作用的部分。接下来添加 ReflectionExtensions 方法：

```
public static class ReflectionExtensions {
    private static bool IsCustomAttributeDefined<T>(this
ICustomAttributeProvider value) where T
        : Attribute  {
        return value.IsDefined(typeof(T), false);
    }

    public static bool AllowsNull(this ICustomAttributeProvider value) {
        return value.IsCustomAttributeDefined<AllowNullAttribute>();
    }

    public static bool MayNotBeNull(this ParameterInfo arg) {
        return !arg.AllowsNull() && !arg.IsOptional &&
!arg.ParameterType.IsValueType;
    }
}
```

如果成员上定义了指定的特性类型，则 IsCustomAttributeDefined() 方法将返
回 true，否则返回 false。如果已经应用了 [AllowNull] 特性，则 AllowsNull() 方
法将返回 true，否则返回 false。MayNotBeNull() 方法则检查参数是否允许为 null，
参数是否为可选参数，以及参数值的类型。将这些检查的值进行逻辑"与"运算操作并返回
布尔值。以下添加 DisallowNonNullAspect：

```
[PSerializable]
public class DisallowNonNullAspect : OnMethodBoundaryAspect {
    private int[] _inputArgumentsToValidate;
    private int[] _outputArgumentsToValidate;
    private string[] _parameterNames;
    private bool _validateReturnValue;
    private string _memberName;
    private bool _isProperty;

    public DisallowNonNullAspect() : this(ValidationFlags.AllPublic) { }

    public DisallowNonNullAspect(ValidationFlags validationFlags) {
        ValidationFlags = validationFlags;
    }
```

```
public ValidationFlags ValidationFlags { get; set; }
}
```

上述类标记了 [PSerializable] 特性。因此 PostSharp 将为 PortableFormatter 生成该类的序列化器。除此之外，它还继承了 OnMethodBoundaryAspect 类。我们在类中声明了变量保存验证过的输入和输出参数、验证过的参数名称、是否验证返回值、成员名称以及正在验证的项是否是属性。默认构造器将验证用于所有公有成员，另外一个构造器则接受 ValidationFlags 值。接下来重写 CompileTimeValidate() 方法：

```
public override bool CompileTimeValidate(MethodBase method) {
    var methodInformation = MethodInformation.GetMethodInformation(method);
    var parameters = method.GetParameters();

    if (!ValidationFlags.HasFlag(ValidationFlags.NonPublic) &&
!methodInformation.IsPublic) return false;
    if (!ValidationFlags.HasFlag(ValidationFlags.Properties) &&
methodInformation.IsProperty)
        return false;
    if (!ValidationFlags.HasFlag(ValidationFlags.Methods) &&
!methodInformation.IsProperty) return false;
    _parameterNames = parameters.Select(p => p.Name).ToArray();
    _memberName = methodInformation.Name;
    _isProperty = methodInformation.IsProperty;

    var argumentsToValidate = parameters.Where(p =>
p.MayNotBeNull()).ToArray();

    _inputArgumentsToValidate =
ValidationFlags.HasFlag(ValidationFlags.Arguments) ?
argumentsToValidate.Where(p => !p.IsOut).Select(p => p.Position).ToArray()
: new int[0];

    _outputArgumentsToValidate =
ValidationFlags.HasFlag(ValidationFlags.OutValues) ?
argumentsToValidate.Where(p => p.ParameterType.IsByRef).Select(p =>
p.Position).ToArray() : new int[0];

    if (!methodInformation.IsConstructor) {
        _validateReturnValue =
ValidationFlags.HasFlag(ValidationFlags.ReturnValues) &&
methodInformation.ReturnParameter.MayNotBeNull();
    }

    var validationRequired = _validateReturnValue ||
_inputArgumentsToValidate.Length > 0 || _outputArgumentsToValidate.Length >
0;

    return validationRequired;
}
```

上述方法将在编译期确保"方面"正确地应用到目标上。如果该"方面"应用的目标成员类型错误，则返回 false，否则返回 true。重写 OnEntry() 方法：

```
public override void OnEntry(MethodExecutionArgs args) {
    foreach (var argumentPosition in _inputArgumentsToValidate) {
```

```
        if (args.Arguments[argumentPosition] != null) continue;
        var parameterName = _parameterNames[argumentPosition];

        if (_isProperty) {
            throw new ArgumentNullException(parameterName,
                $"Cannot set the value of property '{_memberName}' to
null.");
        } else {
            throw new ArgumentNullException(parameterName);
        }
    }
}
```

上述方法检查需要验证的输入参数。如果有参数值为 null，则抛出 ArgumentNull-Exception 异常。否则方法退出，不抛出任何异常。现在，重写 OnSuccess() 方法：

```
public override void OnSuccess(MethodExecutionArgs args) {
    foreach (var argumentPosition in _outputArgumentsToValidate) {
        if (args.Arguments[argumentPosition] != null) continue;
        var parameterName = _parameterNames[argumentPosition];
        throw new InvalidOperationException($"Out parameter
'{parameterName}' is null.");
    }

    if (!_validateReturnValue || args.ReturnValue != null) return;

    if (_isProperty) {
        throw new InvalidOperationException($"Return value of property
'{_memberName}' is null.");
    }
    throw new InvalidOperationException($"Return value of method
'{_memberName}' is null.");
}
```

OnSuccess() 方法验证待验证的输出参数。如果任何参数的值为 null，则抛出 InvalidOperationException。下一步我们添加 private class 来获得方法的信息。在 DisallowNonNullAspect 类的最后添加如下嵌套类：

```
private class MethodInformation { }
```

在其中添加三个构造器：

```
 private MethodInformation(ConstructorInfo constructor) :
this((MethodBase)constructor) {
    IsConstructor = true;
    Name = constructor.Name;
 }

 private MethodInformation(MethodInfo method) : this((MethodBase)method) {
    IsConstructor = false;
    Name = method.Name;
    if (method.IsSpecialName &&
    (Name.StartsWith("set_", StringComparison.Ordinal) ||
    Name.StartsWith("get_", StringComparison.Ordinal))) {
        Name = Name.Substring(4);
        IsProperty = true;
    }
```

```
        ReturnParameter = method.ReturnParameter;
    }

    private MethodInformation(MethodBase method)
    {
        IsPublic = method.IsPublic;
    }
```

上述构造器区分构造器和方法，并对其进行必要的初始化操作。添加如下方法：

```
private static MethodInformation CreateInstance(MethodInfo method) {
    return new MethodInformation(method);
}
```

CreateInstance() 方法基于传入方法的 MethodInfo 数据创建并返回一个新的 MethodInformation 类的实例。添加 GetMethodInformation() 方法：

```
public static MethodInformation GetMethodInformation(MethodBase methodBase)
{
    var ctor = methodBase as ConstructorInfo;
    if (ctor != null) return new MethodInformation(ctor);
    var method = methodBase as MethodInfo;
    return method == null ? null : CreateInstance(method);
}
```

上述方法将 methodBase 转换为 ConstructorInfo 类，并确认其值是否为 null。如果 ctor 不是 null，则依据构造器创建 MethodInformtaion 类。如果 ctor 为 null，则将 methodBase 转换为 MethodInfo 类。如果方法不为 null，则将其作为参数调用 CreateInstance() 方法。否则返回 null。最后在 MethodInformation 类中添加如下属性：

```
public string Name { get; private set; }
public bool IsProperty { get; private set; }
public bool IsPublic { get; private set; }
public bool IsConstructor { get; private set; }
public ParameterInfo ReturnParameter { get; private set; }
```

这些属性即应用了"方面"的方法的属性。以上，我们完成了验证"方面"的编写。现在就可以附加 [AllowNull] 特性使验证器允许 null 值。也可以附加 [DisallowNon-NullAspect] 特性禁止 null 值。下一节我们来讨论事务关注点。

11.5.7 添加事务关注点

事务是要么运行完毕要么回滚的过程。在类库项目中添加目录 Transactions，并在其中添加 RequiresTransactionAspect 类：

```
[PSerializable]
[AttributeUsage(AttributeTargets.Method)]
public sealed class RequiresTransactionAspect : OnMethodBoundaryAspect {
    public override void OnEntry(MethodExecutionArgs args) {
        var transactionScope = new
TransactionScope(TransactionScopeOption.Required);
        args.MethodExecutionTag = transactionScope;
    }
```

```
public override void OnSuccess(MethodExecutionArgs args) {
    var transactionScope = (TransactionScope)args.MethodExecutionTag;
    transactionScope.Complete();
}

public override void OnExit(MethodExecutionArgs args) {
    var transactionScope = (TransactionScope)args.MethodExecutionTag;
    transactionScope.Dispose();
}
}
```

OnEntry() 方法启动事务，而 OnSuccess() 方法结束事务，OnExit() 方法则销毁（回滚）事务。只需将 [RequiresTransactionAspect] 特性附加在指定方法上即可使用该 "方面"。如需记录阻止事务完成的异常，还可以添加 [ExceptionAspect(console-Output: false)] "方面"。在下一节我们将讨论资源池关注点。

11.5.8　添加资源池关注点

当创建或销毁多个对象实例的成本很高时，使用资源池是改善性能的好方法。本节我们将创建一个简单的资源池。添加 ResourcePooling 目录，并添加 ResourcePool 类：

```
public class ResourcePool<T> {
    private readonly ConcurrentBag<T> _resources;
    private readonly Func<T> _resourceGenerator;

    public ResourcePool(Func<T> resourceGenerator) {
        _resourceGenerator = resourceGenerator ??
                            throw new
ArgumentNullException(nameof(resourceGenerator));
        _resources = new ConcurrentBag<T>();
    }

    public T Get() => _resources.TryTake(out T item) ? item :
_resourceGenerator();
    public void Return(T item) => _resources.Add(item);
}
```

上述类创建了一个资源生成器并将创建的资源保存到 ConcurrentBag 中。当请求资源时，就从资源池中分配一个。如果资源不存在，则创建资源，添加到资源池中，再返回给调用者：

```
var pool = new ResourcePool<Course>(() => new Course()); // Create a new
pool of Course objects.
var course = pool.Get(); // Get course from pool.
pool.Return(course); // Return the course to the pool.
```

上述代码展示了如何用 ResourcePool 类创造一个资源池，从中获得资源并将其放回资源池中。

11.5.9　添加配置关注点

配置应该集中设置。桌面应用程序将配置保存在 app.config 文件中，而 Web 应用程序将配置保存在 Web.config 中。我们可以使用 ConfigurationManager 访问应用程序的配置。其使用方式是首先将 System.Configuration.Configuration NuGet 包添加到类库和自动化测试项目中。而后添加 Configuartion 目录以及如下 Settings 类：

```
public static class Settings {
    public static string GetAppSetting(string key) {
        return System.Configuration.ConfigurationManager.AppSettings[key];
    }

    public static void SetAppSettings(this string key, string value) {
        System.Configuration.ConfigurationManager.AppSettings[key] = value;
    }
}
```

上述类将获取并设置 Web.config 文件以及 App.config 文件中的应用配置。如需使用该类请添加如下 using 语句：

```
using static CrossCuttingConcerns.Configuration.Settings;
```

以下代码展示了如何使用上述方法：

```
Console.WriteLine(GetAppSetting("Greeting"));
"Greeting".SetAppSettings("Goodbye, my friends!");
Console.WriteLine(GetAppSetting("Greeting"));
```

使用静态导入就不必包含类的前缀。你可以扩展 Settings 类获取连接字符串或者应用程序中所需的其他配置。

11.5.10　添加检测关注点

最后一个关注点是检测关注点。我们使用检测关注点来对应用程序实施探查并测量方法执行的时间。在类库中添加 Instrumentation 目录，并添加 Instrumentation-Aspect 类，例如：

```
[PSerializable]
[AttributeUsage(AttributeTargets.Method)]
public class InstrumentationAspect : OnMethodBoundaryAspect {
    public override void OnEntry(MethodExecutionArgs args) {
        LogFile.AppendTextToFile("Profile.log",
            $"\nMethod: {args.Method.Name}, Start Time: {DateTime.Now}");
        args.MethodExecutionTag = Stopwatch.StartNew();
    }

    public override void OnException(MethodExecutionArgs args) {
        LogFile.AppendTextToFile("Exception.log",
            $"\n{DateTime.Now}: {args.Exception.Source} -
{args.Exception.Message}");
    }

    public override void OnExit(MethodExecutionArgs args) {
        var stopwatch = (Stopwatch)args.MethodExecutionTag;
        stopwatch.Stop();
        LogFile.AppendTextToFile("Profile.log",
            $"\nMethod: {args.Method.Name}, Stop Time: {DateTime.Now},
```

```
Duration: {stopwatch.Elapsed}");
        }
    }
```

如你所见，检测"方面"仅仅可以应用于方法。它记录方法开始和结束的时间，将探查信息记录到 `Profile.log` 文件中。如果遇到异常，则将异常记录在 `Exception.log` 文件中。

以上，我们创建了一个功能强大的可重用切面关注点库。最后让我们总结一下本章学到的知识。

11.6　总结

本章的知识非常重要。首先我们研究了装饰器模式和代理模式。代理模式可提供替代实际服务的对象供客户端使用。代理对象接收客户端请求，执行必要的操作，之后将请求传递给服务对象。由于代理与它替代的服务对象共享相同的接口，因此它们是可以互换的。

在讨论完代理模式之后，我们介绍了如何用 PostSharp 来实现 AOP。我们介绍了如何结合使用"方面"和特性装饰代码，以便在编译期将代码注入来执行所需的操作，例如异常处理、日志记录、审计和安全。我们还开发自己的"方面"并使用 PostSharp 和装饰器模式解决配置管理、日志记录、审计、安全、验证、异常处理、检测、事务、资源池、缓存、线程与并发等切面关注点。

在下一章中我们将讨论如何使用工具改善代码的质量。在开始之前请先完成本章习题，测试知识的掌握情况，并阅读参考资料。

11.7　习题

1）什么是切面关注点，AOP 的含义是什么？

2）什么是"方面"，如何应用"方面"？

3）什么是特性？如何使用特性？

4）如何结合使用"方面"和特性？

5）"方面"是如何影响构建过程的？

11.8　参考资料

- PostSharp 的官方主页：https://www.postsharp.net/。

使用工具改善代码质量

提高代码质量是程序员最关心的问题之一。提高代码质量需要使用各种工具。**代码度量**、**快速操作**、JetBrains dotTrace 探查工具、JetBrains ReSharper 和 Telerik Just-Decompile 都可以用于改善代码并加速开发。

本章涵盖如下主题:

❑ 什么是高质量代码

❑ 清理代码并进行代码度量

❑ 执行代码分析

❑ 使用快速操作

❑ 使用 JetBrains dotTrace 探查工具

❑ 使用 JetBrains ReSharper

❑ 使用 Telerik JustDecompile

学习目标:

❑ 使用代码度量测量软件复杂度和可维护程度。

❑ 使用快速操作,用单一指令更改代码。

❑ 使用 JetBrains dotTrace 执行代码探查并分析瓶颈。

❑ 使用 JetBrains ReSharper 重构代码。

❑ 使用 Telerik JustDecompile 反编译代码并生成解决方案。

12.1　技术要求

❑ 本章源代码：`https://github.com/PacktPublishing/Clean-Code-in-C-`

❑ Visual Studio 2019 社区版或更高版本：`https://visualstudio.microsoft.com/downloads/`

❑ Telerik JustDecompile 软件：`https://www.telerik.com/products/decompiler.aspx`

❑ JetBrains ReSharper Ultimate 版本：`https://www.jetbrains.com/resharper/download/#section=resharper-installer`

12.2　什么是高质量代码

良好的代码质量是软件的必要属性。低质量的代码不仅可能导致财务损失、时间和工时的浪费，甚至还会危及生命。高品质的代码兼具**性能**（Performance）、**可用性**（Availability）、**安全性**（Security）、**可伸缩性**（Scalability）、**可维护性**（Maintainability）、**可访问性**（Accessibility）、**可部署性**（Deployability）与**可扩展性**（Extensibility），可简记为 PASSMADE。

高性能的代码不仅短小，只执行需要的操作，而且执行迅速。高性能代码不会使系统陷入停顿。造成系统停顿的原因包括文件**输入 / 输出**操作、内存使用情况和 CPU 使用情况。低性能的代码往往需要重构。

可用性指软件可以持续在所需的性能水平上保持可用。可用性是**软件运行时间**（tsf）和**预期运行时间**（ttef）之比。例如，如果 tsf = 700，ttef = 774，则可用性就是 700/744 = 0.9409 = 94.09%。

安全的代码指可以正确验证输入，防止无效的数据格式或超范围的无效数据，防止恶意攻击代码，并对用户进行完善的身份验证和鉴权操作的代码。安全的代码是具备容错性的。例如，将资金从一个账户转移到另一个账户时，如果系统崩溃，则操作应当确保数据的完整性。不会从出现问题的账户中扣款。

可伸缩的代码是一种可以安全地处理指数级增长的用户数目，而不会令系统停顿的代码。因此无论软件一小时处理一个请求还是处理一百万个请求，代码性能都不会下降，也不会因为负载过大而停机。

可维护性指代码修复缺陷并添加新功能的难易程度。可维护的代码应当组织良好、易于阅读，应该低耦合高内聚，这样代码就更容易进行维护和扩展。

可访问的代码让即使是能力受限的成员也能够根据自己的需要轻松地修改和使用软件。例如，具有高对比度的用户界面、针对阅读困难者和盲人添加的旁白，等等。

可部署性关注软件的用户——独立用户、远程访问的用户或是局域网用户，不论用户是哪种类型，软件都应当易于部署而不会出现任何问题。

可扩展性指向应用程序添加新功能以进行扩展的容易程度。意大利面式的代码和低内聚高耦合的代码会令代码扩展困难重重并容易出错。这样的代码难以阅读和维护，且不易扩展。因此，可扩展的代码是易于阅读和维护的代码，因而易于向其中添加新特性。

高质量代码需满足 PASSMADE 的要求。我们不难推断出不满足这些需求的代码可能存在的各种问题。性能不佳的代码会令人沮丧，无法使用；客户会因为停机时间的增加而烦恼；黑客可以利用代码中的安全漏洞进行攻击；当越来越多的用户加入系统时，软件的性能将呈指数下降；代码难以得到修复和扩展，甚至有时无法修复与扩展；受限用户将由于其能力上的限制无法对软件进行修改；部署该软件会成为一场配置灾难。

此时我们可以使用代码度量工具。开发人员可以利用代码度量测量代码的复杂性和可维护性，从而识别需要重构的代码。

快速操作可以使用单个命令重构 C# 代码，例如将代码抽取为方法。JetBrains dotTrace 可以对代码进行分析并查找性能瓶颈。JetBrains ReSharper 是 Visual Studio 中的一个生产力扩展组件。它能够分析代码质量，检查代码坏味道，执行编码标准并重构代码。Telerik JustDecompile 可以反编译代码以进行故障排查，并生成**中间语言**（Intermediate Language，IL）、C# 和 VB.NET 项目。如果你手头没有源代码，却希望维护和扩展已编译的代码，那么它正是最合适的工具。该工具甚至可以为编译后的代码生成调试符号。

接下来我们将深入介绍上述工具。首先介绍代码度量工具。

12.3 清理代码并进行代码度量

在研究如何进行代码度量之前首先需要了解什么是代码度量，代码度量对我们有何帮助。**代码度量**主要关注软件的复杂性与可维护性。它可以帮助我们了解如何提高代码的可维护性，并降低代码的复杂性。

Visual Studio 2019 提供的代码度量项目包括：

❑ **维护性指标**：代码的可维护性是**应用程序生命周期管理**（Application Lifecycle Management，ALM）的重要组成部分。在软件生命周期结束之前需要对其进行维护。代码库维护性越差，则代码在被完全替换前的生命周期越短。与维护现有系统相比，编写新软件替换出现故障的系统要费事得多，而且成本高昂。代码可维护性度量指标称为维护性指标。它是从 0 到 100 的整数值。以下列出了维护性指标的级别、颜色和意义：

- 20 及以上的分数颜色级别为绿色，指代码具有良好的维护性。
- 10 分到 19 分的分数颜色级别为黄色，此时代码有中等维护性。
- 小于 10 分的分数颜色级别为红色，这说明代码难以维护。

❑ **圈复杂度**：代码复杂度，又称为圈复杂度。指通过软件代码的各种路径。路径越多，软件就越复杂，测试和维护就越困难。复杂的代码会导致软件发布更容易出错，并使软件难以维护和扩展。因此，我们建议尽可能降低软件的复杂度。

❑ **继承深度**：类继承的深度和耦合程度的度量指标受**面向对象编程**（Object-Oriented Programming，OOP）这种流行编程范式的影响。使用 OOP，类可以从其他类继承。被继承的类称为基类，从基类继承的类称为子类。相互继承类的数量的度量值称为继承深度。

如果某个基类发生了更改，则继承级别越深，其派生类中出错的可能性就越大。理想的继承深度为 1。

❑ **类耦合度**：OOP 允许类耦合。当一个类直接被参数、局部变量、返回类型、方法调用、泛型或模板实例、基类、接口实现、其他类型上定义的字段和特性装饰上引用时就会产生耦合。

类的代码耦合度决定了类之间的耦合级别。为了使代码易于维护和扩展，类的耦合度应该保持在最小的数值上。在 OOP 中，实现这一点的方法之一是基于接口编程。这样就可以避免直接访问类。这种方法的好处是只要实现了相同的接口，类就可以互换。低质量的代码是高耦合和低内聚的，而高质量的代码则是低耦合与高内聚的。

理想情况下，软件应该有高内聚性与低耦合性。因为这样的程序更容易测试、维护与扩展。

❑ **代码行数**：该指标度量的是源代码行（包括空行）的完整统计数目。

❑ **可执行代码行数**：该指标度量的是可执行代码中操作的数量。

以上我们介绍了什么是代码度量，并介绍了 Visual Studio 2019 16.4 版本及其后续版本提供的度量指标。接下来我们来介绍其实际应用。其步骤如下：

1）在 Visual Studio 中打开任意项目。

2）在项目上单击鼠标右键。

3）选择 Analyze and Code Cleanup | Run Code Cleanup (Profile 1)，如图 12-1 所示。

4）选择 Calculate Code Metrics。

5）此时你将看到 Code Metrics Result 窗口，如图 12-2 所示。

从上图可见，所有的类、接口和方法都是以绿色标记（图中 Maintainability Index 一列左侧方框）的。这说明当前选定的项目是可维护的。如果这些行中有任何一行标记为黄色或是红色，那么则需要定位问题并进行重构，使其颜色重新变为绿色。以上我们介绍了如何进行代码度量。接下来我们进行代码分析。

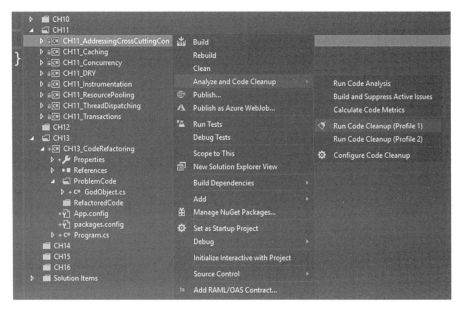

图　12-1

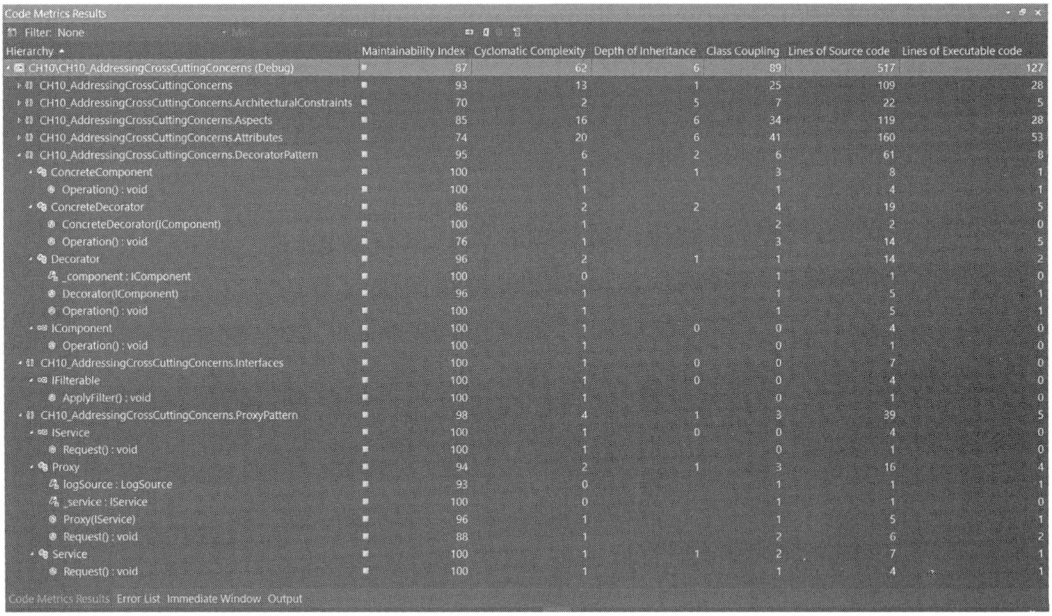

图　12-2

12.4　执行代码分析

为了帮助开发人员识别代码中的潜在问题。Microsoft 在 Visual Studio 中提供了**代码分**

析工具。**代码分析**执行静态源代码分析。该工具将识别设计缺陷、国际化问题、安全问题、性能问题以及互操作性问题。

打开本书的解决方案文件，选择 CH11_AddressingCrossCuttingConcerns。从 Project 菜单中选择 Project | CH11_AddressingCrossCuttingConcerns | Properties。在项目属性窗口，选择 Code Analysis（代码分析），如图 12-3 所示。

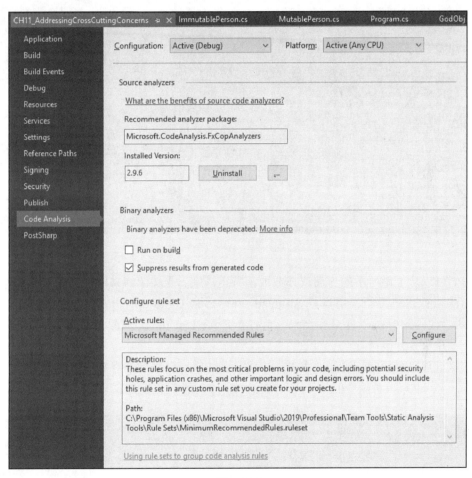

图　12-3

如上图所示，如果推荐的分析依赖包还没有安装，请先单击 Install 安装分析依赖包。安装完毕后，包的版本将显示在已安装版本框中。我安装的版本为 2.9.6。默认情况下将激活 Microsoft Managed Recommended Rules 中的规则。如描述框中所示，工具集的位置为 C:\Program Files (x86)\Microsoft Visual Studio\2019\Professional\Team Tools\Static Analysis Tools\Rule Sets\MinimumRecommendedRules.ruleset。打开上述文件将显示 Visual Studio 工具窗口，如图 12-4 所示。

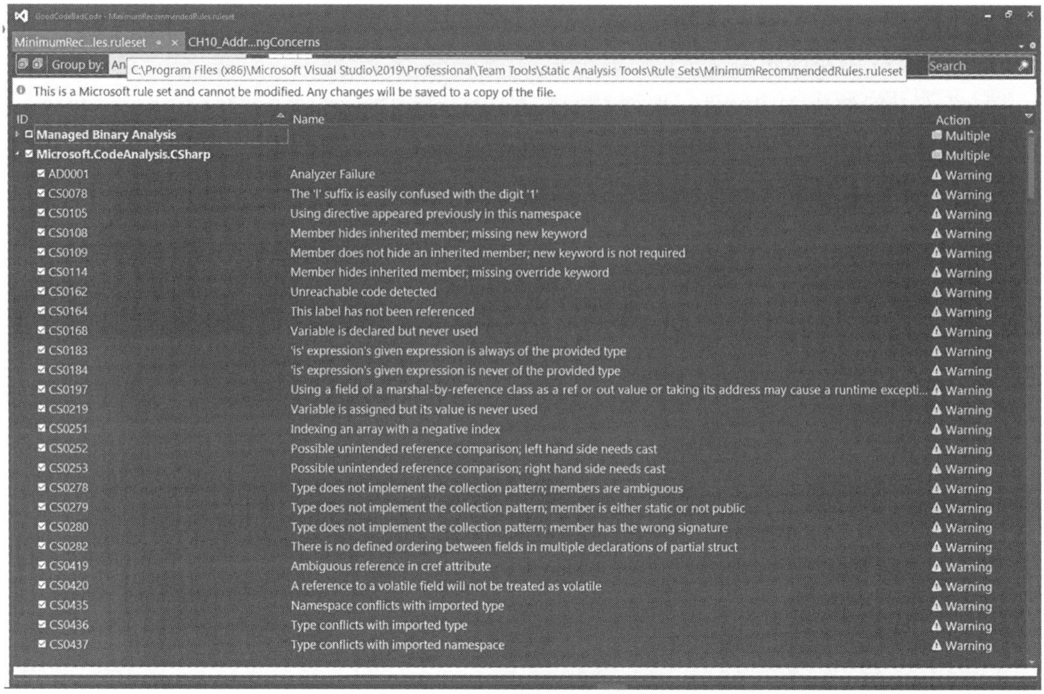

图　12-4

我们可以从上图所示的界面选择或取消特定规则。当关闭窗口时，将提示是否保存更改。如需执行代码分析，请选择 Analyze and Code Cleanup（分析并清理代码）| Code Analysis（代码分析）。为了观察结果，请打开 Error List（错误列表）窗口。你可以从 View（视图）菜单中打开该窗口。

在执行代码分析时，错误列表窗口中将显示错误、警告和消息列表。我们可以处理其中的每一项问题以改善软件的整体代码质量。图 12-5 展示了范例工程的分析结果[⊖]。

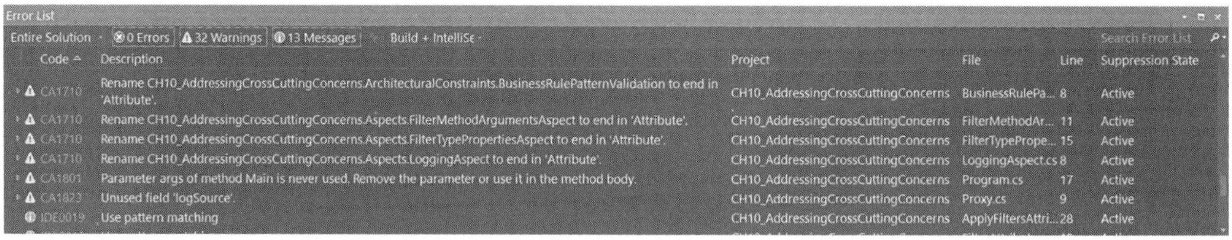

图　12-5

从上述分析可知，CH11_AddressingCrossCuttingConcerns 项目有 32 项警告与 13 项信息。在处理之后，可以将上述两个数目均降至 0。以上我们介绍了如何使用代码

⊖　图中 CH10 应为 CH11。——编辑注

度量查看软件的可维护性，并通过分析得出了改进建议。接下来我们介绍如何使用快速操作解决上述问题。

12.5 使用快速操作

快速操作是一个方便快捷的工具，快速操作将在代码行上显示螺丝刀 🔧、灯泡 💡 或者带有错误图标的灯泡 💡，快速操作可以用一个命令生成代码、重构代码、跳过警告、修正代码与添加 using 语句。

之前的项目（CH11_AddressingCrossCuttingConcerns）有 32 个警告与 13 个消息，我们将使用该项目展示如何使用快速操作。如图 12-6 所示。

图 12-6

上图中第 10 行有一个灯泡图标。单击灯泡弹出如图 12-7 所示的菜单。

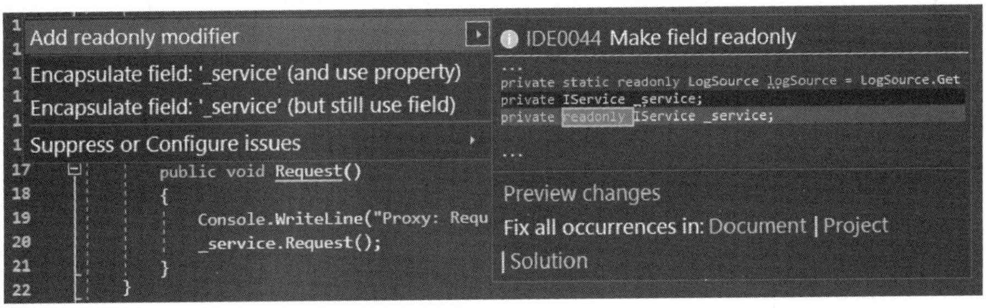

图 12-7

如选择 Add readonly modifier（添加 readonly 限定符），则会在 private 访问限定符后添加 readonly 访问限定符。我建议你亲自尝试使用快速操作来更改代码。你会发现一旦掌握窍门该工具就会变得相当简单。以上我们介绍了快速操作的使用方法。接下来将介绍 JetBrains dotTrance 探查工具。

12.6 使用 JetBrains dotTrace 探查工具

JetBrains dotTrace 探查工具是 JetBrains ReSharper Ultimate 许可证的一部分。由于接下来我们还要使用 JetBrains ReSharper，所以建议大家在继续之前首先下载并安装 JetBrains

ReSharper Ultimate 版本。

 如果你是第一次安装，则 JetBrains 可以提供试用版本。它支持 Windows、macOS 和 Linux。

JetBrains dotTrace 探查工具支持 Mono、.NET Framework 和 .NET Core。该探查工具支持所有的应用程序类型，可以分析并跟踪代码库中的性能问题。探查工具可以帮助我们找到这些问题（例如，100% 的 CPU 占用率、100% 的磁盘 I/O、内存耗尽或溢出异常等）的根本原因。

许多应用程序都会执行 HTTP（超文本传输协议）请求。探查工具会分析这些请求的处理方式，同样的，它也可以对数据库的 SQL（结构化查询语言）查询进行分析。它可以对静态方法和单元测试进行探查，并可以直接在 Visual Studio 中查看分析结果。当然你也可以直接使用其独立版本。

该工具提供四种探查模式：**采样**、**跟踪**、**逐行**与**时间线**。当第一次对程序性能进行分析时可以使用**采样**模式。它可以精确地测量调用时间。**跟踪**和**逐行**模式则提供更详细的分析结果，但是也会为待分析的程序增加更多的（内存和 CPU）开销。**时间线**和采样类似，都是随时间收集应用程序事件。这两种模式都能够追踪并解决绝大部分问题。

高级分析选项包括实时性能计数器、线程时间、实时 CPU 指令和线程周期时间。实时性能计数器可以测量方法进入与退出的时间。线程时间则度量线程执行的时间。实时 CPU 指令基于 CPU 寄存器提供更加准确的方法进入与退出计时。

探查工具可以连接到正在运行的 .NET Framework 4.0（或更高版本）或 .NET Core 3.0（或更高版本）的应用程序和进程上。且支持本地应用程序与远程应用程序，包括独立应用程序、.NET Core 应用程序、Internet Information Service（IIS）网络应用程序、IIS Express 应用程序、.NET Windows 服务、WCF 服务、Windows 商店、UWP 应用程序、其他在探查启动后启动的 .NET 进程、基于 Mono 的桌面应用程序与控制台应用程序、使用 Unity 编辑器创建或独立的 Unity 应用程序。

如需从 Visual Studio 2019 中启动探查工具，可以选择 Extensions（扩展）| ReSharper | Profile（探查）| Show Performance Profiler（显示性能探查结果）。从图 12-8 可见，现在还没有任何探查结果。其中我们待探查的项目为 Basic CH3，探查模式选定为 Timeline（时间线）模式。我们将使用 Sampling（采样）模式对 CH3 项目进行探查。此时可以打开 Timeline 下拉选项，并选择 Sampling 模式。

如果要对不同的项目进行采样，只需要展开 Project 下拉列表，选择需要探查的项目即可。构建项目，启动探查工具。则项

图 12-8

目也将运行，待项目运行结束后，探查结果将显示在 dotTrace 应用程序中。如图 12-9 所示。

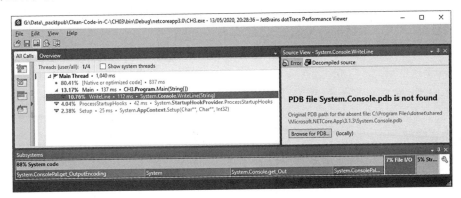

图　12-9

上图中共有四个线程，图中展示的是第一个线程，即程序的线程。其他的线程用于支持过程执行，这些线程使我们的程序能够与负责程序退出与资源清理的终结器线程共同运行。

All Calls 窗口左侧的菜单项由以下几个内容组成：

❑ 线程树

❑ 调用树

❑ 普通列表

❑ 热点

当前选择的是**线程树**。现在我们选择**调用树**并将树展开，就得到如图 12-10 所示的视图。

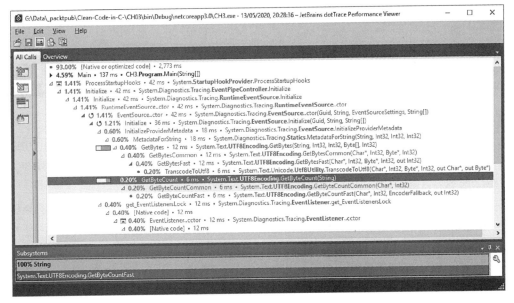

图　12-10

以上探查视图展示了代码完整的**调用树**。它不但包含系统代码，也包含自身的代码。图中展示了执行调用所消耗的时间的百分比。这样我们就可以识别长时间运行的代码并解决其中的问题。

接下来我们使用**普通列表**模式。从普通列表模式截图可见，我们可以将内容按如下的方式归类：

❏ 不归类
❏ 类
❏ 命名空间
❏ 程序集

如图 12-11 所示。

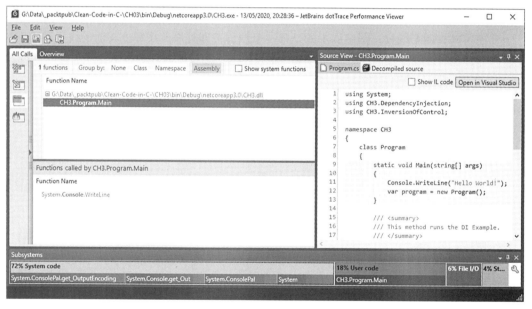

图　12-11

当点击列表中的条目时，代码视图就会跳转到相应的类和方法所在之处。这个功能非常实用，它可以展示有问题的代码及所需的修正。最后我们介绍**热点**这种采样探查视图，如图 12-12 所示。

探查工具展示了 Main Threat（主线程），它是代码的执行起点。它仅仅占用了 4.59% 的处理时间。如果选中根节点，还可以观察到 18% 的代码是我们自己编写的代码，而 72% 是系统代码，如图 12-13 所示。

上述介绍仅仅触及了该探查工具的皮毛。这个工具功能强大，我建议你亲自体验其他的功能。本章的主要目的仅仅是向你介绍各种可用的工具。

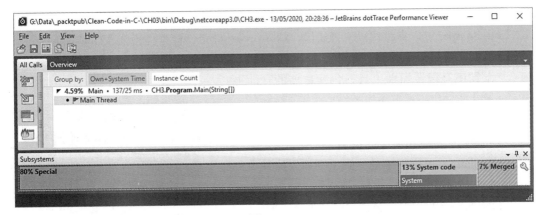

图　12-12

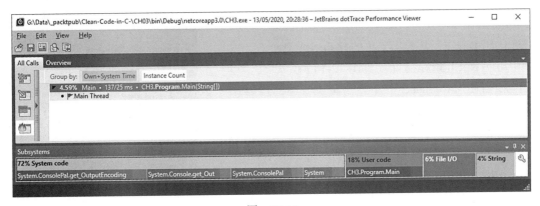

图　12-13

关于 JetBrains dotTrace 的更多信息，请参见在线学习文档：
`https://www.jetbrains.com/profiler/documentation/documentation.`
`html`。

接下来我们介绍 JetBrains ReSharper。

12.7　使用 JetBrains ReSharper

本节将介绍 JetBrains ReSharper 工具，它可以帮助我们改善代码质量。ReSharper 是一个覆盖面很广的工具，和 dotTrace 探查工具一样，它也是 ReSharper Ultimate Edition 的一员。我们在本节仅仅介绍其基本的功能，但是这足以让我们了解该工具，以及它是如何改善 Visual Studio 的编码体验的。以下是使用 ReSharper 带来的优势：

❑ ReSharper 可以分析代码的质量。

❑ ReSharper 可以提供代码改善建议，消除代码坏味道，修正代码中存在的问题。

❑ 导航系统可以在解决方案中任意跳转，可根据需要跳转到任意的条目中。此外，该工具还有很多辅助工具，包括扩展的自动提示功能，代码重组功能等。

❑ 得益于 ReSharper 的功能，我们可以进行局部或全局范围解决方案的重构。

❑ ReSharper 可用于生成代码，例如创建基类和内联方法。

❑ ReSharper 可以按照公司的规范策略清理代码，去除未使用的导入条目或其他未使用的代码。

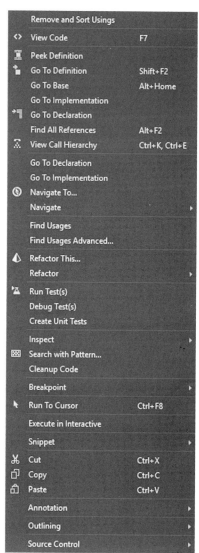

图　12-14

ReSharper 菜单可以从 Visual Studio 2019 的 Extension 菜单中找到。此外，在代码编辑器中，也可以在代码上右击，从弹出菜单的 Refactor This... 一项中访问 ReSharper 菜单。如图 12-14 所示。

如需使用 ReShaper 分析整个解决方案的代码并将结果显示在 Inspection Result 窗口中，请从 Visual Studio 2019 菜单中选择 Extensions | ReSharper | Inspect | Code Issues in Solution。如图 12-15 所示。

如图中所示，ReSharper 在代码中发现了 527 个问题，窗口中展示了其中的 436 个。这些问题包括常见实践与代码改进建议、编译器警告、违反规则、语言使用问题、潜在的代码质量问题、冗余代码、冗余的符号声明、拼写问题与语法样式问题。

以**编译器警告**为例，展开这一项，可以看到 3 个问题：

❑ _name 字段从未赋值。

❑ nre 局部变量未被使用。

❑ async 方法中不存在 await 操作，因此该方法将同步执行。应使用 await 运算以非阻塞方式等待 API 调用，或使用 await TaskEx. Run(...) 方法在后台线程上执行需要 CPU 参与的工作。

这些问题包括变量声明但未被赋值或使用的问题，以及 async 方法没有使用 await 运算符从而同步执行的问题。如果单击第一个警告，则代码将跳转到未被赋值的变量一行。

查看该类的代码可以发现，代码声明并使用了字符串变量，但该变量未被赋值。由于我们会检查字符串是否为 string.Empty，因此我们将该值作为变量的初始值。代码更改如下：

```
private string _name = string.Empty;
```

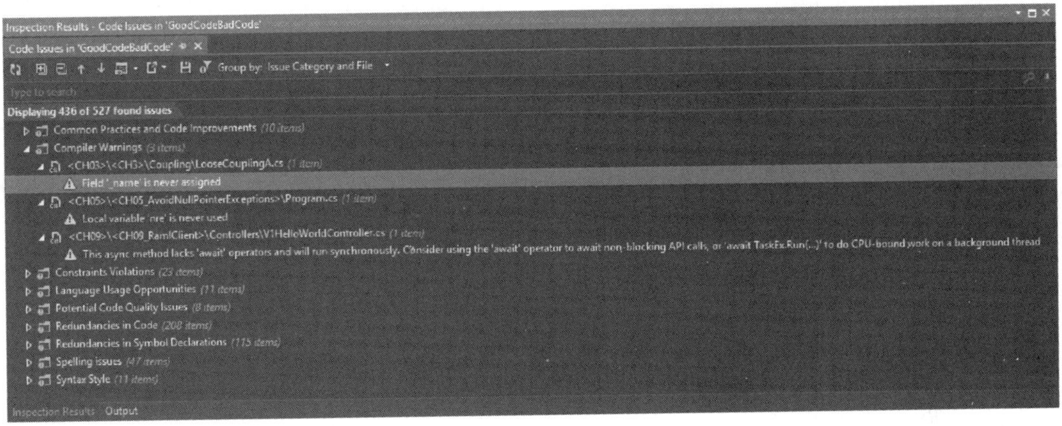

图　12-15

由于 _name 变量仍然突出显示，我们可以将鼠标悬停在它上面，看看问题出在哪里。快速操作通知我们 _name 变量可以标记为只读。让我们添加 readonly 修饰符。现在，这条代码变成了：

```
private readonly string _name = string.Empty;
```

若单击刷新按钮 ↻，可以发现问题的数目变成了 526。我们明明修正了两个问题，问题数目为什么不是 525 呢？实际上我们修正的第二个问题并非 ReSharper 发现的问题，而是 Visual Studio 快速操作发现的问题。因此 ReSharper 展示的问题数目没错。

接下来我们查看一下 LooseCouplingB 类中存在的代码质量问题。ReSharper 报告其构造器方法可能产生 System.NullReferenceException。其相关代码如下：

```
public LooseCouplingB()
{
    LooseCouplingA lca = new LooseCouplingA();
    lca = null;
    Debug.WriteLine($"Name is {lca.Name}");
}
```

的确，上述代码会产生 System.NullReferenceException。我们来查看一下 LooseCouplingA 的代码确认一下哪个成员可以赋值为 null。从以下代码中可知 _name 成员是可以赋值的：

```
public string Name
{
    get => _name.Equals(string.Empty) ? StringIsEmpty : _name;

    set
```

```
{
    if (value.Equals(string.Empty))
        Debug.WriteLine("Exception: String length must be greater than
zero.");
    }
}
```

但是 _name 字段会进行空字符串验证。因此，我们应该把 _name 设置为 string. Empty。因此我们在 LooseCouplingB 类中进行如下修正：

```
public LooseCouplingB()
{
    var lca = new LooseCouplingA
    {
        Name = string.Empty
    };
    Debug.WriteLine($"Name is {lca.Name}");
}
```

现在，刷新 Inspection Result 窗口可以发现问题列表中的问题数目减少了 5 个。因为，我们除了正确设置了 Name 属性之外，还使用语言特性简化了实例化与初始化的方式，而这些也是 ReSharper 检测到的问题。大家也可以继续使用该工具消除 Inspection Results 窗口中的问题。

ReSharper 还能生成依赖关系图。如需为当前解决方案生成依赖关系图可以执行 Extensions | ReSharper | Architecture | Show Project Dependency Diagram。该操作将创建当前解决方案的项目依赖关系图。其中，名为 CH06 的黑色容器是命名空间，而前缀为 CH06_ 的灰蓝色容器代表项目，如图 12-16 所示。

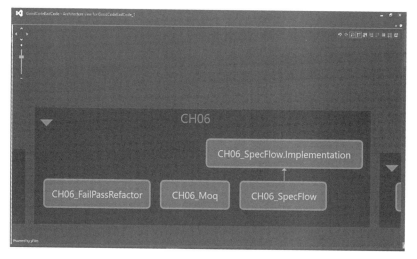

图　12-16

从 CH06 命名空间中的项目依赖关系图中可见，CH06_SpecFlow 和 CH06_SpecFlow. Implementation 之间有依赖关系。类似地我们还可以使用 ReSharper 生成类型依赖关系

图。相应地，请执行：Extensions | ReSharper | Architecture | Type Dependencies Diagram。

如果我们仅仅为 CH10_AddressingCrossCuttingConcerns 项目中的 ConcreteClass 类生成依赖图。则生成的依赖图中最初只会显示 ConcreteComponent 类。右键单击关系图上的 ConcreteComponent 框，并选择 Add All Referenced Types（添加所有引用类型）。之后 ExceptionAttribute 类和 IComponent 接口会添加到图中。右击 Exception-Attribute 继续执行 Add All Referenced Types，则将得到如图 12-17 所示结果。

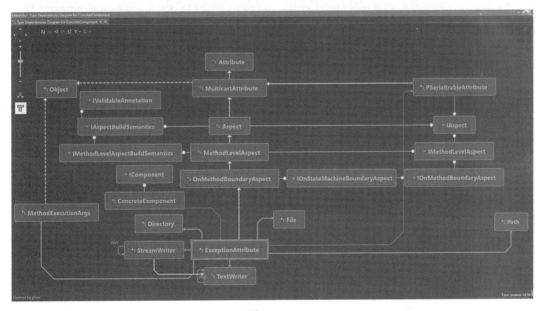

图　12-17

这个工具的奇妙之处在于我们可以按照命名空间对元素进行排列，这对于具有多个大型项目和深层嵌套命名空间的解决方案尤其有用。虽然在代码中我们也可以使用右击并转到声明的方式查看代码关系，但是使用图表可以直观地看到当前项目的布局。这就是该工具的作用。图 12-18 展示的就是按照命名空间组织的类型依赖关系图。

在日常工作中，这种图表的使用场景很多。此图可以作为帮助开发人员解决复杂问题的技术文档。从图中容易看出哪些命名空间是可用的，以及所有的内容是如何相互关联的。这将使开发人员能够正确地判断新类、枚举和接口的放置位置。在维护时也能够知晓从何处查找对象。此图也可用于查找名称重复的命名空间、接口和对象。

接下来我们介绍覆盖统计功能。其使用方式如下：

1）选择 Extensions | ReSharper | Cover |Cover Application。

2）在 Converage Configuration 对话框中，将默认选中 Standalone。

3）选择可执行程序。

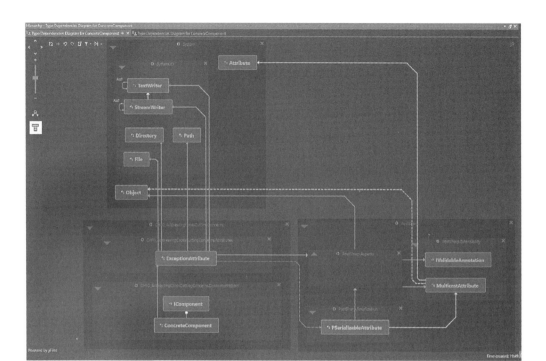

图　12-18

我们可以从 bin 目录中选择 .NET 应用程序。图 12-19 展示了 Converage Configuration 对话框的界面。

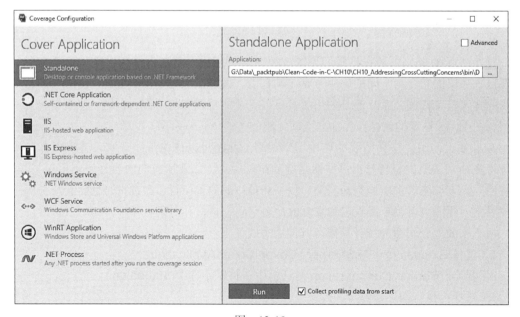

图　12-19

4）单击 Run 按钮启动应用程序并开始收集探查数据。此时 ReSharper 将显示如图 12-20
所示的对话框。

图　12-20

此时应用程序开始运行。覆盖探查工具将在程序运行时收集数据。我们选中的控制台
应用程序在运行时的输出如图 12-21 所示。

```
G:\Data\_packtpub\Clean-Code-in-C-\CH10\CH10_AddressingCrossCuttingConcerns\bin\Debug\CH10_AddressingCrossCuttingConcerns.exe    —    □    ×
Starting.
Debug    | Trace    | ConcreteDecorator..ctor({CH10_AddressingCrossCuttingConcerns.DecoratorPattern.ConcreteComponent})
Succeeded.
Audit: [Member Name: .ctor, Operation: ConcreteDecorator..ctor({CH10_AddressingCrossCuttingConcerns.DecoratorPattern.Con
creteComponent}), Time: 15/05/2020 20:12:51]
Debug    | Trace    | ConcreteDecorator.Operation() | Starting.
Operation: try block.
Debug    | Trace    | Decorator.Operation() | Starting.
Debug    | Trace    | ConcreteComponent.Operation() | Starting.
Oops! The method or operation is not implemented.
Audit: [Member Name: Operation, Operation: ConcreteComponent.Operation(), Time: 15/05/2020 20:12:51]
Warning    | Trace    | ConcreteComponent.Operation() | Failed: exception = {System.NotImplementedException}.
    System.NotImplementedException: The method or operation is not implemented.
        at CH10_AddressingCrossCuttingConcerns.DecoratorPattern.ConcreteComponent.Operation() in G:\Data\_packtpub\Clea
n-Code-in-C-\CH10\CH10_AddressingCrossCuttingConcerns\DecoratorPattern\ConcreteComponent.cs:line 14

Warning    | Trace    | Decorator.Operation() | Failed: exception = {System.NotImplementedException}.
    System.NotImplementedException: The method or operation is not implemented.
        at CH10_AddressingCrossCuttingConcerns.DecoratorPattern.ConcreteComponent.Operation() in G:\Data\_packtpub\Clean-
Code-in-C-\CH10\CH10_AddressingCrossCuttingConcerns\DecoratorPattern\ConcreteComponent.cs:line 14
        at CH10_AddressingCrossCuttingConcerns.DecoratorPattern.Decorator.Operation() in G:\Data\_packtpub\Clean-Code-in-
C-\CH10\CH10_AddressingCrossCuttingConcerns\DecoratorPattern\Decorator.cs:line 20

Audit: [Member Name: Operation, Operation: Decorator.Operation(), Time: 15/05/2020 20:12:51]
Operation: catch block.
The method or operation is not implemented.
Debug    | Trace    | ConcreteDecorator.Operation() | Succeeded.
Audit: [Member Name: Operation, Operation: ConcreteDecorator.Operation(), Time: 15/05/2020 20:12:51]
Audit: [Member Name: DecoratorPatternExample, Operation: Program.DecoratorPatternExample(), Time: 15/05/2020 20:12:51]
```

图　12-21

5）单击控制台窗口，按任意键退出应用程序。此时覆盖对话框将关闭并初始化存储数
据。最后所有结果将显示在 Coverage Results Browser 窗口中，如图 12-22 所示。

该窗口展示了非常有用的信息。它提供了一个未被调用的代码指示器，其颜色为红色；
而执行过的代码颜色为绿色。使用这些信息，我们可以查看是否有可以删除的无用代码；由
于系统执行路径影响，虽未执行但仍然需要的代码；出于测试目的而注释掉的代码；仅仅由
于开发人员忘记添加调用或由于条件检查错误而没有被调用的代码。

如需查看感兴趣的条目，请双击相应条目以跳转到相应的代码处。代码中的 Program
类仅仅有 33% 的覆盖率，因此我们双击 Program 条目以查看具体情况。其输出如以下代
码块所示：

```
static void Main(string[] args)
{
    LoggingServices.DefaultBackend = new ConsoleLoggingBackend();
```

```
AuditServices.RecordPublished += AuditServices_RecordPublished;
DecoratorPatternExample();
//ProxyPatternExample();
//SecurityExample();

//ExceptionHandlingAttributeExample();

//SuccessfulMethod();
//FailedMethod();

Console.ReadKey();
}
```

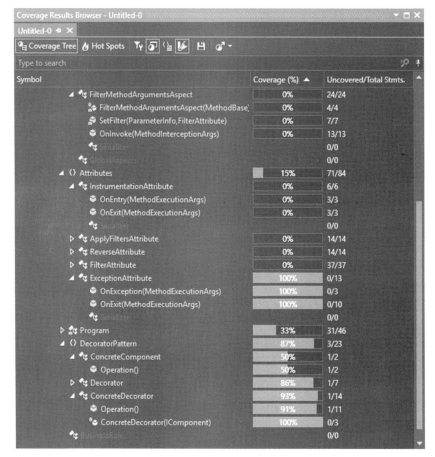

图　12-22

　　从上述代码可知，一些代码未被覆盖的原因是这些代码出于测试目的被注释掉了。当然我们可以保留代码现状（我们此次会这样做）。当然，我们也可以删除这些无用的代码，或去除注释恢复代码。至此，我们已经了解了代码覆盖率偏低的原因。

　　我们对 ReSharper 的介绍就到此为止。可以发现，这些工具可以辅助我们编写良好而简洁的 C# 代码。我们接下来将介绍 Telerik JustDecompile 工具。

12.8　使用 Telerik JustDecompile 工具

我曾多次使用 Telerik JustDecompile 来追踪第三方库中的错误，恢复丢失的重要项目的源代码，检查程序集混淆的强度，或用作其他学习目的。它在我多年的工作中屡建奇功，因此我把这款工具推荐给大家。

该反编译引擎是开源的。你可以从 https://github.com/telerik/justdecompileengine 获得该引擎的代码。你可以编写自定义的扩展并为该项目贡献代码。如需下载该应用的 Windows 安装程序，请访问 Telerik 公司网站：https://www.telerik.com/products/decompiler.aspx。该反编译器既可以作为一个独立应用程序执行，也可以作为 Visual Studio 扩展执行。我们可以从反编译的程序集直接创建 VB.NET 或 C# 项目，并从反编译的程序集中抽取或保存资源。

下载并安装 Telerik JustDecompile。接下来我们将对程序集进行反编译，并从中生成一个 C# 项目。安装过程中安装程序可能会提示你安装其他 Telerik 工具，你可以不进行勾选以取消安装。

运行 Telerik JustDecompile 程序。将目标程序集拖动到 Telerik JustDecompile 工具的左侧窗口中即可反编译代码。其代码树将显示在左侧窗口中。在左侧选中一个条目，其代码将显示在右侧窗口中，如图 12-23 所示。

图　12-23

如你所见，反编译过程速度很快且结果也令人满意。虽然反编译的代码无法尽善尽美，但在大多数情况下都可以使用。从程序集创建 C# 工程的步骤如下：

1）在 Plugins 菜单右侧的下拉框中选择 C#。

2）单击 Tools | Create Project。

3）某些情况下将提示你选择目标程序的 .NET 版本（有时则无须选择）。

4）选择项目保存的位置。

5）应用程序将在指定位置创建项目。

现在，我们可以从 Visual Studio 中打开生成的项目并开始工作了。Telerik 会将过程中遇到的任何问题记录在代码中，并附上反馈电子邮件地址。你可以随时发送电子邮件报告遇到的问题。Telerik 将处理报告并修正这些问题。

至此，我们已经介绍了所有的工具。现在让我们总结一下本章的知识。

12.9　总结

本章首先介绍了什么是代码度量，并介绍了几种度量代码质量的指标。使用工具进行度量的过程是非常容易的。其度量结果包括行数（包括空行）与可执行代码行数、圈复杂度、内聚和耦合程度以及代码的可维护性指标。报告中代码重构颜色为绿色表示良好、黄色表示需要重构、红色则表示迫切需要重构。

接下来我们介绍了如何进行简单的静态代码分析并查看分析结果。除此之外还介绍了如何查看规则集，如何修改规则集来控制哪些部分需要分析，哪些部分无须分析。我们介绍了如何执行快速操作，如何使用单个命令执行错误修复、导入命名空间并重构代码的操作。

此后，我们使用 JetBrains dotTrace 探查工具度量程序的性能、跟踪瓶颈，并找到执行时间最长的方法。而后我们演示了 JetBrains ReSharper。该工具可以检查代码中各种潜在的问题和改进方法。为了展示该工具的易用性，我们在范例中确定了几个问题并进行了必要的修改。最后我们演示了如何使用该工具创建（项目）依赖和类型依赖架构图。

本章最后，我们介绍了 Telerik JustDecompile。我们可以使用该工具反编译程序集并生成 C# 或 VB.NET 项目。它适用于在无法访问源程序代码的情况下处理程序 bug 或对程序进行扩展。

在接下来的章节中我们将围绕代码展开讨论，并介绍如何重构代码。在开始介绍这些内容之前请首先回答本章习题测试知识的掌握情况，并进一步阅读参考资料中的内容。

12.10　习题

1）什么是代码度量，为什么要进行代码度量？

2）说出六种代码度量指标的名称。

3）什么是代码分析，代码分析的作用是什么？

4）什么是快速操作？

5）JetBrains dotTrance 工具的用途是什么？

6）JetBrains ReSharper 工具的用途是什么？

7）为何使用 Telerik JustDecompile 反编译程序集？

12.11　参考资料

- Microsoft 代码度量的官方文档：https://docs.microsoft.com/en-us/visualstudio/code-quality/code-metrics-values?view=vs-2019。

- Microsoft 快速操作的官方文档：https://docs.microsoft.com/en-us/visualstudio/ide/quick-actions?view=vs-2019。

- JetBrains dotTrace 探查工具的官方网址：https://www.jetbrains.com/profiler/。

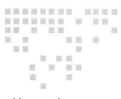

重构 C# 代码——识别代码坏味道

本章将讨论有问题的代码以及如何重构这些代码。业界通常将这些代码中的问题称为代码**坏味道**。虽然这些代码可以编译，可以运行，且功能也是符合要求的；但是它们不可读，本身很复杂，使人们难以对代码库进行维护和进一步扩展，因此称为问题代码。这类代码如果可以重构，则应该尽快重构。它们是技术债务，如果不及时处理，则会令项目陷入困境，你不得不付出巨大代价重新设计项目并从头编写应用程序。

什么是重构呢？重构是一个重写当前可以正常工作的代码，使其变得更加整洁的过程。而整洁的代码是易于阅读、维护和扩展的。

本章将涵盖如下主题：

❑ 识别并处理应用程序级别的代码坏味道。

❑ 识别并处理类级别的代码坏味道。

❑ 识别并处理方法级别的代码坏味道。

学习目标：

❑ 识别不同种类的代码坏味道。

❑ 理解为什么这些代码是有坏味道的代码。

❑ 如何将有坏味道的代码重构为整洁的代码。

我们首先从应用程序级别的代码坏味道入手来讨论如何进行代码重构。

13.1 技术要求

本章需要安装如下工具：

❑ Visual Studio 2019

❑ PostSharp

可以从以下地址访问本章代码：`https://github.com/PacktPublishing/Clean-Code-in-C-/tree/master/CH13`

13.2　应用程序级别代码坏味道

应用程序级别的代码坏味道是散布在整个应用程序中的问题代码。这些相同的问题代码在各个层次不断重复出现。如果不及时解决这些问题，软件将开始缓慢而痛苦地走向死亡。

本节我们将讨论应用程序级别的代码坏味道以及如何删除这些代码坏味道。首先从布尔盲点开始。

13.2.1　布尔盲点

布尔数据盲点指由于函数使用布尔值而导致的信息缺失。使用更好的结构，提供更好的接口和类来保存数据可以在处理数据时获得更好的体验。

接下来我们通过代码范例来说明布尔盲点的问题：

```
public void BookConcert(string concert, bool standing)
{
    if (standing)
    {
        // Issue standing ticket.
    }
    else
    {
        // Issue sitting ticket.
    }
}
```

以上方法接收字符串参数（音乐会名称）和一个布尔参数（是站票还是坐票）。我们可以使用如下代码调用上述方法：

```
private void BooleanBlindnessConcertBooking()
{
    var booking = new ProblemCode.ConcertBooking();
    booking.BookConcert("Solitary Experiments", true);
}
```

如果程序员并不熟悉上述代码，则当他阅读 BooleanBlindnessConcertBooking() 方法时，能不能直接了解 true 的含义呢？我想是不能的。他无法得知参数的含义，只能使用智能提示或定位到引用的方法以了解参数的含义。因此他是有布尔盲点的。如何处理这个盲点呢？

一个简单的方案是将布尔替换为枚举类型。例如，我们可以添加如下 TicketType 枚举：

```
[Flags]
internal enum TicketType
{
    Seated,
    Standing
}
```

上述枚举定义了两类门票：Seated 和 Standing。接下来添加 ConcertBooking() 方法：

```
internal void BookConcert(string concert, TicketType ticketType)
{
    if (ticketType == TicketType.Seated)
    {
        // Issue seated ticket.
    }
    else
    {
        // Issue standing ticket.
    }
}
```

以下代码展示了调用重构代码的方式：

```
private void ClearSightedConcertBooking()
{
    var booking = new RefactoredCode.ConcertBooking();
    booking.BookConcert("Chrom", TicketType.Seated);
}
```

现在，即使是一位新加入的成员也能够从代码中直接得知我们正在预定 Chrom 乐队的演唱会，并且预定门票的类型为坐票。

13.2.2　组合爆炸

组合爆炸是由不同的代码使用不同的参数组合来执行同一件事情的产物。请看以下数字加法运算的范例：

```
public int Add(int x, int y)
{
    return x + y;
}

public double Add(double x, double y)
{
    return x + y;
}

public float Add(float x, float y)
{
    return x + y;
}
```

以上三个方法均执行数字加法运算。但它们的参数与返回值都不同。有没有更好的编写方法呢？有！我们可以使用泛型。使用泛型只需定义一个方法就可以涵盖不同的类型。因此我们将使用泛型解决上述问题。这样，只需定义一个 Add 方法就可以涵盖整数、双精度浮点数和浮点数了。新的方法如下所示：

```
public T Add<T>(T x, T y)
{
    dynamic a = x;
    dynamic b = y;
    return a + b;
}
```

该泛型方法调用时会将 T 赋为具体类型。它进行加法运算并返回结果。对于不同的可进行加法运算的 .NET 类型只需定义一个版本的方法即可。若调用代码的值类型为 int、double 和 float，则只需编写以下代码：

```
var addition = new RefactoredCode.Maths();
addition.Add<int>(1, 2);
addition.Add<double>(1.2, 3.4);
addition.Add<float>(5.6f, 7.8f);
```

这样，我们可以删除原来的三个方法，仅使用一个方法执行相同的任务。

13.2.3　人为复杂性

当我们本来可以用简单的架构来开发代码，但实际却实现了一个高级而复杂的结构时，就造成了所谓的**人为复杂性**。在这样的系统上工作不但痛苦而且压力很大。此类系统往往有较高的人员流动率。而可怜的新成员只能靠自己来学习和维护这个系统，因为它不但缺乏文档，也几乎没人能回答任何问题。

我对这些聪明的软件架构师的建议是：务必保持软件的**简单易懂**（Keep It Simple，Stupid，KISS）。终身工作的日子已经过去，程序员们通常更喜欢追逐金钱，而不是对企业表现终身的忠诚。业务依赖软件获得收入，因此你需要的是一个简单易懂的，易于令新人上手的，且易于维护与扩展的系统。你可以尝试问自己，如果你负责的系统的其他成员突然都去寻找新机会了，那么接手的新员工是能继续保持系统运行呢，还是只会抓耳挠腮无所适从呢？

如果你的团队中唯一一个了解系统的人搬家了或者退休了，那么你的团队又该如何呢？比系统更重要的是，业务将如何继续开展下去呢？

请保持 KISS 原则。这句话怎么强调也不过分。创建复杂的系统却不做文档记录，不分享架构知识就是将业务置于死地。你将不可或缺，而系统则被一点点榨干。请不要这样做，根据我的经验，越复杂的系统死得越快，最后不得不重写。

在第 12 章中，我们学习了如何使用 Visual Studio 2019 计算圈复杂度和继承深度，还学习了如何使用 ReSharper 生成依赖图。请使用这些工具发现有问题的代码区域，并集中精力处理它们。将它们的圈复杂度降低到 10 以内，并确保所有对象的继承深度不大于 1。

接下来，请确保所有类只执行它们应该执行的任务。务必保持方法小巧。根据经验法则，每个方法不要超过 10 行。对于方法的参数，请使用参数对象替换长的参数列表，如果列表中有很多 out 参数，则重构方法返回元组或对象。识别多线程程序，确保代码访问的线程安全性。在第 8 章中，我们介绍了如何用不可变对象替换可变对象以改善线程安全性。

此外，请善用快速提示图标。它们通常可以对高亮代码进行一键重构。我推荐大家使用这个功能。相关内容请参见第 12 章。

接下来的代码坏味道称为"数据泥团"。

13.2.4　数据泥团

当你看到相同的字段同时出现在不同的类和参数列表中时，**数据泥团**就出现了。它们的名字通常遵循相同的模式。这个信号意味着系统中缺少类定义。此时，识别并泛化缺失的类可以降低系统的复杂度。不要因为类太小或感觉类不重要而放弃这个改进。当我们需要引入类来简化代码时，就应当果断执行。

13.2.5　粉饰注释

粉饰注释即在注释中用优美的词句掩盖代码的缺点。如果代码质量堪忧，则应当对其进行重构，改善其质量，并删除这些注释。如果在重构过程中遇到困难，应寻求他人帮助。若身边没有帮手，还可以在 Stack Overflow 网站上提问。该网站上有很多优秀的程序员对你施以援手。不过在发帖提问时务必遵守提问规则。

13.2.6　重复代码

重复代码即多次出现的代码。重复代码会引发很多问题。例如每次重复会都增加代码维护成本。开发者需要耗费时间和金钱修正代码中的错误。修复一个 bug 即技术债务（程序员的支出）×1，如果有 10 处重复代码则技术债务 ×10。重复的代码越多，维护的成本也就越高。此外，多次修复同一种问题是非常无聊的。事实上，重复还有可能导致遗漏错误修复点。

因此，最好重构这些重复的代码，使其仅存一个副本。通常，最简单的方法是将这些代码添加到当前项目的可重用类并放置在类库中。将其放在类库中就可以和其他项目使用相同的文件了。

　　当前创建可重用代码的最佳方式是使用 .NET Standard 类库。因为 .NET Standard 类库可支持 Windows、Linux、macOS、iOS 和 Android 上的所有 C# 项目。

　　面向方面编程（AOP）是另一种删除样板代码的方法。我们在前面介绍过 AOP。我们可以将样板代码移动到一个"方面"中。而方面则装饰原有方法。当编译方法时，样板代码就会编织在恰当的位置上。这样，你只需在方法中编写业务相关的代码即可。在方法上应用的方面隐藏了必要的代码，但又不影响业务的需要。这种编码方式既漂亮又整洁，具有良好的效果。

你还可以使用装饰器模式编写装饰器。正如之前介绍的那样，装饰器可以包装具体的类操作，因此我们既可以添加新代码，又不影响代码的预期操作。例如，在第 11 章中，我们就将操作包装在了 try/catch 块中。

13.2.7　意图不明

如果他人无法轻易理解代码的意图，则这个代码就是意图不明的代码。

在阅读代码时，首先查看的就是命名空间的名称和类的名称。它们的名称应当传达类的目的。其次，阅读类中的代码，并注意查找明显不合时宜的代码。一旦发现类似的代码，就应当对其进行重构，将其移动到恰当的位置。

接下来，检查每一个方法。确认方法是否只将一件事做好还是把多件事做烂。如果是后者，则需要进行重构。在大的方法中寻找代码抽取到新方法中。最终令整个类的代码读之如读书。重构代码可以持续进行，直至意图明确，类中仅留存必需的代码。

别忘记使用第 12 章中提到的工具。下一节我们介绍另一种坏味道：可变的变量。

13.2.8　可变的变量

变量的可变性会导致其难以理解，难以重构。

可变的变量指那些在不同操作之间多次更改的变量。因此推断变量的值变得极为困难。此外，由于变量的值在不同的操作中持续变化，使得难以将一段代码抽取为更小和更易读的方法。可变变量也需要进行更多的检查操作，从而增加代码的复杂性。

可以采用将小段代码抽取到方法的方式对代码进行重构。如果存在大量的分支和循环，可以考虑其他更简单的手段来消除这些复杂性。如果方法存在多个 out 参数，可以返回对象或元组。最终目的都是消除变量的可变性，使其值更易于预测。不仅能够推断变量的值，还能够知道这个值是何时设置的。请牢记，保有变量的方法越小，就越容易确定变量值设置的位置及原因。

请看以下范例：

```
[InstrumentationAspect]
public class Mutant
{
    public int IntegerSquaredSum(List<int> integers)
    {
        var squaredSum = 0;
        foreach (var integer in integers)
        {
            squaredSum += integer * integer;
        }
        return squaredSum;
    }
}
```

该方法接收整数列表。它将遍历这个列表，求其平方，并将结果累加至 squareSum

变量。最后返回该变量，方法结束。注意，在迭代过程中，局部变量会在迭代中持续更新。我们可以使用 LINQ 对其进行改进，以下是重构之后的改进代码：

```
[InstrumentationAspect]
public class Function
{
    public int IntegerSquaredSum(List<int> integers)
    {
        return integers.Sum(integer => integer * integer);
    }
}
```

改进后的代码使用了 LINQ。从前面的章节中可知，LINQ 属于函数编程范畴。如上述代码所示，它没有显式的循环代码，也没有可更改的局部变量。

编译并运行上述代码，其输出如图 13-1 所示：

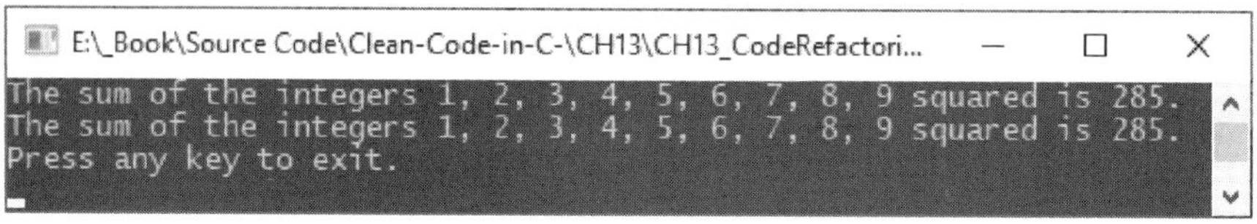

```
■ E:\_Book\Source Code\Clean-Code-in-C-\CH13\CH13_CodeRefactori...   —   □   ×
The sum of the integers 1, 2, 3, 4, 5, 6, 7, 8, 9 squared is 285.
The sum of the integers 1, 2, 3, 4, 5, 6, 7, 8, 9 squared is 285.
Press any key to exit.
```

图　13-1

两种代码产生的输出是相同的。

你可能已经注意到上述两段代码均应用了 [InstrumentationAspect] 特性。我们在第 12 章中的可重用库中添加了这个“方面”用以解决切面关注点。运行上述代码后请在 Debug 目录下找到 Logs 目录，并用记事本打开其中的 Profile.log 文件。其内容如下：

```
Method: IntegerSquaredSum, Start Time: 01/07/2020 11:41:43
Method: IntegerSquaredSum, Stop Time: 01/07/2020 11:41:43, Duration:
00:00:00.0005489
Method: IntegerSquaredSum, Start Time: 01/07/2020 11:41:43
Method: IntegerSquaredSum, Stop Time: 01/07/2020 11:41:43, Duration:
00:00:00.0000027
```

从上述输出可知，ProblemCode.IntegerSquaredSum() 的执行速度是最慢的，耗时 548.9 纳秒。而 RefactoredCode.IntegerSquaredSum() 方法则要稍快一些，耗时仅 2.7 纳秒。

使用 LINQ 将循环重构之后就避免了可变局部变量的使用，并将执行时间减少了 546.2 纳秒。此项改进虽然微不足道，但当对大量数据进行计算时就会产生可观的差距。

接下来的一节将讨论“怪异的解决方案”。

13.2.9　怪异的解决方案

当源代码中解决同样问题的方案多种多样时即出现了**怪异的解决方案**。这可能是由于不同程序员的编程风格不同，且没有制定统一标准而造成的。它也可能是由于忽略了系统

（现有的解决方案）而造成的，因为程序员并没有意识到系统中已经存在解决方案了。

　　重构怪异解决方案的方法之一是为这些不同的重复的解决方案编写新类，并将最整洁最高效的方式添加到类中。然后用重构过的行为替换这些怪异的解决方案。

　　我们还可以用**适配器模式**来统一不同的系统接口，如图 13-2 所示。

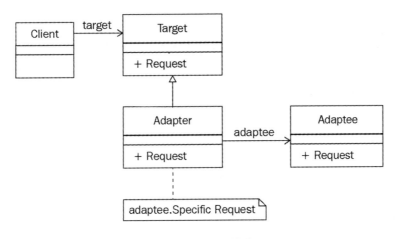

图 13-2　适配器模式

　　Target 类是 Client 类使用的特定领域的接口。现有的需要进行适配的接口称为 Adaptee。Adapter 类为 Target 类适配 Adaptee 类。最终 Client 与符合 Target 接口的对象通信。接下来我们将实现适配器模式。添加 Adaptee 类：

```
public class Adaptee
{
    public void AdapteeOperation()
    {
        Console.WriteLine($"AdapteeOperation() has just executed.");
    }
}
```

　　Adaptee 类非常简单。其中包含方法 AdapteeOperation()。该方法在控制台输出一条消息。现在添加 Target 类：

```
public class Target
{
    public virtual void Operation()
    {
        Console.WriteLine("Target.Operation() has executed.");
    }
}
```

　　Target 类也不难理解。它包含虚方法 Operation()，该方法也向控制台输出消息。接下来添加 Adapter 类将 Target 类和 Adaptee 类结合在一起：

```
public class Adapter : Target
{
```

```
    private readonly Adaptee _adaptee = new Adaptee();

    public override void Operation()
    {
        _adaptee.AdapteeOperation();
    }
}
```

Adapter 类继承自 Target 类。在其中创建成员变量，保存并初始化 Adaptee 对象。类中仅有一个方法，即重写 Target 类中的 Operation() 方法。最后添加 Client 类：

```
public class Client
{
    public void Operation()
    {
        Target target = new Adapter();
        target.Operation();
    }
}
```

Client 类中只有一个方法：Operation()。该方法创建 Adapter 对象并将其赋值给 Target 变量。随后它调用 Target 变量的 Operation() 方法。如果执行 new Client().Operation() 方法，则应看到如图 13-3 所示的输出。

从图中看到，最终执行的方法是 Adaptee.AdapteeOperation() 方法。以上介绍了如何实现适配器模式来解决"怪异的解决方案"的问题。接下来我们介绍"霰弹式修改"问题。

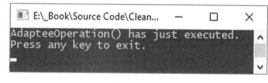

图 13-3

13.2.10 霰弹式修改

进行一种改动需要在多个类中进行修改即**霰弹式修改**。该情况有时是因为遇到不同的更改导致过度重构而发生的。这种代码坏味道增加了引发错误的机会（例如遗漏修改）。由于代码需要进行多处修改，因此增加了合并冲突发生的可能性，并最终导致程序员互相指责。复杂的代码还会导致程序员认知负担过重。这种软件特性还导致新人的学习曲线过于陡峭。

版本控制历史会记录一段时间内软件修改的历史。它有助于确认每次由于新增功能或修正缺陷而修改的区域。当确定这些区域后就可以将这些改动移动到代码库中的局部区域。这样当需要更改时就可以将精力集中在该区域，而无须关注多个区域。这样项目的维护就变得容易多了。

最好将重复代码重构为一个单一类，起一个恰当的名称，并放在恰当的命名空间中。另外，还应审视应用程序中所有的层。思考一下，它们真的有必要吗？它真的令事情得以简化吗？在数据库驱动的应用程序中，是否真的需要 DTO、DAO 和领域对象？数据库访问是否可以简化？以上都是一些减少代码库大小的思路，从而减少为了应对变化必须修改的代码区域。

　　除此以外，还需要关注耦合与内聚的程度。我们需要将耦合降低到最小水平。降低耦合的方法之一是通过构造函数、属性和方法注入依赖项。而依赖项应当是特定的接口类型。例如以下示例，首先创建 IService 接口：

```
public interface IService
{
    void Operation();
}
```

　　上述接口包含单一方法 Operation()。现在添加 Dependency 类，该类实现 IService：

```
public class Dependency : IService
{
    public void Operation()
    {
        Console.WriteLine("Dependency.Operation() has executed.");
    }
}
```

　　Dependency 类实现了 IService 接口。Operation() 方法将在控制台输出信息。接下来添加 LooselyCoupled 类：

```
public class LooselyCoupled
{
    private readonly IService _service;

    public LooselyCoupled(IService service)
    {
        _service = service;
    }

    public void DoWork()
    {
        _service.Operation();
    }
}
```

　　上述代码中，构造器接收 IService 类并将其保存在成员变量中。DoWork() 方法调用 IService 类的 Operation() 方法。可见 LosselyCoupled 类耦合较低，易于测试。

　　减少耦合可以使类更易于测试。将不属于类的代码移出到恰当的位置可以提高应用程序的可读性、可维护性与可扩展性。学习曲线越平滑，在进行维护工作或进行新功能开发时引入错误的可能性就越小。

　　接下来介绍"解决方案蔓延"。

13.2.11　解决方案蔓延

　　若一种职责在不同的方法、类甚至库中均被实现，则存在**解决方案蔓延**的问题。它会使代码难以阅读和理解。而代码将难以维护和扩展。

要解决这个问题，应当将单一职责转移到同一个类中。这样代码就只会出现在一处，并执行其必需的操作。因此代码就容易阅读与理解了。维护和扩展这种代码也就更容易。

13.2.12 不可控的副作用

不可控的副作用指那些在产品中由于无法被质量保证过程发现而引起的问题。但遇到这些问题时，唯一的办法就是重构代码使其完全可测，并可以在调试期间查看变量的状态以确保程序的正确性。

例如，通过引用传递值时，若两个线程都通过引用将 person 对象传入一个修改该对象的方法中，其副作用之一是除非有恰当的锁定机制，否则每一个线程都可以修改另一个线程的 person 对象导致其数据无效。我们在第 8 章中演示过可变对象的问题。

以上我们介绍了应用程序级别的代码坏味道，现在我们来研究类级别的代码坏味道。

13.3 类级别代码坏味道

类级别的代码坏味道主要研究类内的代码问题。困扰类的问题包括圈复杂度、继承深度、高耦合与低内聚。编写类时应尽量保持其小巧和功能性。确保类中方法存在的必要性并保持小巧，确保方法应仅仅执行类中所需的功能。还应努力消除类的依赖性使类可测试。将不属于类的代码移动到其他位置。这都是本节将要讨论的类级别的代码坏味道，我们还将介绍如何重构它们。首先从"过高的圈复杂度"开始。

13.3.1 过高的圈复杂度

当一个类有大量的分支和循环时，会产生过高的圈复杂度。理想情况下，代码的圈复杂度应当在 1 ～ 10 之间，这样的代码简单没有风险；圈复杂度在 11 ～ 20 的代码较复杂，风险相对较低；当代码的圈复杂度在 21 ～ 50 之间时，就需要引起注意，因为它过于复杂，会对项目造成中等风险；如果圈复杂度超过 50，则代码的风险很高，并且难以测试，必须进行重构。

对圈复杂度高的代码进行重构的目标是将圈复杂度降低到 1 ～ 10 之间。通常，首先替换 switch 语句，而后替换 if 表达式。

1. 使用工厂模式替换 switch 语句

本节将介绍如何使用工厂模式替换 switch 语句。请观察如下 Report 枚举：

```
[Flags]
public enum Report
{
    StaffShiftPattern = 1,
    EndofMonthSalaryRun = 2,
    HrStarters = 4,
```

```
    HrLeavers = 8,
    EndofMonthSalesFigures = 16,
    YearToDateSalesFigures = 32
}
```

[Flags] 特性可以从枚举值中抽取其中的枚举项名称。Report 枚举提供了一系列的报告种类列表。其 switch 语句如下：

```
public void RunReport(Report report)
{
    switch (report)
    {
        case Report.EndofMonthSalaryRun:
            Console.WriteLine("Running End of Month Salary Run Report.");
            break;
        case Report.EndofMonthSalesFigures:
            Console.WriteLine("Running End of Month Sales Figures
Report.");
            break;
        case Report.HrLeavers:
            Console.WriteLine("Running HR Leavers Report.");
            break;
        case Report.HrStarters:
            Console.WriteLine("Running HR Starters Report.");
            break;
        case Report.StaffShiftPattern:
            Console.WriteLine("Running Staff Shift Pattern Report.");
            break;
        case Report.YearToDateSalesFigures:
            Console.WriteLine("Running Year to Date Sales Figures
Report.");
            break;
        default:
            Console.WriteLine("Report unrecognized.");
            break;
    }
}
```

以上方法接收 report 参数以确定执行何种报告。当我在 1999 年成为初级 VB6 程序员的时候，就要开始负责为 Thomas Cook、ANZ、BNZ、Vodafone 等其他大公司从零开始创建报告生成器。报告的种类很多，其 case 语句比上述程序要庞大得多，但我的系统运行得很好。然而按照今天的标准，则应采用其他更好的方式来实现，而做法也和上述做法大相径庭。

接下来我们是用工厂方法来执行报告而不是用 switch 语句。添加 IReportFactory 接口：

```
public interface IReportFactory
{
    void Run();
}
```

IReportFactory 接口只有一个方法：Run()。各个实现类将使用该方法执行报告。

在这里为了演示效果，我们仅仅添加一个报告类：StaffShiftPatternReport。它实现了 IReportFactory：

```
public class StaffShiftPatternReport : IReportFactory
{
    public void Run()
    {
        Console.WriteLine("Running Staff Shift Pattern Report.");
    }
}
```

StaffShiftPatternReport 类实现了 IReportFactory 接口。它实现了 Run() 方法并在其中输出一条消息。添加 ReportRunner 类：

```
public class ReportRunner
{
    public void RunReport(Report report)
    {
        var reportName =
$"CH13_CodeRefactoring.RefactoredCode.{report}Report,
CH13_CodeRefactoring";
        var factory = Activator.CreateInstance(
            Type.GetType(reportName) ?? throw new
InvalidOperationException()
        ) as IReportFactory;
        factory?.Run();
    }
}
```

ReportRuner 类中的 RunReport 方法接收 Report 类型的参数。由于 Report 是标记为 [Flags] 特性的枚举，因此我们可以获得 report 枚举值的名称。而后使用 Activator 类创建相应 report 工厂的实例。如果通过 reportName 创建的实例为 null 则抛出 InvalidOperationException。创建的工厂将被转换为 IReportFactory 类型，并调用 Run 方法来执行报告。

上述代码比长的 switch 代码要好很多[⊖]。除了 switch，我们还需要知道如何提高 if 语句的可读性。下一节我们将介绍相关内容。

2. 改善 if 语句条件检测的可读性

if 语句可以破坏单一职责原则和开闭原则。例如如下代码：

```
public string GetHrReport(string reportName)
{
    if (reportName.Equals("Staff Joiners Report"))
        return "Staff Joiners Report";
    else if (reportName.Equals("Staff Leavers Report"))
        return "Staff Leavers Report";
    else if (reportName.Equals("Balance Sheet Report"))
        return "Balance Sheet Report";
}
```

⊖ 这里的"好"指圈复杂度小了很多。——译者注

GetReport() 方法有三个职责：入职员工报告、离职员工报告和资产负债报告。这破坏了单一职责原则。因为该方法仅仅和 HR 报告相关，而方法返回的却是 HR 和财务报告。由于每次更新新的报告时都需要扩展该方法，因此其破坏了开闭原则。因此我们重构该方法，令其不再需要 if 语句。添加 ReportBase 类：

```
public abstract class ReportBase
{
    public abstract void Print();
}
```

ReportBase 类是一个定义了抽象方法 Print() 的抽象类。添加 NewStartersReport 类，该类继承 ReportBase 类：

```
internal class NewStartersReport : ReportBase
{
    public override void Print()
    {
        Console.WriteLine("Printing New Starters Report.");
    }
}
```

NewStarterReport 类继承自 ReportBase 类并重写了其中的 Print() 方法。Print() 方法将向控制台输出消息。接下来添加 LeaversReport 类，它和 NewStarterReport 类类似：

```
public class LeaversReport : ReportBase
{
    public override void Print()
    {
        Console.WriteLine("Printing Leavers Report.");
    }
}
```

LeaversReport 也继承自 ReportBase 类并重写了 Print() 方法。Print() 方法同样向控制台输出消息。现在我们可以按照如下方式调用 Report 类。

```
ReportBase newStarters = new NewStartersReport();
newStarters.Print();

ReportBase leavers = new LeaversReport();
leavers.Print();
```

两个报告都继承自 ReportBase 类，因此可以实例化并赋值给 ReportBase 变量。调用变量的 Print() 方法，即可以调用正确的 Print() 方法。上述代码现在遵循了单一职责原则和开闭原则。

接下来我们介绍下一个代码坏味道：发散式变化。

13.3.2　发散式变化

当对代码进行一处更改，但是发现自己必须更改许多不相关的方法时，这种问题就称为**发散式变化**。发散式变化发生在一个类的内部，是类结构不良造成的后果。而复制粘贴代码是造成发散式变化的另一个原因。

要解决该问题，应当将问题代码移动到其自身的类中。如果类之间共享了其他行为和状态，则可以考虑恰当地利用基类和子类的关系实现继承。

解决发散式变化的问题可以令代码更容易维护。因为每次变更只需更改一个位置。这将简化应用程序的支持工作。同时，它还删除了系统中的重复代码，这正好是下一节要讨论的问题。

13.3.3 向下类型转换

将基类转换为它的一个子类称为**向下类型转换**。它显然是一种代码坏味道。因为基类不应该了解继承它的类。比如，任何类型的动物类都可以继承 Animal 基类。但一种动物只可能是其中的一种类型。例如，猫科动物是猫科动物，犬科动物是犬科动物。把猫转换为狗是荒唐的，反之也是。

将一种动物向下类型转换为它的一种子类型则更加荒唐。这就像是说猴子和骆驼是一样的，都善于在沙漠中长途跋涉，运送人和货物。这根本说不通。因此永远不要进行向下转换。将猴子、骆驼或其他动物向上转换为 Animal 类型是完全有效的。因为猫科动物、犬科动物、猴子和骆驼都是动物。

13.3.4 过度的字面量使用

使用字面量也容易引入程序错误。例如，字符串字面量中的拼写错误。为了避免错误，最好将字面量保存在常量中。尤其是当需要将软件部署到全球不同的地域时，更应当将字符串字面量放置在本地化资源文件中。

13.3.5 依恋情结

当一个方法花费大量的时间处理类中的代码而非自身的代码时，说明该方法具有**依恋情结**。以下的 Authorization 类就是一个范例。在开始介绍之前，首先请观察另一个 Authentication 类的代码：

```
public class Authentication
{
    private bool _isAuthenticated = false;

    public void Login(ICredentials credentials)
    {
        _isAuthenticated = true;
    }
    public void Logout()
    {
        _isAuthenticated = false;
    }

    public bool IsAuthenticated()
```

```
    {
        return _isAuthenticated;
    }
}
```

该 Authentication 类负责验证登录及注销人员的身份，识别它们是否经过了身份验证。接下来创建 Authorization 类：

```
public class Authorization
{
    private Authentication _authentication;

    public Authorization(Authentication authentication)
    {
        _authentication = authentication;
    }

    public void Login(ICredentials credentials)
    {
        _authentication.Login(credentials);
    }

    public void Logout()
    {
        _authentication.Logout();
    }

    public bool IsAuthenticated()
    {
        return _authentication.IsAuthenticated();
    }

    public bool IsAuthorized(string role)
    {
        return IsAuthenticated && role.Contains("Administrator");
    }
}
```

可见，Authorization 类做了很多额外的工作。其中有方法验证用户是否有有权成为某种角色。该方法检查传入的角色是否为管理员角色。如果他是管理员，则具备权限；反之则不具备该权限。

但其他方法则更多的是在调用 Authentication 类中相应的方法。因此在这个类中的身份验证方法就是"依恋情结"的范例。现在我们从 Authorization 类中删除"依恋情结"的坏味道。

```
public class Authorization
{
    private ProblemCode.Authentication _authentication;

    public Authorization(ProblemCode.Authentication authentication)
    {
        _authentication = authentication;
    }

    public bool IsAuthorized(string role)
```

```
    {
        return _authentication.IsAuthenticated() &&
role.Contains("Administrator");
    }
}
```

在重构之后，Authorization 类变得小巧多了。而且仅含有需要的代码。上述代码不再存在"依恋情结"了。

接下来我们将介绍"狎昵关系"。

13.3.6　狎昵关系

一个类若依赖另一个类的实现细节，则称该类有**狎昵关系**的坏味道。拥有这种依赖的类真的有存在的必要吗？它与它依赖的类是否可以合并呢？或者它们共享的功能是否能够提取到自己的类中呢？

类之间不应当相互依赖，这会导致耦合，还会影响内聚性。类应当是自包含的。类之间应该尽可能少地互相了解彼此的底细。

13.3.7　不恰当的暴露

若类暴露了其内部细节，则这个坏味道称为**不恰当的暴露**。因为这打破了面向对象编程的封装原则。应当只公开需要公开的部分，而不应公开的实现则应采用恰当的访问修饰符进行隐藏。

数据值应当标记为私有，而不应公开。它们只应当在构造器、方法和属性中修改，并通过属性来检索。

13.3.8　巨大的类

巨大的类包含了系统中的方方面面，变成了一个庞大、笨拙、什么都做的类。当你刚试图阅读它的代码时，从类名及其所在的命名空间还可能清楚地理解它的意图。但当你继续查看其代码时，其意图反而搞不清楚了。

一个编码良好的类，它的名称应能反映其意图，并放在恰当的命名空间中。类的代码应该遵循公司的编码标准。其中的方法应该尽可能小巧，方法参数数目应该能够保持在最少。其中应当仅包含需要包含的方法，不属于该类的变量、属性和方法应当从该类中除去，并放到一个合适的命名空间的文件中。

编写类时，请务必令其尽可能小巧、整洁、易于阅读。

13.3.9　冗赘类

冗赘类是一种并不包含什么有效操作的类。遇到这种类可以将其内容和其他包含相似意图的类合并。

你还可以尝试削减继承层次结构。请牢记理想的继承层次是 1。因此，如果类的继承层次较深，那么就可以将其沿着继承树向上移动。除此以外，对于非常小的类还可以考虑采用内联的处理方法。

13.3.10　中间人类

中间人类仅仅将功能委托给其他对象。在这种情况下，我们可以舍弃中间人直接和处理相应职责的类进行交互。

另外，由于我们希望持续降低继承深度，因此如果无法摆脱中间人类，则可以考虑将其与现有类合并。可以观察整个部分的代码设计，考虑通过某种方式对其进行重构以减少代码量与不同类的数量。

13.3.11　孤立的变量和常量类

使用一个独立的类来定义系统不同部分使用的变量和常量并不是一个好的实践。如果出现这种情况，那么其中的变量很可能丢失其上下文而无法表达任何实际含义。最好将这些常量和变量移动到使用它们的位置。如果常量和变量会被多个类使用，那么可以在这些使用它们的代码所在的根命名空间中创建一个文件并将其设置在该文件中。

13.3.12　基本类型偏执

对于某些任务（例如表示范围值和格式化字符串，如信用卡、邮政编码和电话号码），使用基本类型值而非使用对象，即发生了**基本类型偏执**。其他基本类型偏执的标志包括使用常量作为字段名称，或不恰当地使用常量保存信息等。

13.3.13　被拒绝的遗赠

当一个类继承自另一个类，却没有使用其所有方法时，即出现**被拒绝的遗赠**。发生这种情况的常见原因是子类和基类完全不同。例如，Building 基类可以用作其他建筑类型。如果 Car 类型继承自 Building 类（因为它具有与门窗相关的属性和方法），那么这显然就是错误的。

遇到这种情况时，应考虑是否真的需要基类。如果的确需要，那么可以创建基类并继承该类；否则应当将功能添加到从错误类型继承的类中。

13.3.14　夸夸其谈未来性

若一个类的功能现在不需要，但是将来可能用到，那么就会出现**夸夸其谈未来性**的问题。这些代码是死代码，不但增加了维护开销还使代码膨胀。如果遇到这种代码则应当将其删除。

13.3.15 命令，而非询问

"命令，而非询问"的原则告诉我们在编程时应当将数据和操作数据的方法绑定在一起。我们的对象不应当去请求并操作数据。而是表达对象的逻辑，对对象的数据执行特定的任务。

如果发现一个对象包含逻辑，并要求其他包含数据的对象提供数据以供其执行操作，则应当将逻辑与数据合并到一个类中。

13.3.16 临时字段

临时字段是那些不需要在对象的整个生命周期内存在的成员变量。

可以将临时字段及操作这些字段的方法移动到它们自己的类中。按照上述方法重构完毕后将得到组织良好并更加清晰的代码。

13.4 方法级别的代码坏味道

方法级别的代码坏味道即方法本身的代码问题。方法是决定软件工作好坏的关键部分。方法应当组织得当。其履行的职责应当恰到好处。重要的是要知道构造不良的方法可能造成的问题。我们将介绍各种方法级别坏味道的种类，以及如何应对这些坏味道。

13.4.1 不合群的方法

所谓不合群的方法，即一个类中和其他方法截然不同的方法。当你发现这样一个方法时，需要考虑该方法的目的。该方法的名称应该是什么？该方法的动机是什么？当回答这些问题后就可以确定哪里才是该方法最合适的落脚点了。

13.4.2 过高的圈复杂度

当一个方法有太多的循环和分支时其圈复杂度就会升高。过高的圈复杂度不但是一个方法级别的坏味道也是类级别的坏味道。之前我们介绍了如何替换 switch 和 if 语句以减少分支问题。还可以用 LINQ 语句替换循环。LINQ 是一门函数式的查询语言，因此使用 LINQ 语句还可以得到函数式代码带来的好处。

13.4.3 人为复杂性

当方法过于复杂但可以进行简化时，这种复杂性就称为**人为复杂性**。简化方法时应确保其内容的可读性和可理解性。在上述前提下，重构方法，在可行的同时尽量减少方法中代码的行数。

13.4.4　无用的代码

若现存的方法无人使用，则它就是**无用的代码**。除了方法外，构造器、属性和变量也应遵循相同的原则。要识别无用的代码并将其删除。

13.4.5　过多的返回数据

当方法返回过多数据，远超客户端的调用需要时，这种代码坏味道就称为**过多的返回数据**。方法只应当返回需要返回的数据。如果方法需要处理两组对象满足不同需求，则应当考虑编写两个方法分别对应两组对象，并仅仅返回对应组所需的结果。

13.4.6　依恋情结

具有依恋情结的方法访问其他对象中的数据所花费的时间比起处理自身对象中的数据还要多。之前在类级别的"依恋情结"范例中已经说明了这一点。

方法应当尽可能保持小巧。最重要的是，一定要将主要功能包含在方法中。如果主要功能在其他方法中处理的更多，则应当将这部分代码移动到当前方法中。

13.4.7　过长或过短的标识符

标识符有时太短，而有时又太长。标识符应当既能描述对象又简明扼要。在为变量命名时一定要考虑上下文和位置这两个主要因素。在局部循环中，单个字母的变量名称可能就是合适的，但类级别的标识符需要一个可以令人理解的名字来了解上下文。应当避免使用缺乏上下文的、模棱两可的或容易引起混淆的名称。

13.4.8　狎昵关系

当一个方法严重依赖另一个方法或类的实现细节时，它们之间就产生了**狎昵关系**。这种方法需要进行重构或直接删除。需要注意的是这些方法通常使用了另一个类的内部字段和方法。

如需对方法进行重构，应当将方法和字段移动到实际需要使用它们的位置。或者可以将方法和字段提取到一个独立的类中。若子类与父类关系密切，可以使用继承关系来代替委托关系。

13.4.9　过长的代码行

代码行长度过长将导致难以阅读与理解。程序员往往难以调试或重构这类代码。应尽量将其格式化，在点号和逗号处换行。此外应当重构此类代码，令代码行变短。

13.4.10　冗赘方法

冗赘方法做的事情很少。它可能只是将工作委托给其他方法，或是简单地调用另一个类上的方法，执行该方法的操作。如果存在上述情况，那么就应该删除冗赘方法，并将其中代码放置在恰当的方法中。例如，可以将其放置在 lambda 表达式中。

13.4.11　过长的方法

过长的方法是一类庞大的方法。这种方法丧失了原本的目标，执行了多于预期的任务。要重构这类方法，可以使用 IDE 选择方法的一部分代码，使用抽取方法或抽取类的方式将这部分代码移动到它们自己的方法甚至类中。方法应当只负责执行单一任务。

13.4.12　参数过多

若方法参数数目超过 3 个，则该方法具有**参数过多**的坏味道。可以通过将参数替换为方法调用或将参数替换为参数对象的方式来解决这个问题。

13.4.13　过度耦合的消息链

当一个方法调用一个对象，继而调用另一个对象，以此类推，就形成了消息链。之前介绍迪米特法则时展示了处理消息链的方法。消息链违反了迪米特法则，因为类只应当和离其最近的邻居通信。此时应当重构类，将所需的状态和行为放在距离其更近的位置。

13.4.14　中间人方法

当方法仅仅作为中间人将工作委托给它人来完成，该方法就是一个中间人方法。应当重构并删除该方法。若该方法无法删除，则可以将其合并到使用该方法的位置。

13.4.15　怪异的解决方案

当你发现多个方法在使用不同的方式做相同的事情时，即发现了所谓的**怪异的解决方案**。此时应当选择实现任务的最佳方案，并将其他方法的调用替换为对最佳方法的调用。最后删除其他方法。这样，该任务将仅仅存在一个可复用的方法和一种实现方式。

13.4.16　夸夸其谈未来性

如果没有任何代码使用该方法，则该方法即含有**夸夸其谈未来性**的坏味道。它本质上是无用代码，所有的无用代码都应当从系统中删除。它不但增大了维护开销还会造成不必要的代码膨胀。

13.5　总结

本章介绍了各种代码坏味道以及如何通过重构来消除它们。其中，应用程序级别的代码坏味道会渗透到应用程序的所有层次中，类级别的代码坏味道存在在整个类中，而方法级别的坏味道则影响具体的方法。

本章首先介绍了应用程序级别的代码坏味道。包括布尔盲点、组合爆炸、人为复杂性、数据泥团、粉饰注释、重复代码、意图不明、可变的变量、怪异的解决方案、霰弹式修改、解决方案蔓延以及不可控的副作用。

接下来介绍了类级别的代码坏味道，包括过高的圈复杂度、发散式变化、向下类型转换、过度的字面量使用、依恋情结、狎昵关系、不恰当的暴露、巨大的类，还介绍了冗赘类、中间人类、孤立的变量和常量类、基本类型偏执、被拒绝的遗赠、夸夸其谈未来性、命令而非询问以及临时字段。

最后介绍了方法级别的代码坏味道。包括不合群的方法、过高的圈复杂度、人为复杂性、无用的代码、过多的返回数据、依恋情结、过长或过短的标识符、狎昵关系、过长的代码行、冗赘方法、过长的方法、参数过多、过度耦合的消息链、中间人方法、怪异的解决方案以及夸夸其谈未来性。

在下一张我们将继续介绍如何使用 ReSharper 对代码进行重构。

13.6　习题

1）代码坏味道分为哪三大类？

2）请列举应用程序级别的各种代码坏味道。

3）请列举类级别的各种代码坏味道。

4）请列举方法级别的各种代码坏味道。

5）应使用哪些重构手法来清理各种代码坏味道？

6）什么是圈复杂度？

7）如何避免过高的圈复杂度？

8）什么是人为复杂性？

9）如何避免人为复杂性？

10）什么是组合爆炸？

11）如何避免组合爆炸？

12）如果发现粉饰的注释，应如何处置？

13）如果发现有问题的代码但不知如何修正，该如何是好？

14）如果遇到编程问题，可以去哪里提问并得到回答？

15）如何削减过长的参数表？

16）如何重构过长的方法？

17）整洁方法代码行数不要超过多少？

18）程序的圈复杂度应该保持在哪个范围内？

19）理想的继承深度是多少？

20）什么是夸夸其谈未来性，如何处理这种坏味道？

21）遇到怪异的解决方案，应采取何种手段？

22）对于临时字段，应采用何种重构方法？

23）什么是数据泥团，如何处理数据泥团？

24）请解释何谓被拒绝的遗赠？

25）过度耦合的消息链破坏了哪种法则？

26）如何重构过度耦合的消息链？

27）什么是依恋情结？

28）如何消除依恋情结？

29）可以使用哪种模式替换返回对象的 switch 语句？

30）如何替换返回对象的 if 语句？

31）什么是解决方案蔓延？如何应对解决方案蔓延？

32）请解释"命令，而非询问"原则。

33）"命令，而非询问"原则通常是如何被破坏的？

34）霰弹式修改的特征是什么？如何解决霰弹式修改？

35）请解释什么是"意图不明"？如何处理这种坏味道。

36）如何重构循环。这种重构方式还带来了什么好处？

37）什么是发散式变化？如何重构发散式变化？

13.7 参考资料

- *Refactoring - Improving the Design of Existing Code*，Martin Fowler 与 Kent Beck 著。
- https://refactoring.guru/refactoring，该网站详细介绍了设计模式和代码坏味道。
- https://www.dofactory.com/net/design-patterns，介绍了 C# 语言下的各种设计模式。

第 14 章 | *Chapter 14*

重构 C# 代码——实现设计模式

正确的实现和设计模式的使用占据了编写整洁代码这个艰巨任务的半壁江山。设计模式本身也可能成为代码坏味道。在一些简单的实现上过度使用设计模式时，它就成为一种代码坏味道。

本书前几章已经介绍过一些设计模式在编写整洁代码和重构代码坏味道上的应用。具体来说我们实现了适配器模式、装饰器模式和代理模式。我们以正确的方式实现了这些模式，完成了当时手头的任务。它们使代码保持简洁而不会将其复杂化。因此，当设计模式物尽其用时可以非常有效地消除代码坏味道，令代码美观、整洁、清新。

本章中我们将讨论 GoF 设计模式中的创建型、结构型和行为型设计模式。设计模式并非一成不变，因此无须拘泥于其实现形式。但是代码示例有助于我们顺利将头脑知识过渡到拥有能够正确实现和使用设计模式的实践技能上。

本章涵盖如下主题：

❑ 实现创建型设计模式。

❑ 实现结构型设计模式。

❑ 简要介绍行为型设计模式。

学习目标：

❑ 理解、描述并通过编码实现不同的创建型设计模式。

❑ 理解、描述并通过编码实现不同的结构型设计模式。

❑ 简要理解行为型设计模式。

我们将从创建型设计模式开始介绍 GoF 设计模式。

14.1 技术要求

❑ Visual Studio 2019
❑ 创建一个 Visual Studio 2019 .NET Framework 控制台应用程序项目
❑ 本章完整代码请参见 `https://github.com/PacktPublishing/Clean-Code-in-C-/tree/master/CH14/CH14_DesignPatterns`

14.2 实现创建型设计模式

从编程角度看，创建型设计模式用于完成对象创建操作。具体的模式应根据手头的任务进行选择。创建型设计模式有五种：

❑ **单例设计模式**（singleton）：单例设计模式确保在应用程序级别只会创建一个实例。
❑ **工厂方法设计模式**（factory method）：工厂方法设计模式用于在不使用具体类的前提下创建对象。
❑ **抽象工厂设计模式**（abstract factory）：抽象工厂设计模式可以无须指定具体类而创建一组相关的或者依赖的对象。
❑ **原型设计模式**（prototype）：指定要创建的原型的类型来创建原型的副本。
❑ **建造者设计模式**（builder）：将对象的创建和对象的表示区分开。

接下来我们会逐一实现上述模式。首先实现单例设计模式。

14.2.1 实现单例设计模式

单例设计模式只允许全局访问类的一个实例。当系统的所有操作只能有一个对象进行协调时，就应当使用单例设计模式，如图 14-1 所示。

该模式的参与者是**单例的**。这个类负责管理自己的实例，确保在整个系统中只有一个自身实例在运行。

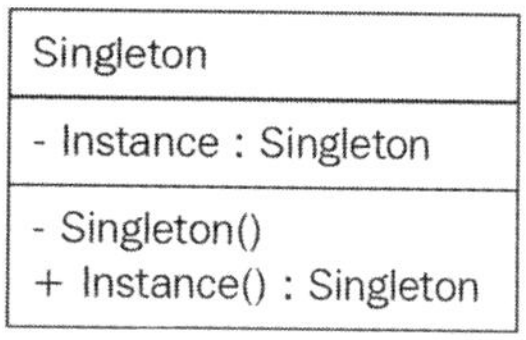

以下编写单例设计模式的实现代码：

1）在 CreationalDesignPatterns 目录下创建 Singleton 目录。在其中创建 Singleton 类：

Singleton
- Instance : Singleton
- Singleton() + Instance() : Singleton

```
public class Singleton {
    private static Singleton _instance;

    protected Singleton() { }

    public static Singleton Instance() {
        return _instance ?? (_instance = new Singleton());
    }
}
```

图 14-1　单例设计模式

2）Singleton 类保存了自身实例的静态副本。由于其构造器是 protected 的，因此我们无法实例化该类。`Instance()` 方法是静态方法，它检查 `Singleton` 类的实例是否存在，如果存在则直接返回该实例；否则将创建并返回实例。现在添加代码调用该方法：

```
var instance1 = Singleton.Instance();
var instance2 = Singleton.Instance();

if (instance1.Equals(instance2))
    Console.WriteLine("Instance 1 and instance 2 are the same
instance of Singleton.");
```

3）上述代码声明了两个 `Singleton` 类的实例，并比较这两者以确认它们是否是同一个实例。其输出如图 14-2 所示。

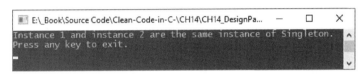

图　14-2

可见，以上类实现了单例设计模式。接下来我们将介绍工厂方法这一设计模式。

14.2.2　实现工厂方法设计模式

工厂方法设计模式通过让子类实现自己的对象创建逻辑来创建对象。若希望将对象实例化的逻辑集中在一处，并且生成的是一组特定的相关对象，那么就可以使用这一设计模式，如图 14-3 所示。

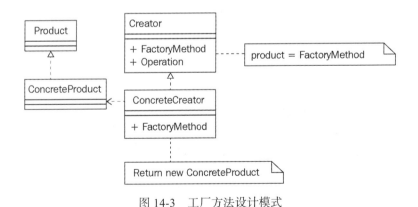

图 14-3　工厂方法设计模式

该项目的组成部分如下：

❏ `Product`：工厂方法创建的抽象的 `Product` 类。

❏ `ConcreteProduct`：该类继承自抽象的 `Product` 类。

❑ Creator：包含抽象工厂方法的抽象类。

❑ ConcreteCreator：继承自抽象的 Creator 类，并重写工厂方法。

接下来我们实现工厂方法：

1）在 CreationalDesignPatterns 目录下创建 FactoryMethod 目录，并添加 Product 类：

```
public abstract class Product {}
```

2）Product 类定义了由工厂方法创建的对象。添加 ConcreteProduct 类：

```
public class ConcreteProduct : Product {}
```

3）ConcreteProduct 类继承自 Product 类。继续创建 Creator 类：

```
public abstract class Creator {
    public abstract Product FactoryMethod();
}
```

4）ConcreteCreator 类继承自 Creator 类，并实现了 FactoryMethod() 方法。创建 ConcreteCreator 类：

```
public class ConcreteCreator : Creator {
    public override Product FactoryMethod() {
        return new ConcreteProduct();
    }
}
```

5）FactoryMethod() 方法返回新创建的 ConcreteProduct 类的实例。以下代码演示了如何使用工厂方法：

```
var creator = new ConcreteCreator();
var product = creator.FactoryMethod();
Console.WriteLine($"Product Type: {product.GetType().Name}");
```

上述代码创建了 ConcreteCreator 类的实例，并调用 FactoryMethod() 创建新的产品。最后将工厂方法创建的产品名称输出到控制台窗口。如图 14-4 所示。

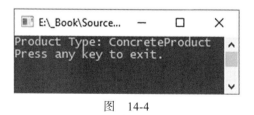

图　14-4

以上，我们介绍了如何实现工厂方法设计模式。接下来我们将继续实现抽象工厂设计模式。

14.2.3　实现抽象工厂设计模式

抽象工厂设计模式用于在无须指定具体类的情况下创建一组相关的或依赖的对象，如图 14-5 所示。

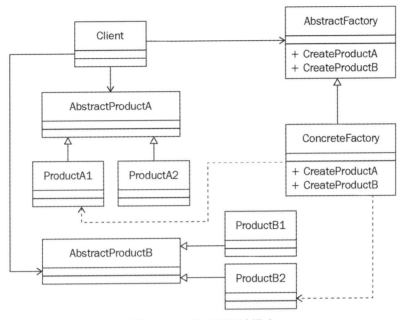

图 14-5　抽象工厂设计模式

该模式的组成部分如下：

❑ AbstractFactory：抽象工厂类，该类由具体工厂实现。

❑ ConcreteFactory：具体工厂类，该类创建具体产品。

❑ AbstractProduct：抽象产品类，该类是具体产品的基类。

❑ Product：继承自 AbstractProduct，由具体工厂类创建。

以下实现上述模式：

1）在项目中创建 CreationalDesignPatterns 目录。

2）在 CreationalDesignPatterns 目录中创建 AbstractFactory 目录。

3）在 AbstractFactory 目录中创建 AbstractFactory 类：

```
public abstract class AbstractFactory {
    public abstract AbstractProductA CreateProductA();
    public abstract AbstractProductB CreateProductB();
}
```

4）AbstractFactory 包含两个创建抽象产品的抽象方法。创建 AbstractProductA 类：

```
public abstract class AbstractProductA {
    public abstract void Operation(AbstractProductB productB);
}
```

5）AbstractProductA 类只包含一个抽象方法。该方法操作 AbstractProductB 对象。添加 AbstractProductB 类如下：

```
public abstract class AbstractProductB {
    public abstract void Operation(AbstractProductA productA);
}
```

6）AbstractProductB 类同样只有一个抽象方法。该方法操作 AbstractProductA 对象。现在创建 ProdctA 类：

```
public class ProductA : AbstractProductA {
    public override void Operation(AbstractProductB productB) {
        Console.WriteLine("ProductA.Operation(ProductB)");
    }
}
```

7）ProductA 继承自 AbstractProductA 类。它重写了 Operation() 方法，并在其中与 AbstractProductB 类对象交互。在该实现中，Operation() 方法在控制台上输出一条消息。同样实现 ProductB 类：

```
public class ProductB : AbstractProductB {
    public override void Operation(AbstractProductA productA) {
        Console.WriteLine("ProductB.Operation(ProductA)");
    }
}
```

8）ProductB 继承自 AbstractProductB 类，并同样重写了 Operation() 方法。只不过该方法操作的是 AbstractProductA。本例中的 Operation() 方法同样向控制台输出一条消息。接下来创建 ConcreteFactory 类：

```
public class ConcreteProduct : AbstractFactory {
    public override AbstractProductA CreateProductA() {
        return new ProductA();
    }

    public override AbstractProductB CreateProductB() {
        return new ProductB();
    }
}
```

9）ConcreteFactory 类继承自 AbstractFactory 类，并重写了其中两个创建产品的方法。每一个方法将返回一种具体的类。现在创建 Client 类：

```
public class Client
{
    private readonly AbstractProductA _abstractProductA;
    private readonly AbstractProductB _abstractProductB;

    public Client(AbstractFactory factory) {
        _abstractProductA = factory.CreateProductA();
        _abstractProductB = factory.CreateProductB();
    }

    public void Run() {
        _abstractProductA.Operation(_abstractProductB);
        _abstractProductB.Operation(_abstractProductA);
    }
}
```

10）Client 类声明了两种抽象产品。其构造器接收 AbstractFactory 类。在构造器中，通过工厂类创建具体的产品对象并赋值给声明的抽象产品变量。其 Run() 方法执行两种产品的 Operation() 方法。以下代码范例演示了抽象工厂的执行过程：

```
AbstractFactory factory = new ConcreteProduct();
Client client = new Client(factory);
client.Run();
```

11）执行上述代码将得到如图 14-6 所示的结果。

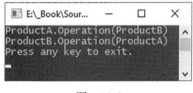

 抽象工厂的一个具体实现是 ADO.NET 2.0 中的 DbProviderFactory 抽象类。C# Corner 网站中 Moses Soliman 的文章 "Abstract Factory Design Pattern in ADO.NET 2.0" 完整地阐释了 DbProviderFactory 是如何实现抽象工厂设计模式的。其链接如下：

图　14-6

https://www.c-sharpcorner.com/article/abstract-factory-design-pattern-in-ado-net-2-0/。

以上，我们实现了抽象工厂设计模式。接下来我们实现原型设计模式。

14.2.4　实现原型设计模式

原型设计模式用于创建原型的实例，并通过克隆原型创建新的对象。如果创建新对象的代价很大则可以利用这种模式。在这种模式中可以将对象缓存，并在需要时返回缓存的克隆对象，如图 14-7 所示。

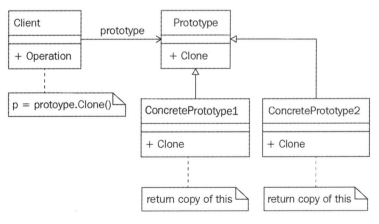

图 14-7　原型设计模式

原型设计模式的组成部分如下：

❑ Prototype：该抽象类中包含克隆其自身的方法。

❑ ConcretePrototype：继承自 Prototype 并重写了 Clone() 方法，返回原型的逐成员复制品。

❑ Client：请求新的原型克隆对象。

接下来我们将实现原型设计模式：

1）在 CreationalDesignPatterns 目录下创建 Prototype 目录，并在其中创建 Prototype 类：

```
public abstract class Prototype {
    public string Id { get; private set; }

    public Prototype(string id) {
        Id = id;
    }

    public abstract Prototype Clone();
}
```

2）Prototype 作为基类需要被其他类继承。它的构造器接收一个标识字符串并存储在该类中。继承类需要重写其中的 Clone() 方法。接下来创建 ConcretePrototype 类：

```
public class ConcretePrototype : Prototype {
    public ConcretePrototype(string id) : base(id) { }

    public override Prototype Clone() {
        return (Prototype) this.MemberwiseClone();
    }
}
```

3）ConcretePrototype 类继承自 Prototype 类。它的构造器也接收一个标识字符串，并直接传递给基类构造器。它重写了 Clone() 方法并调用 MemberwiseClone() 方法创建当前对象的浅表副本，将克隆对象转换为 Prototype 类返回。以下代码展示了原型设计模式的使用方法：

```
var prototype = new ConcretePrototype("Clone 1");
var clone = (ConcretePrototype)prototype.Clone();
Console.WriteLine($"Clone Id: {clone.Id}");
```

上述代码创建了一个 ConcretePrototype 类的实例。其标识为 "Clone 1"。接下来我们克隆原型对象并将其转换为 ConcretePrototype 类。最后在控制台窗口输出克隆体的标识，如图 14-8 所示。

可见，克隆体和其原型的标识是相同的。

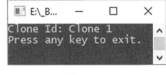

图 14-8

 如需现实世界中的详细范例，请参见 C# Corner 网站上 Akshay Patel 的文章"Prototype Design Pattern with Real-World Scenario"。文章地址为 https://www.c-sharpcorner.com/

UploadFile/db2972/prototype-design-pattern-with-real-world-
scenario624/。

接下来我们来实现最后一种创建型设计模式：建造者设计模式。

14.2.5　实现建造者设计模式

建造者设计模式将对象的创建和其表示区分开来。因此，我们可以使用相同的构造方法来创建表示形式不同的对象。使用建造者设计模式将复杂对象分阶段构建并联系在一起，如图 14-9 所示。

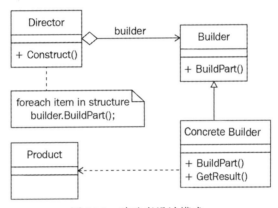

图 14-9　建造者设计模式

建造者设计模式的组成部分如下：

❑ Director：该类的构造器接收一个 Builder 对象，并调用其上的若干构建方法。

❑ Builder：该抽象类提供了抽象的构建方法，以及返回构建完成的对象的抽象方法。

❑ ConcreteBuilder：该具体类继承自 Builder 类。重写其中的构建方法并真正完成对象的构建工作。它还重写了返回构建完成的对象的方法。

接下来开始实现最后一个创建型设计模式——建造者设计模式：

1）首先在 CreationalDesignPatterns 目录下创建 Builder 目录，并在其中创建 Product 类：

```csharp
public class Product {
    private List<string> _parts;

    public Product() {
        _parts = new List<string>();
    }

    public void Add(string part) {
        _parts.Add(part);
    }
```

```
public void PrintPartsList() {
    var sb = new StringBuilder();
    sb.AppendLine("Parts Listing:");
    foreach (var part in _parts)
        sb.AppendLine($"- {part}");
    Console.WriteLine(sb.ToString());
    }
}
```

2）在上述代码中，Product 类中保存了一系列组成部分的列表。这些组成部分为字符串。该列表是在构造器中初始化的。其后可以通过 Add() 方法添加组成部分。当对象构建完毕时，调用 PrintPartsList() 方法可以将该对象的组成部分输出到控制台窗口。接下来我们创建 Builder 类：

```
public abstract class Builder
{
    public abstract void BuildSection1();
    public abstract void BuildSection2();
    public abstract Product GetProduct();
}
```

3）继承自 Builder 类的具体类需要重写其中的抽象方法来完成对象的构建并将对象返回。这个具体的类就是 ConcreteBuilder 类：

```
public class ConcreteBuilder : Builder {
    private Product _product;

    public ConcreteBuilder() {
        _product = new Product();
    }

    public override void BuildSection1() {
        _product.Add("Section 1");
    }

    public override void BuildSection2() {
        _product.Add(("Section 2"));
    }

    public override Product GetProduct() {
        return _product;
    }
}
```

4）ConcreteBuilder 类继承自 Builder 类。该类保存了待创建的对象实例。它重写了基类的构建方法，调用 Product 的 Add() 方法向其中添加组成部分。此外客户端可以调用 GetProduct() 方法返回构建好的对象。添加 Director 类：

```
public class Director
{
    public void Build(Builder builder)
    {
        builder.BuildSection1();
        builder.BuildSection2();
    }
}
```

5）Director 类是一个具体的类，其 Build() 方法接收 Builder 对象，并在其中调用 Builder 对象的构建方法完成对象的构建。以下范例代码展示了构建者设计模式使用的方法：

```
var director = new Director();
var builder = new ConcreteBuilder();
director.Build(builder);
var product = builder.GetProduct();
product.PrintPartsList();
```

6）上述代码首先创建了 director 和 builder 对象。director 构建产品，其后将产品赋值给 product 变量，最后将 product 的组成部分输出到控制台窗口中，如图 14-10 所示。

从图中可见，其结果和预期一致。

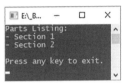

图 14-10

在 .NET Framework 中，System.Text.StringBuilder 类就是建造者设计模式的现实案例。使用 + 运算符进行多于五行的字符串拼接比使用 StringBuilder 类进行相同的拼接要慢。使用 + 运算符拼接少于五行的字符串则比使用 StringBuilder 类要快；而多于五行则要慢。其原因是字符串是不可变的，因此每次使用 + 运算符进行字符串拼接都会在堆上重新创建字符串。但 StringBuilder 会在堆上直接分配缓冲区。因此，字符将直接写入缓冲区空间中。+ 运算符对少量行数的字符串拼接速度较快的原因是 StringBuilder 创建缓冲区需要额外的开销。但当字符串行数多于五行的时候使用 StringBuilder 的优势就很明显了。大数据项目可能需要处理数十万乃至上百万的字符串拼接，而字符串拼接策略的选择会直接影响执行速度。以下代码简单地展示了这个现象。创建 StringConcatenation 类，并添加如下代码：

```
private static DateTime _startTime;
private static long _durationPlus;
private static long _durationSb;
```

_startTime 变量保存了当前方法执行的起始时间。_durationPlus 变量保存了使用 + 运算符拼接字符串时方法执行的时间（以 tick 数目表示）；而 _durationSb 保存了使用 StringBuilder 拼接字符串时方法执行的时间（同样以 tick 数目表示）。在类中添加 UsingThePlusOperator() 方法：

```
public static void UsingThePlusOperator()
{
    _startTime = DateTime.Now;
    var text = string.Empty;
    for (var x = 1; x <= 10000; x++)
    {
        text += $"Line: {x}, I must not be a lazy programmer, and should
continually develop myself!\n";
    }
    _durationPlus = (DateTime.Now - _startTime).Ticks;
    Console.WriteLine($"Duration (Ticks) Using Plus Operator:
```

```
{_durationPlus}");
}
```

`UsingThePlusOperator()` 方法展示了使用 + 运算符拼接 10 000 个字符串所用的时间。处理字符串拼接消耗的时间将以 tick 数目的形式保存在变量中。其中每毫秒包含 10 000 个 tick。接下来添加 `UsingTheStringBuilder()` 类：

```
public static void UsingTheStringBuilder()
{
    _startTime = DateTime.Now;
    var sb = new StringBuilder();
    for (var x = 1; x <= 10000; x++)
    {
        sb.AppendLine(
            $"Line: {x}, I must not be a lazy programmer, and should
continually develop myself!"
        );
    }
    _durationSb = (DateTime.Now - _startTime).Ticks;
    Console.WriteLine($"Duration (Ticks) Using StringBuilder:
{_durationSb}");
}
```

该方法和前一个方法是一样的，只不过使用了 `StringBuilder` 类进行字符串拼接。现在我们添加代码 `PrintTimeDifference()` 打印其各自的耗时：

```
public static void PrintTimeDifference()
{
    var difference = _durationPlus - _durationSb;
    Console.WriteLine($"That's a time difference of {difference} ticks.");
    Console.WriteLine($"{difference} ticks =
{TimeSpan.FromTicks(difference)} seconds.\n\n");
}
```

`PrintTimeDifference()` 方法计算 `StringBuilder` 与 + 运算符拼接字符串所用的 tick 数目的差值，并将该差值打印在控制台上。之后在第二行将 tick 值转换为秒。以下是测试代码，这样我们就可以观察两种拼接字符串方法的耗时差值了：

```
StringConcatenation.UsingThePlusOperator();
StringConcatenation.UsingTheStringBuilder();
StringConcatenation.PrintTimeDifference();
```

运行上述代码则可以看到各自的运行时间与两种方法的时间差值。如图 14-11 所示。

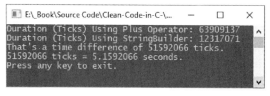

图　14-11

从图中可见，`StringBuilder` 的速度要快得多。而如果数据量很小，则无法肉眼观察到它们的不同。但是随着数据量的增长，处理时间的差异就会越来越显著。

构建报告的过程也是建造者设计模式的范例。例如构建一个带状报告，其中每一个区带都是报告的组成部分，它是从不同的来源构建的。因此报告的主体和每一个子报告都是报告的不同部分。综上，我们使用以下代码来构建报告：

```
var report = new Report();
report.AddHeader();
report.AddLastYearsSalesTotalsForAllRegions();
report.AddLastYearsSalesTotalsByRegion();
report.AddFooter();
report.GenerateOutput();
```

以上代码创建了一个新的报告。首先添加报告头；其次，添加去年所有区域的合并销售报告；再次是去年各个区域的销售报告；最后添加报告尾，生成并输出报告结束报告创建流程。

本节我们使用 UML 图介绍了建造者设计模式的默认实现方式，并使用 StringBuilder 类实现了字符串拼接，StringBuilder 类可以高效地创建字符串。最后，我们学习了如何使用建造者设计模式构建报告的各个部分并生成最终的输出结果。

至此，我们介绍了创建型设计模式。接下来我们将实现结构型设计模式。

14.3　实现结构型设计模式

程序员可用结构型设计模式改善代码的整体结构。因此当代码缺乏结构且不够整洁时，就可以使用本节提到的模式令代码整洁。结构型设计模式共有七种：

- ❑ **适配器模式**：该模式可以令接口不兼容的类顺畅地协同工作。
- ❑ **桥接模式**：该模式将抽象和实现解耦以降低代码的耦合度。
- ❑ **组合模式**：该模式将对象组合并使用统一的方式使用各个对象或对象的组合。
- ❑ **装饰器模式**：该模式在保持接口一致性的同时动态地向对象添加新的功能。
- ❑ **外观模式**：该模式可以简化庞大的或复杂的接口。
- ❑ **享元模式**：该模式可以节省内存并在对象之间传递共享数据。
- ❑ **代理模式**：该模式可以截获客户端和 API 之间的调用。

在之前的章节我们已经介绍了适配器模式、装饰器模式和代理模式，因此本章我们不再赘述。接下来我们将从实现桥接模式开始逐一实现结构型设计模式。

14.3.1　实现桥接设计模式

我们使用桥接设计模式将实现和抽象进行解耦，使其不会在编译期绑定在一起。这样，抽象和实现都可以在不影响客户端的前提下进行变化。

如需在运行时绑定实现或在多个对象间共享实现，或者由于接口耦合和各种实现导致多个类存在，或者如果需要将类层次结构进行正交映射，都可以使用桥接设计模式。如

图 14-12 所示。

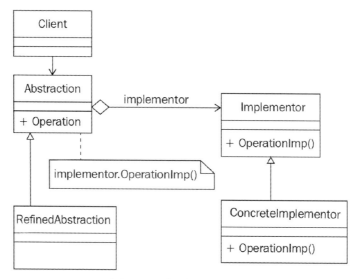

图 14-12 桥接设计模式

桥接设计模式的组成部分如下：

❑ Abstraction：该抽象类包含抽象操作。

❑ RefinedAbstraction：该类继承自 Abstraction 类并重写 Operation() 方法。

❑ Implementor：该抽象类也包含抽象的 Operation() 方法。

❑ ConcreteImplementor：继承自 Implementor 并重写 Operation() 方法。

接下来我们实现桥接设计模式：

1）首先在项目中创建 StructuralDesignPatterns 目录，并在该目录下创建 Bridge 目录，在其中创建 Implementor 类。

```
public abstract class Implementor {
    public abstract void Operation();
}
```

2）Implementor 类只有一个抽象方法 Operation()。创建 Abstraction 类：

```
public class Abstraction {
    protected Implementor implementor;

    public Implementor Implementor {
        set => implementor = value;
    }

    public virtual void Operation() {
        implementor.Operation();
    }
}
```

3）Abstraction 类中包含 protected 字段保存 Implementor 对象，并可以通过 Implementor 属性获得该对象。其中的 Operation() 虚方法调用 implementor 对象的 Operation() 方法。接下来添加 RefinedAbstraction 类：

```
public class RefinedAbstraction : Abstraction {
    public override void Operation() {
        implementor.Operation();
    }
}
```

4）RefinedAbstraction 类继承自 Abstraction 类并重写了 Operation() 方法调用 implementor 的 Operation() 方法。接下来添加 ConcreteImplementor 类：

```
public class ConcreteImplementor : Implementor {
    public override void Operation() {
        Console.WriteLine("Concrete operation executed.");
    }
}
```

5）ConcreteImplementor 类继承自 Implementor 类并重写了 Operation() 方法。该方法将向控制台输出一条信息。以下代码范例代码使用了上述桥接设计模式：

```
var abstraction = new RefinedAbstraction();
abstraction.Implementor = new ConcreteImplementor();
abstraction.Operation();
```

上述代码创建了一个 RefinedAbstraction 实例与 ConcreteImplementor 实例，并将后者赋值到 RefinedAbstraction 对象的 implementor 字段上。此后调用 Operation() 方法。上述桥接模式的范例实现的输出如图 14-13 所示。

如图所示，我们顺利地执行了 ConcreteImp-lementor 中具体的 Operation() 方法。接下来我们将继续介绍组合设计模式。

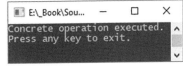

图　14-13

14.3.2　实现组合设计模式

组合设计模式可以将对象以树形结构组合起来展示一种部分 – 整体的层次结构。该模式可以用一种统一的形式操作单一对象与组合对象。

如果需要忽略单一对象和组合对象的差异，或者需要表示树形层次结构，并且整个层次结构在整体上需要具备通用的功能，就可以使用组合模式，如图 14-14 所示。

该设计模式的组成部分如下：

❑ Component：组合对象接口。

❑ Leaf：指组合中没有子对象的叶子对象。

❑ Composite：该类保存子组件并执行操作。

❑ Client：通过组件接口处理组合和叶子结点。

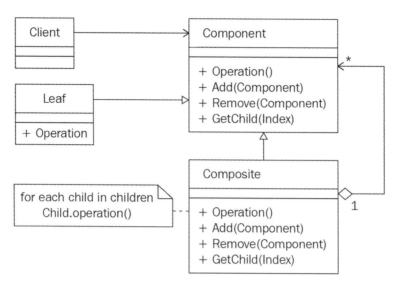

图 14-14　组合设计模式

现在我们来实现组合设计模式：

1）创建 `StructuralDesignPatterns` 目录，添加 Composite 目录，并创建 ICom-
ponent 接口：

```
public interface IComponent {
    void PrintName();
}
```

2）IComponent 接口只有一个单一方法，组合对象和叶子对象都会实现该方法。先添
加 Leaf 类：

```
public class Leaf : IComponent {
    private readonly string _name;

    public Leaf(string name) {
        _name = name;
    }

    public void PrintName() {
        Console.WriteLine($"Leaf Name: {_name}");
    }
}
```

3）Leaf 类实现了 IComponent 接口。其构造器接收并保存名称。而 `PrintName()`
方法则将 Leaf 的名称输出到控制台窗口。继续添加 Composite 类：

```
public class Composite : IComponent {
    private readonly string _name;
    private readonly List<IComponent> _components;

    public Composite(string name) {
```

```
        _name = name;
        _components = new List<IComponent>();
    }

    public void Add(IComponent component) {
        _components.Add(component);
    }

    public void PrintName() {
        Console.WriteLine($"Composite Name: {_name}");
        foreach (var component in _components) {
            component.PrintName();
        }
    }
}
```

4）Composite 类和 Leaf 一样实现了 IComponent 接口。此外，Composite 保存了一个组件列表，并使用 Add() 方法向其中添加组件。PrintName() 方法先后输出其自身名称以及组件列表中每一个组件的名称。接下来我们添加代码来测试组合模式的实现：

```
var root = new Composite("Classification of Animals");
var invertebrates = new Composite("+ Invertebrates");
var vertebrates = new Composite("+ Vertebrates");

var warmBlooded = new Leaf("-- Warm-Blooded");
var coldBlooded = new Leaf("-- Cold-Blooded");
var withJointedLegs = new Leaf("-- With Jointed-Legs");
var withoutLegs = new Leaf("-- Without Legs");

invertebrates.Add(withJointedLegs);
invertebrates.Add(withoutLegs);

vertebrates.Add(warmBlooded);
vertebrates.Add(coldBlooded);

root.Add(invertebrates);
root.Add(vertebrates);

root.PrintName();
```

5）上述代码创建了组合对象和叶子对象，并将叶子对象添加到合适的组合对象中。此后将组合对象添加到根组合对象中。最后，调用根组合对象的 PrintName() 方法，该方法将打印根对象的名称及各个层次中所有组件和叶子对象的名称。其输出如图 14-15 所示。

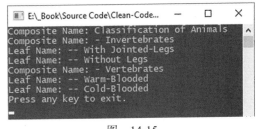

图 14-15

可见上述组合设计模式的实现符合预期。接下来我们将介绍外观设计模式的实现方式。

14.3.3 实现外观设计模式

外观设计模式使得 API 子系统更加易用。该模式可以将一个大型而复杂的系统隐藏在非常简单的接口背后供客户端使用。实现该模式的主要原因是需要使用或处理的系统太复杂，且难以理解。

此外，当出现很多类互相依赖的情况，或程序员无法访问源代码时，也可以使用外观设计模式，如图 14-16 所示。

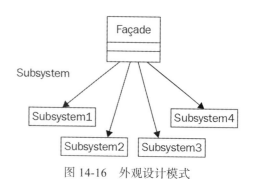

外观设计模式的组成部分如下：

❑ Facade：该类是客户端和复杂系统的子系统之间的简单接口。

❑ Subsystem classes：子系统中的类。客户端不再访问子系统，而是由 Facade 直接访问子系统。

图 14-16 外观设计模式

接下来我们实现外观设计模式：

1）在 StructuralDesignPatterns 目录下创建 Facade 目录，并创建 SubsystemOne 和 SubsystemTwo 两个类：

```
public class SubsystemOne {
    public void PrintName() {
        Console.WriteLine("SubsystemOne.PrintName()");
    }
}

public class SubsystemTwo {
    public void PrintName() {
        Console.WriteLine("SubsystemTwo.PrintName()");
    }
}
```

2）上述两个类都只有一个方法，它们都在控制台窗口输出类的名称和方法名称。添加 Facade 类：

```
public class Facade {
    private SubsystemOne _subsystemOne = new SubsystemOne();
    private SubsystemTwo _subsystemTwo = new SubsystemTwo();

    public void SubsystemOneDoWork() {
        _subsystemOne.PrintName();
    }

    public void SubsystemTwoDoWork() {
        _subsystemTwo.PrintName();
    }
}
```

3）Facade 类为所知的每一个子系统创建了成员变量。它提供了一系列方法根据需要访问每个子系统的各个部分。现在我们来测试这些方法：

```
var facade = new Facade();
facade.SubsystemOneDoWork();
facade.SubsystemTwoDoWork();
```

4）我们只需要创建 Facade 变量，并调用其中的方法，进而调用子系统。其输出如图 14-17 所示。

接下来我们介绍最后一种结构型设计模式：享元设计模式。

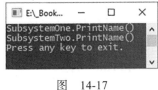

图 14-17

14.3.4 实现享元设计模式

享元设计模式通过降低整体对象数目来高效处理大量细粒度的对象。该模式通过减少创建对象的数目提高性能，降低内存开销，如图 14-18 所示。

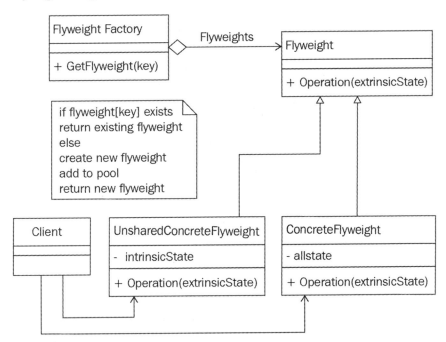

图 14-18 享元设计模式

享元设计模式的组成部分如下：

❑ Flyweight：提供享元接口，令其可以接受外部状态并对其进行操作。

❑ ConcreteFlyweight：存储内部状态的可共享对象。

❑ UnsharedConcreteFlyweight：该类用于无须共享享元的情况。

❑ FlyweightFactory：恰当地管理并共享享元对象。

❑ Client：该类维护享元的引用，计算或存储享元的外部状态。

所谓**外部状态**指的是该状态并非本质上自然属于该对象，而是来源于对象的外部。**内部状态**则是指属于对象，且是对象所必需的状态。

接下来我们实现享元设计模式：

1）首先，在 StructuralDesignPatters 目录下创建 Flyweight 目录，并添加 Flyweight 类：

```
public abstract class Flyweight {
    public abstract void Operation(string extrinsicState);
}
```

2）上述类是抽象的，它仅仅包含一个抽象 Operation() 方法。该方法接收享元对象的外部状态：

```
public class ConcreteFlyweight : Flyweight
{
    public override void Operation(string extrinsicState)
    {
        Console.WriteLine($"ConcreteFlyweight: {extrinsicState}");
    }
}
```

3）ConcreteFlyweight 类继承自 Flyweight 类，并重写了 Operation() 方法。该方法输出方法的名称及其外部状态。接下来添加 FlyweightFactory 类：

```
public class FlyweightFactory {
    private readonly Hashtable _flyweights = new Hashtable();

    public FlyweightFactory()
    {
        _flyweights.Add("FlyweightOne", new ConcreteFlyweight());
        _flyweights.Add("FlyweightTwo", new ConcreteFlyweight());
        _flyweights.Add("FlyweightThree", new ConcreteFlyweight());
    }

    public Flyweight GetFlyweight(string key) {
        return ((Flyweight)_flyweights[key]);
    }
}
```

4）在上述具体的享元模式的范例中，我们将享元对象存储在一个哈希表中，并在构造器中创建了三个享元对象。GetFlyweight() 方法将从哈希表中返回指定键值享元对象。接下来添加客户端代码：

```
public class Client
{
    private const string ExtrinsicState = "Arbitary state can be
anything you require!";

    private readonly FlyweightFactory _flyweightFactory = new
FlyweightFactory();

    public void ProcessFlyweights()
```

```
        {
            var flyweightOne =
_flyweightFactory.GetFlyweight("FlyweightOne");
            flyweightOne.Operation(ExtrinsicState);

            var flyweightTwo =
_flyweightFactory.GetFlyweight("FlyweightTwo");
            flyweightTwo.Operation(ExtrinsicState);

            var flyweightThree =
_flyweightFactory.GetFlyweight("FlyweightThree");
            flyweightThree.Operation(ExtrinsicState);
        }
}
```

5）外部状态根据需要可以成为任何对象。在上述范例中我们使用字符串代表外部状态。我们声明了享元工厂，添加了三个享元对象，并执行每一个享元对象的 Operation() 方法。接下来添加代码，测试上述享元设计模式的实现：

```
var flyweightClient = new
StructuralDesignPatterns.Flyweight.Client();
flyweightClient.ProcessFlyweights();
```

6）上述代码创建 Client 实例，并调用 ProcessFlyweights() 方法。其输出如图 14-19 所示。

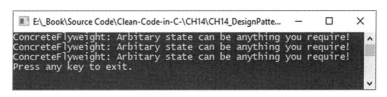

图　14-19

以上，我们介绍了结构型设计模式。接下来我们将介绍如何实现行为型设计模式。

14.4　行为型设计模式概述

开发人员在团队中的行为是由他和其他团队成员的沟通与交互方式决定的，而对象的行为和程序员的行为构成并没有什么区别。程序员通过使用行为型设计模式决定对象的行为以及对象如何与其他对象通信。我们将这些行为模式罗列如下：

❏ **职责链模式**：该模式中的对象顺序组成一个流水线来处理传入的请求。

❏ **命令模式**：该模式将对象某个时间点需要调用方法的所有信息封装起来。

❏ **解释器模式**：该模式解释特定语法。

❏ **迭代器模式**：该模式用于顺序访问聚合对象的每一个元素而无须暴露对象的内部表示。

❏ **中介者模式**：该模式中对象通过中介互相通信。

❑ **备忘录模式**：该模式捕获并存储对象的状态。

❑ **观察者模式**：该模式观察对象，并在被观察对象的状态发生改变时通知观察者。

❑ **状态模式**：该模式在状态变化时更改对象行为。

❑ **策略模式**：该模式定义了一类可更换的封装算法。

❑ **模板方法**：该模式定义了可以在子类中重写的算法及算法中的步骤。

❑ **访问者模式**：该模式可以在现有的一组对象中添加新的操作而无须更改这些对象。

由于本书主题的限制，我们无法用较大的篇幅介绍行为型设计模式。因此我们推荐阅读以下书籍，这些书籍可以帮助你更好地了解设计模式。第一本书是 Vaskaring Sarcar 写的 *Design Patterns in C#: A Hands-on Guide with Real-World Examples*，由 Apress 出版。第二本书是 Dmitri Nesteruk 编著的 *Design Patterns in .NET: Reusable Approaches in C# and F# for Object-Oriented Software Design*，同样由 Apress 出版。第三本书是 Gaurav Aroraa 和 Jeffrey Chilberto 编著的 *Hands-On Design Patterns with C# and .NET Core*，由 Packt 出版。

你不但可以从上述书籍中理解所有的模式，还能够接触到真实世界中的案例。这可以帮助你将设计模式从简单停留在头脑中的知识转换为可以在项目中复用的技巧。

这就是我们对实现设计模式的介绍。在总结本章所学之前，我想谈谈关于整洁代码和重构的一些思考。

14.5 关于整洁代码和重构的思考

软件开发有两种类型：**改造式开发**和**全新开发**。我们在整个职业生涯中大部分的开发都是改造式开发，即对现有软件的维护和扩展。而全新开发则是对新软件的开发、维护和扩展。在全新开发中，我们从一开始就有机会编写整洁的代码。我建议大家务必这样做。

在开发项目之前，务必确保项目计划得当。此外，需引入使我们能够自信的编写整洁代码的工具。在进行改造式开发之前，或者进行系统的维护和扩展之前，最好要花一些时间彻底了解系统。但不幸的是，我们通常没有这种"奢侈"待遇。因此，我们在编写代码时可能无法意识到已经有相应的代码实现了我们正在完成的功能。保持代码结构的整洁良好对项目后期的重构是非常有益的。

无论我们从事的是改造式开发还是全新开发，都需要遵守公司的规范。这些规范都有其缘由，它们保证了开发团队和整洁代码库之间的和谐。当代码库中出现不整洁的代码时，应当立即对其进行重构。

如果代码太复杂，无法立即修改，或者需要跨层进行多方更改，则需要将这些更改记录下来作为项目的技术债，以便在后续进行规划和处理。

归根到底，软件架构师、软件工程师、软件开发人员、还是其他角色，其谋生手段就是编程。糟糕的编程会对目前的岗位产生不良的影响，甚至对寻找新的岗位产生负面影响。因此，应当利用一切资源来保证当前的代码与你的能力水平相匹配。就像有人说过：

你表现的好坏仅取决于你的最后一次编程任务。

在构建系统时，不要自视甚高，不要构建过于复杂的系统。保持程序中继承深度不超过 1，尽可能地使用函数式编程方式，例如用 LINQ 减少编写迭代的数目。

我们在第 13 章中介绍了 LINQ 为何比 `foreach` 循环高效。通过限制整个程序的路径数量也可以降低软件复杂性。使用编译期的"方面"替换样板代码可以减少样板代码的数量。还可以减少方法的行数，令方法只包含那些必要的业务逻辑。保持类的小巧，令其关注一项职责。另外，请将方法的行数降低到 10 行或更少。不论是类还是方法都应当只执行单一职责。

保持自己编写的代码简单易懂。确保自己理解自己编写的代码。在确认代码易于理解后，尝试思考：如果自己去完成另一个项目，那么当回到原来的项目后是否仍然能够毫不费力地理解原来的代码？如果发现代码难以理解，则必须对其进行重构和简化。

如果不及时对代码进行处理，就可能会导致系统越来越臃肿，最终缓慢地消亡。请使用文档注释对公有代码进行解释。对于对外隐藏的代码，只有当代码自身无法表达其含义时才对其进行简洁和明确的注释。使用设计模式处理经常重复的常用代码，令其符合 DRY 原则。Visual Studio 2019 中的代码缩进是自动完成的，但是不同文档类型的默认缩进方式是不同的。因此最好确保所有文档类型都具有相同级别的缩进，并在代码中使用 Microsoft 建议的标准命名规则。

在解决编程难题时不要复制粘贴他人的代码。在基准测试的帮助下重写这些重复的代码来减少处理时间。经常对代码进行测试可确保代码的行为符合预期。最后，请保持刻意练习。

我们的编程风格会随着时间的推移发生变化。此时如果团队中的实践不佳，则部分开发人员的代码就会随着时间而恶化；相反，若团队遵从大量最佳实践，则其代码反而会随着时间而不断改进。请记住，代码能够编译并按预期执行并不意味着代码就是整洁且性能良好的。

程序员的目标应当是编写简洁高效的代码、易于阅读、理解、维护与扩展。在实践中可以使用 TDD、BDD，并应用 KISS、SOLID、YAGNI 和 DRY 原则。

可以从 Github 中找出一些旧的代码，并作为培训。学习如何将其从旧的 .NET 版本迁移到新的 .NET 版本；学习如何重构代码使代码整洁高效；学习添加文档注释为开发团队生成 API 文档。这些都是锻炼个人编程技能的好方法。这些代码中还可能包含一些巧妙的做法，值得我们学习。此外，在阅读代码时也可以考虑程序员当时的用意。不论哪种方式，请抓住所有机会改善编写整洁代码的能力，这样就能够成为一个更好的程序员。

在编程领域有一种说法我很认同：

要成为一名真正的计算机程序员，你必须不断超越当前的自己。

所以，即便你和你的同事都认为你是专家，你也需要时刻鞭策自己做得更好，不断提高自己的能力。当你退休的时候，回顾自己的职业生涯，也将为自己在程序领域取得的成就感到骄傲。

让我们总结一下本章所学的知识。

14.6 总结

本章中，我们分别介绍了几种创建型、结构型和行为型的设计模式。我们利用本章学到的知识重新审视遗留代码、理解其目标，并对其进行重构，令其更易于阅读，易于理解，易于维护并扩展。利用本书中介绍的模式以及其他可用模式，你可以重构现有代码或从一开始就编写整洁的代码。

我们使用创造型设计模式解决实际问题并提高代码效率；使用结构型设计模式改善代码的整体结构以及对象之间的关系；使用行为设计模式改善对象之间的通信并将这些对象解耦。

至此本章就介绍完了。感谢你花时间阅读这本书并实践书中的案例。软件开发应当是一种充满乐趣的工作。我们不希望这些不整洁的代码给我们的业务、开发和维护团队带来麻烦。因此，请认真对待当下正在编写的代码。无论你在这个行业打拼了多少年，都应当努力成为一个更好的程序员。没有最好，只有更好！

最后让我们测试一下你对本章内容的理解，并阅读参考资料。祝愿大家能够在工作中快乐地编写整洁的 C# 代码。

14.7 习题

1）什么是 GoF 设计模式，为何使用该设计模式？

2）请列举创建型设计模式，并解释创建型设计模式的用途。

3）请列举结构型设计模式，并解释结构型设计模式的用途。

4）请列举行为型设计模式，并解释行为型设计模式的用途。

5）过度使用设计模式是否会造成坏味道？

6）请描述单例设计模式。什么时候不适合使用单例设计模式？

7）什么时候应使用工厂方法？

8）如需隐藏庞大且难以使用的系统的复杂性，应使用哪种设计模式？

9）如何使内存用量最小并在对象之间共享数据？

10）使用何种设计模式可以将抽象与实现解耦？

11）如何构造同一种复杂对象的多个表示？

12）如果对象需要经过多个阶段的操作才能到达所需的状态，应当使用哪种设计模式？为什么？

14.8　参考资料

- *Refactoring*: *Improving the Design of Existing Code*，作者 Martin Fowler。
- *Refactoring at Scale*，作者 Maude Lemaire。
- *Software Development, Design, and Coding*: *With Patterns, Debugging, Unit Testing, and Refactoring*，作者 John F. Dooley。
- *Refactoring for Software Design Smells*，作者 Girish Suryanarayana、Ganesh Samarthyam 和 Tushar Sharma。
- *Refactoring Databases*: *Evolutionary Database Design*，作者 Scott W. Ambler 和 Pramod J. Sadalage。
- *Refactoring to Patterns*，作者 Joshua Kerievsky。
- *C#7 and .NET Core 2.0 High Performance*，作者 Ovais Mehboob Ahmed Khan。
- *Improving Your C# Skills*，作者 Ovais Mehboob Ahmed Khan、John Callaway、Clayton Hunt 和 Rod Stephens。
- *Patterns of Enterprise Application Architecture*，作者 Martin Fowler。
- *Working Effectively with Legacy Code*，作者 Michael C. Feathers。
- `https://www.dofactory.com/products/dofactory-net`: C# Design Pattern Framework for RAD by dofactory。
- *Hands-On Design Patterns with C# and .NET Core*，作者 Gaurav Aroraa 和 Jeffrey Chilberto。
- *Design Patterns Using C# and .NET Core*，作者 Dimitris Loukas。
- *Design Patterns in C#: A Hands-on Guide with Real-World Examples*，作者 Vaskaring Sarcar。

参考答案

第 1 章

1）劣质代码的问题在于你最终将得到一段非常糟糕、难以理解的代码。这不但会增加程序员的压力还会导致程序充满缺陷、难以维护、难以测试和难以扩展。

2）良好的代码契合程序员的意图，容易阅读与理解。它可以降低程序员对代码进行调试、测试和扩展的压力。

3）将大型项目分解为模块化的组件和库时，每一个模块都可以由不同的团队同时处理。小模块易于测试、编码、记录、部署、扩展和维护。

4）DRY 即 "不要编写重复代码"。可以查找重复的代码，重构并移除这些代码。不编写重复代码可以生成更小的程序，并且在代码存在缺陷时只需在一处修正即可。

5）符合 KISS 原则的代码简单，不会令程序员感到困惑，如果团队中有初级程序员则尤其明显。KISS 代码不但易于阅读而且易于测试。

6）S 指单一职能原则（Single Responsibility Principe）；O 指开闭原则（Open/Closed Principle）；L 指里氏代换原则（Liskov Substitution）；I 指接口隔离原则（Interface Segregation Principle）；D 是依赖倒置原则（Dependency Inversion Principle）。

7）YAGNI（You Aren't Going to Need It）字面意思是 "你不会用到它的"，即除非绝对必要不应添加任何代码，只添加绝对必要的代码。

8）奥卡姆剃刀法则，即如无必要则勿增实体，仅处理事实，只在绝对必要时才进行假设。

第 2 章

1）参与代码评审的角色有评审人和被评审人。

2）应当和项目经理商定参与代码评审的人选。

3）在申请同行评审之前，可以通过确认代码及测试均可以正常工作，对项目进行代码扫描并修复其中的问题，确保代码符合公司的编码标准等方式来节省评审人员的时间和精力。

4）评审代码时需要注意代码的命名、格式、编程风格、潜在缺陷、代码正确性、代码测试情况、安全和性能问题。

5）三种反馈类型为正面反馈、可选的反馈和关键反馈。

第 3 章

1）将代码保存在独立的代码文件中，将文件保存目录结构中。将类、接口、结构体和枚举包装在命名空间中，命名空间和目录结构应当一一对应。

2）一个类应当仅具有一种职能。

3）可以为代码中需要生成文档的公有成员添加 XML 格式的注释并提交给文档生成器。

4）内聚指将在同一种职能上工作的代码的逻辑组合在一起。

5）耦合指类之间的依赖关系。

6）应当追求高内聚。

7）应当追求松（低）耦合。

8）可以使用 DI 和 IoC 的设计方法来响应变化。

9）DI 指依赖注入（Dependency Injection）。

10）IoC 指控制反转（Inversion of Control）。

11）不可变对象是线程安全的，因此可以在线程间传递。

12）对象应当暴露方法和属性并隐藏数据。

13）结构体应当暴露数据并隐藏方法。

第 4 章

1）没有参数的方法称为 niladic 方法。

2）包含一个参数的方法称为 monadic 方法。

3）包含两个参数的方法称为 dyadic 方法。

4）包含三个参数的方法称为 triadic 方法。

5）包含多于三个参数的方法称为 polyadic 方法。

6）上述方法中拥有三个参数的方法和多余三个参数的方法应当避免。其主要原因是为了使程序易读易理解。

7）函数式编程是一种软件编码方法。它将运算看作不改变状态的数学评估。

8）函数式编程的好处包括：在多线程应用程序中的代码线程安全且更加小巧；方法更加易于阅读和理解。

9）函数式编程对于依赖副作用的程序来说是不可行的。函数式编程不允许副作用的存在。

10）WET 的代码和 DRY 的代码正好相反。WET 的代码每次都需要重写，这种方式产生重复代码，同一种异常可能发生在程序的多个位置，使得维护和支持更加困难。

11）DRY 的代码仅编写一次，需要时加以重用，减少了代码库和异常的开销，从而使程序更易于阅读与维护。

12）使用重构的手法移除重复代码就可以将 WET 的代码转换为 DRY 的代码。

13）方法过长不但烦琐而且容易出现异常。方法越小越容易阅读和维护，程序员引入 bug（特别是逻辑性的 bug）的可能性也越小。

14）可以编写参数验证器来避免 try / catch 块，并在方法开始时调用方法验证器。如果验证失败，则抛出恰当类型的异常，方法终止执行。

第 5 章

1）checked 异常将在编译和运行时检查算术溢出。

2）unchecked 异常忽略编译和运行时的算术溢出。

3）当最高位无法赋值给目标类型时就会发生算术溢出异常。在 checked 模式下，会抛出 OverflowException。在 unchecked 模式下，会直接忽略最高位不能赋值的问题。

4）当访问 null 对象的属性或方法时将抛出 NullReferenceException。

5）实现 Validator 类和 Attribute 类检查参数是否为 null，并抛出 ArgumentNullException。应当在方法的一开始使用 Validator 方法避免在方法执行的过程中抛出异常。

6）Business Rule Exception，业务规则异常。

7）BRE 并不是好的实践，因为它希望通过抛出异常的方式控制业务流程。

8）不要使用异常作为控制计算机程序的流程。这并非正确的编程方式。BRE 的问题在于期望产生异常并使用它控制程序流程。而更好的解决方案是采用条件编程的方式控制程序流程。我们可在条件中使用布尔逻辑。布尔逻辑有两种可能的执行路径，并且从不引发异常。条件检查是显式的，这样的程序更易于阅读和维护，而且易于扩展。而 BRE 则无法达到这样的效果。

9）首先，使用 Microsoft .NET 框架中已知的异常类型对已知类型的异常进行错误捕获，例如 ArgumentNullExceptions 和 OverflowExceptions。但是，当这些类型不足并且没有为你的特定情况提供足够的数据时，你可以编写和使用自定义异常，并应用有意义的异常消息。

10）首先，异常需要继承 System.Exception，还需要实现三个构造器：默认构造器、接收文本消息的构造器和一个接收文本消息与内部异常的构造器。

第 6 章

1）良好的单元测试必须是原子的、确定的、可重复的且执行迅速。

2）良好的单元测试不能是不确定的。

3）测试驱动开发。

4）行为驱动开发。

5）单元测试是一小段只测试一个小单元的一个功能的代码。

6）替身对象用于在单元测试中测试真实对象的公有方法和属性，但不测试依赖的方法和属性。

7）伪造对象即替身对象。

8）MSTest、NUnit 和 xUnit。

9）Rhion Mocks 和 Moq。

10）SpecFlow。

11）冗余的测试、注释及无用的代码。

第 7 章

1）即对完整的系统进行端到端的测试。可以手动进行、自动进行或者同时使用两种方式进行。

2）集成测试。

3）手动测试所有的功能，通过所有的单元测试，编写自动化测试以测试两个模块间传递的命令和数据。

4）工厂是实现了工厂方法模式的类。其目的是在不指定类的前提下创建对象。它可以用于以下情况：

① 类并不能确定需要实例化的对象类型。

② 必须指定对象类型才能将子类实例化。

③ 类需要控制对象的实例化。

5）依赖注入是一种创建松耦合代码的方式。这种方式易于维护和扩展。

6）容器可以简化依赖对象的管理。

第 8 章

1）线程是一种执行过程。

2）一个。

3）两种，后台线程和前台线程。

4）后台线程。

5）前台线程。

6）`Thread.Sleep(500);`。

7）`var thread = new Thread(Method1);`。

8）将 `IsBackground` 属性设置为 true。

9）死锁是两个线程均被阻塞并互相等待对方释放资源的情况。

10）`Monitor.Exit(objectName);`。

11）在试图获得锁时设置超时时间。

12）多个线程使用同一个资源，并由于各个线程的时序不同产生不同的输出称为竞态条件。

13）可以使用 TPL 库的 `ContinueWith()` 和 `Wait()` 来确保方法执行的时序。

14）两个静态方法共享非线程安全的静态变量。

15）是的。

16）使用线程池。

17）不可变对象就是一旦构造完成其状态便不可更改的对象。

18）因为不可变对象可以安全地在线程间共享数据。

第 9 章

1）应用程序接口。

2）表述性状态传递。

3）统一接口、客户端 – 服务器、无状态、可缓存、分层系统、可选的可执行代码。

4）超媒体作为应用状态引擎（Hypermedia as The Engine of Application State，HATEOAS）。

5）RAML 是一种用于设计 API 的标记语言。

6）Swagger 是用于生成高质量 API 文档的工具。

7）恰当地将软件划分为逻辑上的命名空间、接口和类。

8）充分理解自己的 API 可以确保代码遵守 KISS 原则和 DRY 原则。不会重复发明轮子，编写已经存在的功能。这可以节省时间、精力和金钱。

9）这取决于具体的问题。本章范例中创建大量对象 / 结构体时，结构体的性能更加优越。

10）因为第三方 API 也是软件开发者编写的，所以也会引入人为的错误和缺陷。测试第三方 API 可以增加我们的信息，确保它正确工作。如果它工作不正常，可以考虑修正代码或为其编写包装器。

11）我们的 API 也容易包含错误。按照标准和验收条件测试 API 可以确保我们交付的 API 满足业务需要，并到达发布所需的质量要求。

12）开发人员应当根据规范和验收标准提供的正常流程确定正常流程下的测试内容。此外还需要考虑可能出现的异常情况并对其进行测试。

13）命名空间、接口和类。

第 10 章

1）RapidApi.com。

2）认证和鉴权。

3）身份声明是实体描述自身的一系列语句。这些声明会与某些存储的数据进行验证。它们在基于角色的安全设计中用处很大。它们会检查实体中的声明是否经过了授权。

4）发送 API 请求并检验其响应。

5）因为它可以在确保需求的情况下更改数据存储。

第 11 章

1）切面关注点即不属于核心关注点中的业务需求的关注点。这些关注点必须在所有代码区域解决。AOP 即面向方面编程。

2）方面是一种特性。该特性应用到类、方法、属性或参数时可以在编译期向其中注入代码。在代码中我们使用方括号将具体的方面（特性）应用到特定条目上。

3）特性可以将特定语义附加在一个条目上。在代码中我们使用方括号将具体的方面（特性）应用到特定条目上。

4）特性赋予代码语义，方面则可以削减模板代码并将其在编译期注入现有代码。

5）在代码构建过程中，编译器会将方面隐藏的模板代码注入进去。这个过程称为代码织入。

第 12 章

1）代码度量是若干代码度量指标，这些指标可以帮助我们识别代码的复杂程度和可维护程度。

这些度量可以识别需要进行重构以降低复杂度、提高可维护性的代码。

2）圈复杂度、维护性指标、继承深度、类耦合度、代码行数与可执行代码行数。

3）代码分析执行静态源代码分析，用以识别设计时的缺陷、国际化问题、安全问题、性能问题以及互操作性问题。

4）快速操作使用螺丝刀图标或者灯泡图标来标识，它用一个命令跳过警告，添加 using 语句，引入缺失的库，修正错误，并使用语言特性改善代码以简化代码并减少方法的代码行数。

5）JetBrains dotTrace 工具是一个探查工具。它可以对代码和编译好的程序集进行探查，识别软件中的潜在问题。使用该工具可以用采样、跟踪、逐行与时间线对软件进行探查，得到执行时间、线程时间、实时 CPU 指令和线程周期时间。

6）JetBrains ReSharper 工具是一个代码重构工具。它可以帮助开发者识别并修复代码中的问题，并使用语言特性改善并加速程序员的编程体验。

7）因为该工具可以将代码反编译以恢复丢失的源代码，生成用于调试或用于学习目的的 PDB 文件。反编译器还可以用于检测代码混淆后是否难以阅读，以防止黑客或其他人员窃取代码中的秘密。

第 13 章

1）应用程序级别、类级别、方法级别的代码坏味道。

2）布尔盲点、组合爆炸、人为复杂性、数据泥团、粉饰注释、重复代码、意图不明、可变的变量、怪异的解决方案、霰弹式修改、解决方案蔓延与不可控的副作用。

3）过高的圈复杂度、发散式变化、向下类型转换、过度的字面量使用、依恋情结、狎昵关系、不恰当的暴露、巨大的类、冗赘类、中间人类、孤立的变量和常量类、基本类型偏执、被拒绝的遗赠、夸夸其谈未来性、命令而非询问以及临时字段。

4）不合群的方法、过高的圈复杂度、人为复杂性、无用的代码、过多的返回数据、依恋情结、过长或过短的标识符、狎昵关系、过长的代码行、冗赘方法、过长的方法、参数过多、过度耦合的消息链、中间人方法、怪异的解决方案以及夸夸其谈未来性。

5）使用 LINQ 代替循环；确保类具有单一职责；确保方法具有单一职责；将过长的参数列表替换为参数对象；使用创建型设计模式改善昂贵对象的创建和使用的效率；将方法长度保持在 10 行或以下；使用 AOP 从方法中删除模板代码；将对象解耦使其可以测试；提高代码的内聚性。

6）圈复杂度是代表代码分支和循环数量的数值。

7）删除分支和循环出现的数目，直至圈复杂度值小于或者等于 10。

8）将实现做得比实际需要更复杂。

9）务必保持软件的简单易懂（KISS）。

10）以不同的方法使用不同的参数组合来执行同一件事情。

11）创建泛型方法以便在多种数据类型上执行相同的任务。这样只需创建一个方法并使用一套参数。

12）修正有问题的代码并删除注释。

13）向其他人寻求帮助。

14）Stack Overflow。

15）过长的参数列表可以由参数对象替代。

16）将其重构为小的方法，并只包含一种职责。使用 AOP 将模板代码转移到方面中。

17）代码不要超过 10 行。

18）0 ～ 10，如果超过这个范围则会造成问题。

19）1。

20）代码中存在未使用的变量、类、属性和方法。应当删除这些部分。

21）挑选其中的最佳方法实现，并仅使用选中的方法重构代码。

22）重构，将临时字段和操作临时字段的方法移动到独立的类中。

23）数据泥团是若干相同的变量在不同的类中使用。重构这些变量，将其抽取到独立的类中，并引用这个类。

24）子类继承了其他类，却没有使用其中的所有方法。

25）迪米特法则。

26）类应当只和离其最近的邻居通信。

27）类或方法花费太多的时间使用其他的类或方法。

28）将依赖重构到独立的类中。

29）工厂方法。

30）令类继承自同一基类，并创建该类的实例。

31）指一种职责在不同的方法和应用程序中多个层次的不同类中均被实现。将该职责重构到其自有类中，确保其仅仅存在于一个地点。

32）应当将数据和操作数据的方法放在同一个对象中。

33）创建一个对象，但该对象却向其他对象请求数据以对数据执行操作。

34）一处更改需要更改多处代码。此时需要删除重复代码，削减耦合并改善内聚性。

35）意图不明即类或方法将很多无关的元素聚集在一起，使得其意图并不明朗。应重构代码，将方法放在正确的类中使得类和方法的意图得到清晰表达。

36）可以使用 LINQ 查询重构循环。LINQ 是一种函数式的语言，它不会更改局部变量，并比循环执行得更快。

37）当对代码进行一处更改，却发现自己必须更改许多不相关的方法时，这种问题就称为"发散式变化"。要解决该问题，应当将问题代码移动到自身类中。如果类之间共享了其他行为和状态，则可以考虑使用继承来恰当利用基类和子类的关系。

第 14 章

1）GoF 是 Gang-of-Four 设计模式的简写，总共有 23 种，分为创建型、结构型、行为型设计模式。它们构成了所有软件设计模式的基础。使用设计模式可以生成更加整洁的面向对象的代码。

2）创建型设计模式使用抽象和继承，利用面向对象的方式削减重复代码，并在创建对象开销较大时改善其性能。创建型设计模式有抽象工厂、工厂方法、单例设计模式、原型设计模式和建造者设计模式。

3）结构型设计模式可以正确管理对象间的关系。我们可以使用结构型模式将不兼容的接口整合在一起，解除抽象和实现间的耦合，改善性能。结构型设计模式有：适配器设计模式、桥接设计模式、组合设计模式、装饰器设计模式、外观设计模式、享元设计模式和代理设计模式。

4）行为型设计模式管理对象间的交互和通信。我们可以使用行为型设计模式创建流水线，封装命令和信息以在未来执行，还可以在对象间进行中介操作，观察对象的状态变化等。行为型设计模式有：职责链设计模式、命令设计模式、解释器设计模式、迭代器设计模式、中介者设计模式、备忘录设计模式、观察者设计模式、状态设计模式、策略设计模式、模板方法、访问者设计模式。

5）是的。

6）单例设计模式在整个应用程序的生命周期中仅允许一个对象的一个实例存在。所有对象都可以全局访问该单例对象。当我们需要中心化的对象创建和对象访问功能时就可以使用该设计模式。

7）当我们需要在不指定具体类的情况下创建对象实例时就可以使用工厂方法。

8）外观设计模式。

9）使用享元设计模式。

10）桥接设计模式。

11）使用建造者设计模式。

12）应当使用职责链设计模式。因为我们需要创建处理器流水线，而流水线中的每一个处理器都执行一项任务。若无法执行相应任务，就将任务传递到后续的处理器中处理。

推荐阅读

Effective C#：改善C#代码的50个有效方法（原书第3版）

作者：[美] 比尔·瓦格纳 ISBN：978-7-111-59719-3 定价：79.00元

More Effective C#：改善C#代码的50个有效方法（原书第2版）

作者：[美] 比尔·瓦格纳 ISBN：978-7-111-62071-6 定价：79.00元

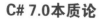

C# 7.0本质论

作者：[美] 马克·米凯利斯 ISBN：978-7-111-62568-1 定价：199.00元

C#神经网络编程

作者：[美]马特·R.科尔 ISBN：978-7-111-62938-2 定价：89.00元